U0487225

中国铜商文化研究资料系列丛书

国家古籍整理出版专项经费资助项目
云南「铜政四书」整理校注

《滇南矿厂图略》校注

［清］吴其濬 纂
杨黔云 总主编
马晓粉 校注

西南交通大学出版社
·成都·

图书在版编目（CIP）数据

《滇南矿厂图略》校注 /（清）吴其濬纂；杨黔云总主编；马晓粉校注. —成都：西南交通大学出版社，2017.7

（云南"铜政四书"整理校注）

ISBN 978-7-5643-5631-6

Ⅰ.①滇… Ⅱ.①吴… ②杨… ③马… Ⅲ.①选矿厂—史料—研究—云南—清代 Ⅳ.①TD928

中国版本图书馆 CIP 数据核字（2017）第 182039 号

云南"铜政四书"整理校注

《DIANNAN KUANGCHANG TULÜE》JIAOZHU

《滇南矿厂图略》校注

[清]吴其濬　纂
杨黔云　总主编
马晓粉　校注

出　版　人	阳　晓
策　划　编　辑	黄庆斌
责　任　编　辑	吴　迪
助　理　编　辑	李施余
封　面　设　计	严春艳
出　版　发　行	西南交通大学出版社 （四川省成都市二环路北一段 111 号 西南交通大学创新大厦 21 楼）
发行部电话	028-87600564　028-87600533
邮　政　编　码	610031
网　　　址	http://www.xnjdcbs.com
印　　　刷	成都市金雅迪彩色印刷有限公司
成　品　尺　寸	170 mm×230 mm
印　　　张	20.5
字　　　数	314 千
版　　　次	2017 年 7 月第 1 版
印　　　次	2017 年 7 月第 1 次
书　　　号	ISBN 978-7-5643-5631-6
定　　　价	78.00 元

图书如有印装质量问题　本社负责退换
版权所有　盗版必究　举报电话：028-87600562

总　序

　　铜文化作为中华文化的瑰宝，在中国历史文化发展中闪耀着璀璨的光芒。早在公元前四千多年前位于今甘肃境内的人类遗址中，考古学家们就发现了人类使用的铜制物品，这是最早发现的生活在中华大地上的人们使用的铜制物品。当然，当时的铜以天然的红铜为主。之后，公元前十六世纪至公元前十一世纪，我们的祖先进入到了青铜器时代。随即铜和铜制品成为人们生活中不可缺少的物品，伴随人们走过了历史长河，我国也因此创造了辉煌的古代文明。

　　地处边疆地区的云南，素以产铜闻名于世。《云南铜志》载："滇之产铜，由来久矣。……我朝三迤郡县，所在多有宝藏之兴轶于往代，而铜亦遂为滇之要政。"储量丰富的铜矿，为云南铜文化的产生、发展创造了条件。滇铜又以滇东北的铜而闻名，从考古发掘和文献典籍记载来看，滇东北地区产铜较早。新石器时代，滇东北地区就已有较成熟的青铜器[1]。金正耀、岑晓琴用铅同位素对商妇好墓出土的青铜器及其他商周青铜器的铜料进行分析，认为妇好墓青铜器及其他商周青铜器的铜料有的来自今滇东北的昭通、东川、会泽、巧家等地[2]。到了汉代，滇东北地区的铜已负盛名。西汉在滇东北设置朱提郡领堂琅县，其辖地为今巧家、会泽、东川一带，任乃强先生认为"堂琅"是夷语"铜"的意思。《华阳国志》也记载，堂琅产"银、铅、白铜[3]、铜"。堂琅不仅产铜，还出产铜器，从全国各地考古出土的汉代铜锡铭文记载来看，以朱提、堂琅制造的铜洗为多，说明汉代滇东北的铜器制造已经为其他地区服务了。可见，滇东北的昭通、会泽、东川等地区从汉代开始就是铜文化发达的地区之一，这也为该地区以铜为中心的地方历史文化的研究提供了前提条件。

　　云南铜矿开发最盛的时期应为明清两朝，其中尤以清朝前期的规模最大、时间最长、影响最广泛。明朝建立后，随着政治稳定、经济繁荣，社会发展对铜的需求不断增加。1382年，明王朝击败蒙古残余在云南的势力，统一云南后，云南铜矿资源得到进一步开发利用。清朝建立后，康、雍、乾时期对云南铜矿的开采，特别是对滇东北地区铜矿开采达到顶峰。据严中平先生推断，滇铜开采最盛时年产达1200万～1300万斤[4]，《清史稿》对云南铜业生产经营情况的记载较为真实地反映了当时的情况："雍正初，岁出铜八九十万，不数年，且二三百万，岁供本路鼓铸。及运湖广、江西，仅百万有奇。乾隆初，岁发铜本银百万两。四、五年间，岁出六七百万或八九百万，最多乃至千二三百万。户、工两局，暨江南、江西、浙江、福建、陕西、湖北、广东、广西、贵州九路，岁需九百余万，悉取给焉。矿厂以汤丹、碌碌、大水沟、茂麓、狮子山、大功为最，宁台、金钗、义都、发古山、九度、万象次之。大厂矿丁六七万，次亦万余。近则土民，远及黔、粤，仰食矿利者，奔走相属。正厂峒老砂竭，辄开子厂以补其额。"[5] 在这里值得一提的是，"矿丁六七万"左右的大规模铜矿如汤丹、碌碌（落雪）、大水沟皆为滇东北的铜矿。

铜矿业的大规模开发为云南，特别是滇东北地区的社会经济发展带来了深刻的影响。

（一）促进了西南边疆地区交通运输业的发展

清代铜运是一个浩大而又繁琐的工程，滇铜京运涉及大半个中国。云南铜矿主要分布于滇东北、滇西和滇中三个区域，零散的铜厂分布，最终构筑了复杂的铜运体系。据《滇南矿厂舆程图略》"运第七"篇："京铜年额六百三十三万一千四百四十斤，由子厂及正厂至店，厂员运之，由各店至泸店之员递运之，由店至通州运员分运之；局铜则厂员各运至局；采铜远厂则厂员先运至省，近厂则厂员自往厂运。"由于铜运，这一地区的古驿道和商道得以修筑、受到保护，并不断开辟，促进了该地区交通业的发展。值得一提的是，由于铜运而开通了多条入川线路，"乾隆七年，盐井渡河道开通。将东川一半京铜由水运交泸"，"乾隆十年，镇雄州罗星渡河道开通。将寻甸由威宁发运永宁铜斤，改由罗星渡水运泸店"，"（乾隆）十五年，永善县黄草坪河道开通。将东川由鲁甸发运宁一半铜斤改由黄草坪水运交泸"，这些入川线路成为以后滇、川人员往来、货物运输的要道。另外，乾隆十八年至二十二年任东川知府的义宁，在任期间不断勘测铜运线路，"查有连升塘、以扯一带捷近小路一条，直至昭通，将长岭子、硝厂河等站裁撤，安建于朵格一路运送，移建站房、塘房，及法纳江大木桥一座，俱系义府捐资修建"[6]，最终修建了从东店经昭店直至四川的铜运干道。

（二）促进了清代全国铸币业的发展

清朝时期，铜钱使用的广泛度应为历朝之最，促进了铸币业的发展。从康熙至嘉庆，清朝的铸币数量从有代表性的"京局"——户部宝泉局和工部宝源局来看，是不断增长的。康熙六十年（1721），户部宝泉局和工部宝源局各铸36卯，铸钱67万余串[7]，而至嘉庆时期，据徐鼐所著的《度支辑略》钱法条记载，户部宝泉局，每年鼓铸72卯，铸钱899856串；工部宝源局，每年鼓铸70卯，铸钱437448串，如遇闰各加铸4卯[8]。自雍正七年始，朝廷在云南广泛开采铜矿以后，宝泉、宝源二局铸钱铜料主要来源于滇东北汤丹、碌碌等铜矿开采的"京铜"。云南铜原料还供应多个省份铸币，如江苏宝苏局、江西宝昌局、湖南宝南局、湖北宝武局、广东宝广局、广西宝桂局、陕西宝陕局、浙江宝浙局、福建宝福局、贵州宝黔局、贵州大定局等。滇铜广泛供应"京局"和各省局铸币，促进了清朝前期铸币业的发展。另外，铜矿开采还促进了云南本省铸币业的发展。滇铜京运和外运各省，由于路途遥远，运铜艰难，成本较高。据《续文献通考》钱币条记载，明嘉靖年间，因大量鼓铸银钱，朝廷决定在云南就近买料铸钱，以节省成本。明万历、天启年间，朝廷曾两次在滇开设钱局鼓铸铜钱。清康熙二十一年（1682），云贵总督蔡毓荣上书朝廷建议在蒙自、大理、禄丰、祥云开局铸钱。雍正元年（1723），宝云局于云南、大理、临安、沾益、建水设炉四十七座鼓铸铜钱。据《铜政便览》载，自雍正至嘉庆年间，云南省先后设云南省局、东川旧局、东川新局、顺宁局、永昌局、曲靖局、临安局、沾益局、大理局、楚雄局、广南局等十一局铸钱。各铸局虽然"复行停止，中间兴废不一"，但是比较诸局铸钱规模、数量、开设时间，地处滇东北地区的东川旧局、东川新局影响较大。

（三）促进了中原文化的传入

由于云南铜资源储量丰富，清初朝廷实施了一系列有利于铜矿开采的政策，最终迎来了"广示招徕"的局面，内地相邻诸省的富商大贾，都远道招募铜丁，前来采矿。据《东川府志》记载：乾隆二十一年（1756），云南巡抚郭一裕奏"东川一带……各厂共计二十余处，一应炉户、砂丁及佣工、贸易之人聚集者，不下数十万人。……且查各厂往来，皆四川、贵州、湖广、江西之人"[9]。乾隆四十一年（1776），云南约有移民人口95万[10]，而矿业开发中"矿工中绝大多数是移民"[11]。大量外来移民的涌入也改变了滇东北地方的人口结构，据民国《昭通县志》载："当乾嘉盛时，鲁甸之乐马厂大旺，而江南湖广粤秦等省人蚁附靡聚，或从事开采，或就地贸易，久之遂入昭通籍。"[12]因此，随之而来的就是内地文化涌入云南。从滇东北现存众多会馆来看，会泽、昭通、巧家等地的古城都保留着众多内地移民修建的会馆。会馆是内地同乡移民建立联系的场所，是展现各地文化特色的窗口。当时涌入东川府开采铜矿的外省移民，形成一定规模和实力，并在东川地区修建的会馆有：江西人所建会馆"万寿宫"，湖南、湖北人所建会馆"寿佛寺"，福建人所建会馆"妈祖庙"，四川人所建会馆"川主宫"，贵州人所建会馆"忠烈祠"，陕西人所建会馆"关圣宫"，江苏、浙江、安徽人所建江南会馆"白衣观音阁"等。涌入昭通从事矿业开发和进行商贸活动的内地移民也建立了众多会馆，如：四川人建立的"川祖庙"，陕西人建立的"陕西庙"，江西人建立的"雷神庙"，福建人建立的"妈祖庙"以及两广会馆、两湖会馆、云南会馆、贵州会馆等。从各会馆供奉的神像、建筑风格、雕塑、绘画等来看，无论是福建人供奉的妈祖，还是江西人供奉许真君、山西人供奉关圣大帝，以及火神庙供奉的火神娘娘、马王庙供奉孙悟空、鲁班庙供奉的鲁班等，都显示出中原文化的痕迹，同时又带有各地文化的特点。建于清嘉庆二十四年（1819）的"三圣宫"（楚黔会馆），位于铜厂运送京铜至府城途中的白雾村驿站，是东川府产铜高峰时期，财力雄厚时设计建成的。三圣宫大殿内正中塑关羽，两侧为关平、周仓像，左边供孔子牌位，右边塑之文昌帝君，而故名"三圣宫"。将关羽、孔子、文昌共融于一庙之中，充分反映了当时人们对待宗教世俗的实用性及儒道合流的泛神现象。

清朝前期滇东北大规模的铜业开发，为该地区的地方历史文化内涵增添了丰富的内容。我们把以古东川府（今会泽县）为中心，大致包括滇东北会泽、东川、巧家以及相邻四川的会理、会东、通安等地域，由于铜矿开采的繁盛，而形成的独特的地方历史文化称为"铜商文化"。"铜商文化"研究除前所述的铜业开发的历史、铜运、铸币、移民与文化传播之外，还有许多内容可以挖掘，如：考古资料、地方官员的奏折、地方史志、文献通志、家谱、碑文等资料的整理与校注；铜业开发对滇东北环境影响的研究；移民与民族融合研究；铜政研究；铜的冶炼技术研究；铸币与金融发展研究；铜与东南亚、南亚经济贸易交流和文化传播的研究，等等。这些研究内容，是很有地方历史文化特色的，也是值得深入研究的。为深入开展以铜为主要研究对象的滇东北地方历史文化研究，曲靖师范学院成立了"中国铜商文化研究院"。校注云南"铜政四书"成为研究院开展工作的第一步。

研究院成立以后，针对铜商文化研究资料的繁多芜杂，确定了首先收集整理资料的工作思路。2015年，我们决定对清代铜业铜政古籍中保存完好，内容完整的四本书进行校注，合为云南"铜政四书"。四部古籍中，《云南铜志》《铜政便览》《滇南矿厂图略》三部都是清代云南督抚及产铜地方、铜政官员等必备必阅的资料。《云南铜志》系由乾嘉时期辅助云南督抚管理云南铜政数十年的昆明呈贡人戴瑞徵根据《云南铜政全书》及省府档案编纂，资料内容记载时间截止于嘉庆时，凡铜厂、陆运、京运、各省采买、铸币等的各项管理制度及经费预算等都一一备载；《铜政便览》成书于道光时期，未题何人所纂，全书共八卷，内容框架与《云南铜志》基本一致，但补充了道光时期的资料，滇铜生产衰落期的面貌得以呈现；《滇南矿厂图略》为清代状元，曾任云南巡抚的著名植物学家、矿物学家吴其濬编纂于道光年间，该书保存了丰富的清代矿冶技术资料，并有大量矿冶工具的清晰绘图。王昶的《云南铜政全书》残佚后，云南铜政的详情就以这三本资料所载最为详备了。《运铜纪程》是道光二十年京铜正运首起主运官大姚知县黎恂运铜至北京的全程往返日记，如实记载了滇铜万里京运的全部运作过程，与前三书合观，清代铜业铜政的全貌得以较为完整的呈现。

云南"铜政四书"的校注，出于为读者尽可能丰富地提供清代云南铜业铜政全貌资料的目的，主要采取资料补注的形式进行校注，在我们有限的能力范围内，尽量搜集相关资料补缀进去，期以丰富的材料启发研究的思路，所以我们的校注除非证据十足，一般不下结论性的语言。就每本书的校注而言，由于内容体例各有特点，如《云南铜志》《铜政便览》多数据，《滇南矿厂图略》多图，《运铜纪程》也可谓是游记，所以其校注要点各有侧重，校注方式不能划一，但求方式与内容的适宜。

这四本书的整理校注，得到了西南交通大学出版社的青睐，双方开展了合作，并获得2016年国家古籍整理出版专项经费的资助。具体的校注工作主要由我院青年研究人员负责完成。在校注过程中，我们也发现了一些问题：一是资料补注校注形式可能会导致校注显得繁杂，但这种校注方式也是一种新的尝试；二是补校资料缺乏与清代宫廷第一手档案资料的比对，今后我院将加强对这部分档案资料中有关铜文化资料的收集和整理；三是缺乏第一手现场调查资料，铜厂、铜运路线的调查资料补充，会使这些文献的记录更为丰富、清晰，这也是我院今后工作的重点。

经过近两年的努力，我们的云南"铜政四书"整理校注即将印刷出版，我们的研究工作也将进一步推向纵深。在此，谨向对我们的工作给予大力支持的云南省图书馆和贵州省图书馆的领导和工作人员、帮助我们成长的校内外专家学者、支持我们工作的各位校领导和职能部门的工作人员表示衷心感谢；向西南交通大学出版社的领导和云南"铜政四书"整理校注的各位编辑，以及四位校注者和研究院的其他工作人员表示感谢。祝我们的工作百尺竿头，更进一步。

杨黔云 于曲靖师范学院中国铜商文化研究院
2017年6月

注 释

[1] 鲁甸马厂发掘的新石器时代遗址中,有铜斧、铜剑等较为成熟的青铜时代文明的代表器物。

[2] 李晓岑:《商周中原青铜的矿料来源的再研究》,《自然科学史研究》,1993(3)。

[3] 白铜是一种铜合金,呈银白色而不含银,其成分一般是铜60%、镍20%、锌20%。

[4] 严中平编著:《清代云南铜政考》,中华书局,1948:7-42。

[5] (清)赵尔巽等撰:《清史稿》,中华书局,1978:3666。

[6] (清)方桂修、(清)胡蔚纂、梁晓强校注:《乾隆东川府志》,云南人民出版社,2006:266-267。

[7] 《清朝文献通考》,商务印书馆,1937:4980。

[8] 戴建兵:《清嘉庆道光年间的钱币研究》,《江苏钱币》,2009(4)。

[9] 乾隆《东川府志》卷十三《鼓铸》卷首序、卷七《祠祀》,光绪三十四年重印本。

[10] 秦树才、田志勇:《绿营兵与清代移民研究》,《清史研究》,2004(3)。

[11] 李中清:《明清时期中国西南的经济发展和人口增长》,载于中国社会科学院历史研究室:《清史论丛》(第三辑),中华书局,1984:86。

[12] 民国《昭通县志》卷十《种人志》。

前　言

《滇南矿厂图略》是一部有关清代云南矿业史、社会经济发展史的文献。该书成书于清道光年间，作者为云南巡抚吴其濬、东川知府徐金生，它与《铜政便览》《云南铜志》《运铜纪程》和《迤东铜务纪略》一道成为现今研究清代云南铜政的书籍。

作者吴其濬，字季深，一字瀹斋，号吉兰，又别号雩娄农，河南固始人。他出生在书香官宦世家，从小受到的教育环境优越，自幼勤奋好学，多才多艺，能够"博览群书，精通古今重要典籍"。嘉庆二十二年（1817），其濬于科举殿试一甲一名的优异成绩开启了他的仕途之旅。在任职云南巡抚之前，他先后充广东乡试正考官，充实录馆纂修官，入直南书房，提督湖北学政，擢鸿胪寺卿，擢内阁学士，提督江西学政，署湖广总督、湖南巡抚。道光二十三年（1843）闰七月调任云南巡抚，次年八月署云贵总督，二十五年（1845）四月调福建巡抚。虽然其濬任职云南的时间不长，但是他对当时滇省矿务非常重视，他通过博览群书，与各地厂务官的沟通，对云南矿务有了全面了解，并时时思考、解决矿务办理过程中出现的问题，并将其所了解的滇省矿务情况记录下来，并收录了前东川府知府徐金生所绘辑的图片和前人所著铜政名篇，合成《滇南矿厂图略》。该书当于他调离云南之后（道光二十五年三月）付梓出版。

关于《滇南矿厂图略》的版本，现今流传的主要为清刻本，全国有众多图书馆或科研机构收藏。如，云南省图书馆、云南大学图书馆、北京大学图书馆、中国科学院图书馆等。全国各大图书馆收藏的《滇南矿厂图略》其记载的内容一致，不过书名、载体形态略有不同。

云南省图书馆藏《滇南矿厂图略》为清道光刻本，不分卷，共两册，其封面均不题字，索书号为滇甲 27/2643。第一册卷首题"云南矿厂工器图略"，署"赐进士及第兵部侍郎巡抚云南等处地方吴其濬纂，东川知府徐金生绘辑";第二册卷首题"滇南矿厂舆程图略",署"赐进士及第兵部侍郎巡抚云南等处地方吴其濬纂,东川知府徐金生绘辑"。据图书馆工作人员介绍,为了妥善保存善本,图书馆将《滇南矿厂图略》经过"金镶玉"装裱,分为四册装订。《云南矿厂工器图略》以及卷首所插14幅生产冶炼图、工器图和《天工开物》等4篇附文装订为第一册。《滇南矿厂舆程图略》以及卷首所插舆地图、运铜路线图分三册装订,即全省、各府、直隶州/厅舆地图、铜运路线图以及"滇矿图略下"正文"铜厂第一"至"金、锡、铅、铁厂第三"部分内容装订为第二册,"帑第四"至"附铜政全书筹改寻甸运道移于剥隘议王昶著"内容装订为第三册,其余内容装订为第四册。

李小缘在《云南书目》中记载了云南图书馆藏《滇南矿厂图略》的另一版本。"《云南矿厂工器图略》四卷,[清]云南巡抚固始吴其濬纂,东川知府徐金生会辑,《八千卷楼丁氏藏书》,江苏国学、云南图书馆藏,实为两卷,分订为6册。第1卷共50页,外图;第2卷共100页。第1册:矿工用器图略11页及分县矿产图略22页。第2册:滇矿图略上,(1)引……(16)祭。第3册:(1)附宋应星《天工开物》25-27,(2)附浪穹王崧《矿厂采炼篇》28-32,(3)附倪慎枢《采铜炼铜记》33-37页,(4)附《铜政全书·咨询各厂对》38-50。第4-6册:滇矿图略下,(1)铜厂……(13)采,附《论铜政利弊状》。"李小缘《云南书目》中记载的《云南矿厂工器图略》即《云南矿厂工器图略》,该书四卷之记录当为李先生所分,原书不分卷,载体形态为六册。《云南矿厂工器图略》六册形态的编排顺序与四册、一册的编排明显不同,六册编排形将工器图、各县矿产图单独成册,宋应星《天工开物》等4篇附文单独成册,并且有"滇矿图略上"和"滇矿图略下"之别。而四册、一册的编排为:矿工用器图、滇矿图略"引第一"至"祭第十六",宋应星、王崧、倪慎枢、《咨询各厂对》四篇附文编排为《云南矿厂工器图略》;各府州矿产图、"滇矿图略下"内容编排为《滇南矿厂舆程图略》。

按照李小缘先生的记载,江苏国学、云南图书馆分别藏有《云南矿厂工器图略》(六册)。江苏国学图书馆,即清末成立的江南图书馆,1908年《八千卷楼丁氏藏书》为江南图书馆收购并入藏该馆,1952年江南图书馆并入南京图书馆,八千卷楼藏书亦为南京图书馆藏。笔者进入南京图书馆网页检索馆藏书目，检索显示，南京图书馆藏有两套载体形态为六册的《云南矿厂工器图略》刻本，索书号分别为GJ/112820、GJ/6003358。

云南大学图书馆收藏的《滇南矿厂图略》清代刻本，为单刊本，不分卷，共一册，索书号地474-38。云南大学图书馆藏刻本，封面右侧题"滇南矿厂图略"，卷首题"云南矿厂工器图略"，署"赐进士及第兵部侍郎巡抚云南等处地方吴其濬纂，东川知府徐金生绘辑"。正文"滇矿图略下"前一页版心题"滇南矿厂舆程图略"，署"赐进士及第兵部侍郎巡抚云南等处地方吴其濬纂，东川知府徐金生绘辑"。该书从封面至正文，每一页版心印有"云南大学图书馆特藏"字样，字体中空，排列呈圆形。云南大学成立于1923年，若该馆所藏确实为清代道光善本，那么"云南大学图书馆"字样当为学校成立后加印的，好在加印字样中空，并不影响正文的阅读。

云南省图书馆藏刻本与云南大学图书馆藏刻本，除了封面、册数不同之外，卷首、正文内容全部一致。刻本未分卷，但卷首题字以及"滇矿图略下"的区分，明显将图书分为上下两部分，故今人在言及该书卷数时自行添加"卷上、卷下"或"卷一、卷二"，实际上原书刻本中无该字。如，《续修四库全书》据中国科学院图书馆藏清刻本影印收录的《滇南矿厂图略》，就在影印页左侧标注"滇南矿厂图略卷一""滇南矿厂图略卷二"字样。

《滇南矿厂图略》成书于道光年间，在该书出版之前，已有王昶《云南铜政全书》50卷、余庆长《铜政考》80卷、戴瑞徵《云南铜志》8卷、佚名《铜政便览》8卷4部专门论述云南铜务的专著。道光以后，亦有不少撰述云南矿务的著作，如严庆祺《迆东铜务纪略》、黎恂《运铜纪程》等。此外，还有余庆长《金厂行记》、王太岳《论铜政利弊状》（又名《铜政议》）、檀萃《厂记》、王崧《矿厂采炼篇》、张允随《奏覆茂隆银厂情形疏》等专门论述云南部分矿厂概况或生产冶炼的文章。然，余庆长著《铜政考》80卷仅见于《滇系·杂载·滇中掌故》之记载，未见其书内容之只言片语。王昶《云南铜政全书》50卷，原著已经失传，幸能在道光《云南通志》中得其部分内容。故，今天能够阅读其全文的清代云南矿务专著仅《云南铜志》《铜政便览》《滇南矿厂图略》《迆东铜务纪略》和《运铜纪程》，其中较为重要的当为前3部专著。这些专著或专文大多以铜务为主要内容或论述要点，其作者均为云南地方负责处理厂务事务的各级官员或幕僚，如王太岳乾隆三十七年（1772）任云南布政使、王昶乾隆五十一年（1786）任云南布政使，戴瑞徵是协助官员处理铜务之幕僚。可以说，这些著作是不同时期云南地方官员处理铜务或矿务的实践之作。与这些著作相比，《滇南矿厂图略》一书的特色较为鲜明。

其一，它是至今可见的诸多云南矿务专著中唯一一部图文并茂的著作。关于清代云南铜务或矿务的著作颇多，他们大多是以文字描述的方式将矿厂分布、生产、冶炼、工具等内容呈现出来，惟《滇南矿厂图略》不仅用文字描述，还辅以绘图，生动地呈现出云南矿厂生产、冶炼情景。《云南矿厂工器图略》卷首收录了徐金生绘十四图，第一至五幅为矿厂生产图，其中第一、二幅绘图再现了云南矿厂硐内情景，"篷""底"为何样，"风柜""风箱"置于何处，"摆夷楼梯""顶子"何样，窝路如何行进、如何分尖，"莲花顶"为何样，"硐门"为何样；第三幅图再现了矿厂硐外拉龙、水泄情节；第四幅图再现了矿厂硐外捡矿、洗矿、背矿、挑矿情节；第五幅图为"比荒""铜矿""银矿"堆放以及银硐外卖矿情景。第六至七幅图为冶炼图，第六幅图再现了"伙房""炭房""矿放"设置，"起铜""拨炉""扯风""放臊""记图"情节；第七幅图再现了"放铅""揭铜"情节。第八幅图为矿厂交铜、拨运流程图。第九至十一幅图为各银炉、铜炉、煅窑图，绘制了银、铜炉，煅窑样式、结构。第十三至十四为生产、冶炼工具图，绘制了箱斧、铁尖、铁槌、木槌、凿子、麻布袋、小风箱、灯、龙、无底木桶、簸箕、门栏、筛箕、爬子、撮箕、木锹、铁撞、铁拨条、木拨条、钳子样式、结构。有了这些绘图，再结合文字描述，使我们对云南矿厂生产、冶炼情况有了更为深入的了解。

《滇南矿厂舆程图略》卷首收录了徐金生所辑，伯麟绘云南各府、直隶州或厅矿厂分布图，图中部分地方略作删减或更改，尽管图中有一些标注存在误差，但这种地图标注方式使后人能够更清晰地找到各厂的地理位置。值得一提的是，该卷收录的徐金生绘运铜路线图首次将迤东、迤西、迤南各铜厂分运、转运路线，铜店设置以及京运路线清晰地呈现出来，使读者对铜运交通有了更为直观的认识。

其二，它是一部记录云南矿务经济、社会风俗、交通发展的综合性专著。在诸多清代云南矿务著作或文章中，专著除《滇南矿厂图略》以外，均集中探讨铜政，其余文章仅涉及金厂、银厂之记录。《滇南矿厂图略》不仅介绍铜政，还对金、银、铁等矿务进行了综合介绍。

其《云南矿厂工器图略》一卷，对云南矿厂的生产、冶炼、生活状况进行了较为全面、系统的介绍，特别是对矿厂生产、人员设置、人员分工以及矿厂禁、忌、规的分条介绍，弥补了其他文献记录的不足和缺失。现今可见的《云南铜志》《铜政便览》以及《云南铜政全书》遗留之作等，均重点介绍各铜厂分布、课税，运铜、采买、铸钱内容，对铜厂的生产、冶炼以及矿厂生活情况基本未作介绍，但又是整个铜务或矿务发展中不可或缺了部分。檀萃、倪慎枢、王崧等人的文章对云南矿厂的生产、冶炼情况作了介绍，但又不具体、详细。《云南矿厂工器图略》部分，作者依据矿厂生产程序先后，首次分条介绍了找矿、开硐、冶炼等生产环节及工具，以及矿厂人丁设置、分工情况、矿厂文化等内容。该书关于硐之器、炉之器的分条介绍以及绘图，第一次将矿厂生产、冶炼器具清晰地呈现出来，也让今人恍然发现其中许多器具沿用至今。该书关于丁、役的介绍，与檀萃所描述的"七长制"不同，它更明确了云南矿厂的人员分工和管理体系。不论该书记录的矿厂生产、生活情况与前人之记录是否相似，它所呈现的是整个云南矿厂生产、生活状况，而非铜厂一种。与其他专著相比，《滇南矿厂舆程图略》部分，不仅对云南各府州的铜厂分布、课税等情况做了详细介绍，还综合介绍了云南银、金、铁、铅、锡厂的分布、课税。这些有关云南矿业生产、冶炼的记录，是我们研究清代中国矿业技术水平的重要史料。

除矿务之外，《滇南矿厂图略》还对云南矿区的社会风俗等情况作了介绍。《铜政便览》《云南铜志》等著作，集中记录了云南铜务发展状况，几乎未涉及矿厂生活、风俗，《滇南矿厂图略》则补充了这些方面的内容，使我们对清代云南矿区的生产、生活有了更为清晰的认识。《云南矿厂工器图略》一卷，对矿厂形成的规矩、禁忌、祭祀等社会风俗进行了分条介绍。如矿厂约定俗称之规矩包括"呈报""石分""讨尖""洪账""支刡""火票""察充生课""打顶子"，对每项规矩作了详细说明，其中"洪账""支刡""火票""察充生课""打顶子"几项规矩在其他文献中未有相关记录。"洪账"即矿厂收益之分赔记录，矿厂售卖矿品所得收益，除去工本之外，还有"公费"（祀神、差费、山租、水费）开支，除去这两项开支后的收益才是矿厂的赢利额，供硐内群体按一定原则进行分配。再如，该书关于矿厂"患"之记录，则介绍了矿厂生产中可能遇到的隐患，需提前预防，有备无患。矿工在矿厂生产、生活还形成了矿区特有的忌语、祭祀习俗，所谓忌语大多是因文字发音而产生的，如"丰"与"封"发音相近，为了避"封"，矿厂忌用"丰"字。祭祀习俗不仅沿袭了传统的山神、财神等祭祀，矿区移民还将他们信仰的地域祭祀习俗带到云南，各祀其土神。这些有关云南社会经济的记录，是我们研究清代云南边疆社会经济发展的重要素材。

该书还通过地图、文字描述方式，详细勾勒了云南铜矿交通运输网络，并对相关交通使用的运输工具，运输能力作了详细介绍。这些交通不仅是云南铜矿外运交通，也是沟通云南府州之间、云南与邻省之间的重要交通路线，这一网络反映了当时整个云南区域交通发展状况，为我们研究清代云南交通提供了史料。

其三，它是一部集田野调查、作者论证、文献收辑为一体的专著。吴其濬自幼接受良好的学习教育，培养了科学、严谨的治学精神。他在云南的任职时间虽然只有短短的一年零九月，但他致力于云南铜务、矿务工作，与各级矿务管理官员沟通，偕同督抚多次向中央奏报云南铜务、矿务问题。如道光二十四年（1840）七月偕同桂良等奏"遵旨确查滇省现办银厂情形"；同年十二月初六日奏报"铜厂民欠工本银两分别办理"问题；道光二十五年（1845）八月初八日奏参"厂员短交铜斤，请革职勒办"问题，又奏请"饬清查铜厂情形库存款项"问题。这些奏报所反应的当时云南铜务、矿务工作中比较突出、亟待解决的问题，其濬以及各级官员必是经过实地调查，详明情况，再综合考虑，提出解决方案的。这种处理政务中形成的实地调查法在《滇南矿厂图略》中得到运用，如书中徐金生所绘矿井布局、作业图，生产冶炼工具图，只有到矿厂实地调查之后，才能形成，而吴其濬也正是看重于此，才将他所绘图片收录此书。再如，书中对于如何找矿、矿种的分类，炉、罩器的形制，冶炼方法等生产方法、流程的描述，亦需经过实地调查方可知晓详情。这些绘图、实地调查材料为我们呈现了清代云南矿业发展的第一手资料，较为详实、可信。

其濬所纂《滇南矿厂图略》向我们传递的不仅仅是重要的其实地调查资料，书中也反应出他作为地方铜务、矿务最高行政管理者对该项工作的认识，有自己的论证。比如，他认为矿厂的兴衰主要由厂众的多寡来决定，也就是说当时的矿厂生产是一种劳动密集型生产，劳动力对矿厂的发展至关重要，"凡厂衰旺视丁众寡，来如潮涌，去如星散。机之将旺，麾之不去；势之将衰，招之不来。故厂不虑矿乏，但恐丁散"。在这一论点之下，他逐一分析了各类人丁在矿厂生产中的分工以及重要作用。他还认为矿厂聚丁之关键在于备齐油米物资，"但于四面要隘，绝其所资，虽十万之众，不旬日而解散矣。欲聚丁，必储物，军行粮从"。在此论点之下，又逐一分析了油米炭等物资在矿厂生产中的重要用途。

《滇南矿厂图略》除了作者田野调查资料、论证观点之外，其另一特色就是对前代或当代相关文章的收录，这些文章有的已经失传，收录尤显珍贵。该书共收录了宋应星等撰写的 5 篇文章，或与采矿、冶炼有关，或与铜政有关，这些文章的收录丰富了作者关于相关问题的记录、论述。如，其濬在"滇矿图略"部分记录了找矿、采矿、冶炼流程，但云南矿厂众多，各厂矿品不同，冶炼器具、流程略有不同，其濬所述仅为其大致情况，为此他收录了宋应星、王崧、倪慎枢、王昶等人文章，使读者能够加深对相关问题的了解和认识。至于铜政，其濬在"滇矿图略下"中作了详细的介绍，不过他并没有将自己所调查的铜政问题以及解决方案呈现在书中，而是以王太岳《论铜政利弊状》一文以及王昶在文末的按语来表达自己对铜政的思考和忧虑。

综上所述，《滇南矿厂图略》一书具有鲜明的特色和价值，是我们研究清代云南矿业发展史、云南经济发展史的重要文献。然而，除《续修四库全书》影印中国社会科学院藏清代刻本之外，其他清代刻本基本为全国各大图书馆馆藏古籍善本，借阅非常不便。而且《续修四库全书》影印本插图部分不清晰，影响了全书的阅读效果，给研究者带来诸多不便。至于学界对《滇南矿厂图略》的研究，主要集中在对作者吴其濬以及全书内容，对舆地图来源的考证，对该书记载的铜运交通运输的研究等方面，尚未对该书进行过校勘、整理。

本着深入研究《滇南矿厂图略》，提升该书在学术界的利用率，加深社会各界对该书的认识和阅读的目的，我们着手对该书进行校勘、整理。然而，由于我们的水平和视野有限，断句、标点、文字处理方面难免存在不足之处，我们仅期望通过校勘、整理这样的初步工作，对《滇南矿厂图略》以及清代云南矿业史、经济史的研究工作有所裨益。

感谢云南省图书馆王水乔馆长、历史文献部颜艳萍副主任为本书提供了珍贵底本，使我们的校勘工作得于顺利进行。另外，西南交大出版社阳晓社长、黄庆斌编辑、李施余编辑，为本书稿的出版花费了不少心血；曲靖师范学院中国铜商文化研究院杨黔云教授、孙健灵教授在本书稿的校注过程中，给予了诸多帮助和支持；云南大学图书馆年四国老师在本书的版本提供方面，给予了大力帮助。在此一并深表感谢！

马晓粉于云南曲靖

2017 年 6 月

凡　例

　　本书以云南省图书馆所藏清道光刻本为底本，以云南大学图书馆藏清刻本为参校本，同时参考其他文献进行校注。

　　在校注《云南矿厂工器图略》一卷时，卷首插图部分不作校注；在校注《滇南矿厂舆程图略》一卷时，将原书卷首所辑分页全省、各府州舆地图合成完整的全省、府州舆地图，以方便阅览，并对照伯麟《滇省舆地图说》对本书辑录的舆地图进行说明。

　　凡原文中的繁体字、异体字，一般改为简体字；特殊繁体字、异体字保留原貌。

目 录

云南矿厂工器图略 ··· 1

    滇矿图略 ·· 15

    引第一 ·· 16

    硐第二 ·· 18

    硐之器第三 ·· 20

    矿第四 ·· 22

    炉第五 ·· 28

    炉之器第六 ·· 31

    罩第七 ·· 32

    用第八 ·· 33

    丁第九 ·· 36

    役第十 ·· 38

    规第十一 ·· 41

    禁第十二 ·· 44

    患第十三 ·· 45

    语忌第十四 ·· 46

    物异第十五 ·· 47

    祭第十六 ·· 50

    附：宋应星《天工开物》·· 52

    附：浪穹王崧《矿厂采炼篇》···································· 57

    附：倪慎枢《采铜炼铜记》······································ 63

    附：《铜政全书·咨询各厂对》·································· 68

滇南矿厂舆程图略 ··· 79

    全省 ·· 80

云南府舆图	82
武定州舆图	84
曲靖府舆图	86
澄江府舆图	88
广西州舆图	90
开化府舆图	92
广南府舆图	94
东川府舆图	96
昭通府舆图	98
大理府舆图	100
丽江府舆图	102
永昌府舆图	104
顺宁府舆图	106
楚雄府舆图	108
永北厅舆图	110
蒙化厅舆图	112
景东厅舆图	114
普洱府舆图	116
临安府舆图	118
镇沅州舆图	120
元江州舆图	122
滇铜京运路线图	124
滇矿图略下	126
铜厂第一	127
云南府属	130
武定州属	133
东川府属	135
昭通府属	143
澄江府属	147
曲靖府属	150

顺宁府属	151
永北厅	153
大理府属	154
楚雄府属	156
丽江府属	159
临安府属	160
元江州属	163
附	165

银厂第二 …… 168

临安府属	169
东川府属	172
昭通府属	174
丽江府属	177
永昌府属	178
顺宁府属	179
楚雄府属	181
大理府属	184
元江州属	185
东川府属	186
顺宁府属土司银厂	187

金锡铅铁厂第三 …… 191

金厂四	193
锡厂一	196
凡铅厂四	197
凡铁厂十有四	200

帑第四 …… 203

惠第五 …… 207

附：《户部则例》 …… 212

考第六 …… 215

运第七 …… 219

寻甸一路……………………………………………… 225
　　东川一路……………………………………………… 228
　　采铜局铜……………………………………………… 234
程第八…………………………………………………… 236
　　迤西诸厂运京铜皆至寻甸…………………………… 237
　　附：《铜政全书·筹改寻甸运道移于剥隘议》……… 252
舟第九…………………………………………………… 254
耗第十…………………………………………………… 259
节第十一………………………………………………… 263
铸第十二………………………………………………… 265
采第十三………………………………………………… 270
附：《论铜政利病状》…………………………………… 280

参考文献………………………………………………… 303

云南矿厂工器图略

赐进士及第兵部侍郎巡抚云南等处地方吴其濬　纂
东川府知府徐金生　绘辑

华南矿厂图略

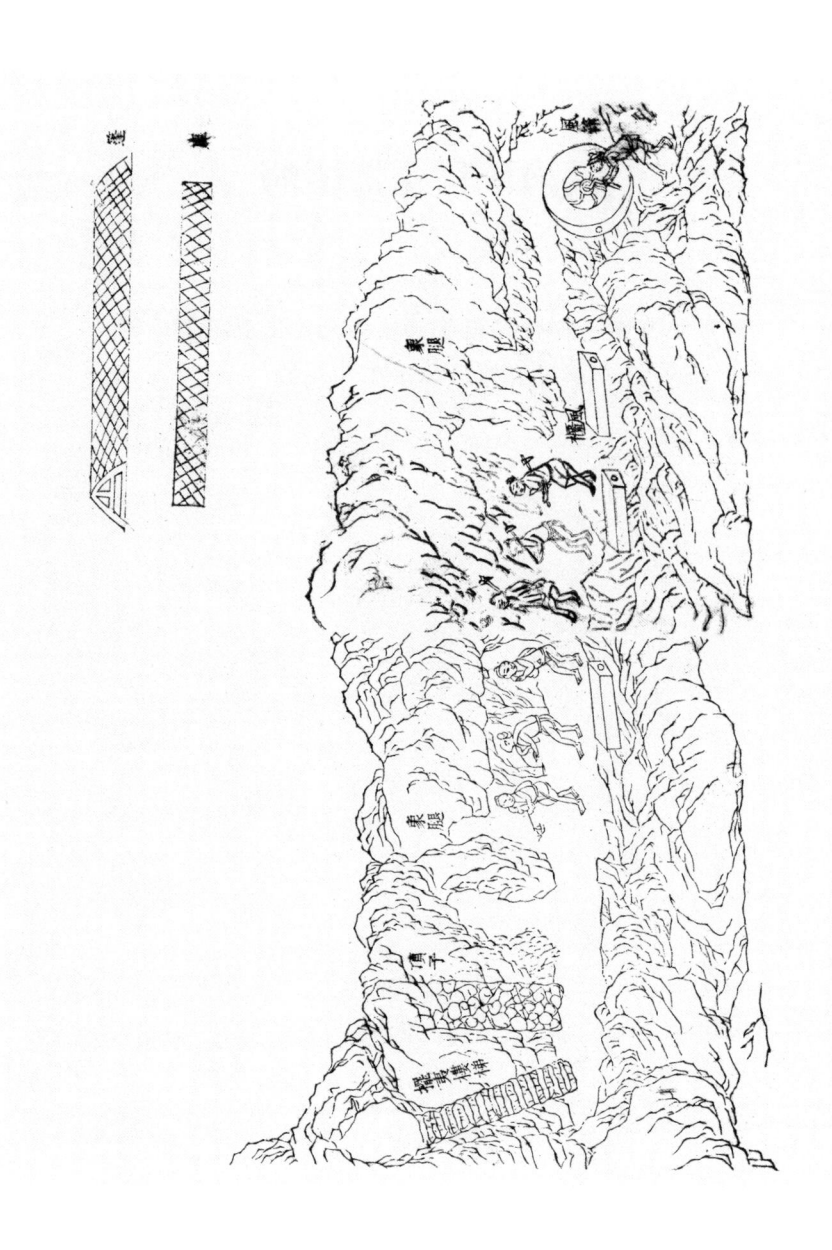

云南矿厂工器图略

滇南礦廠圖略

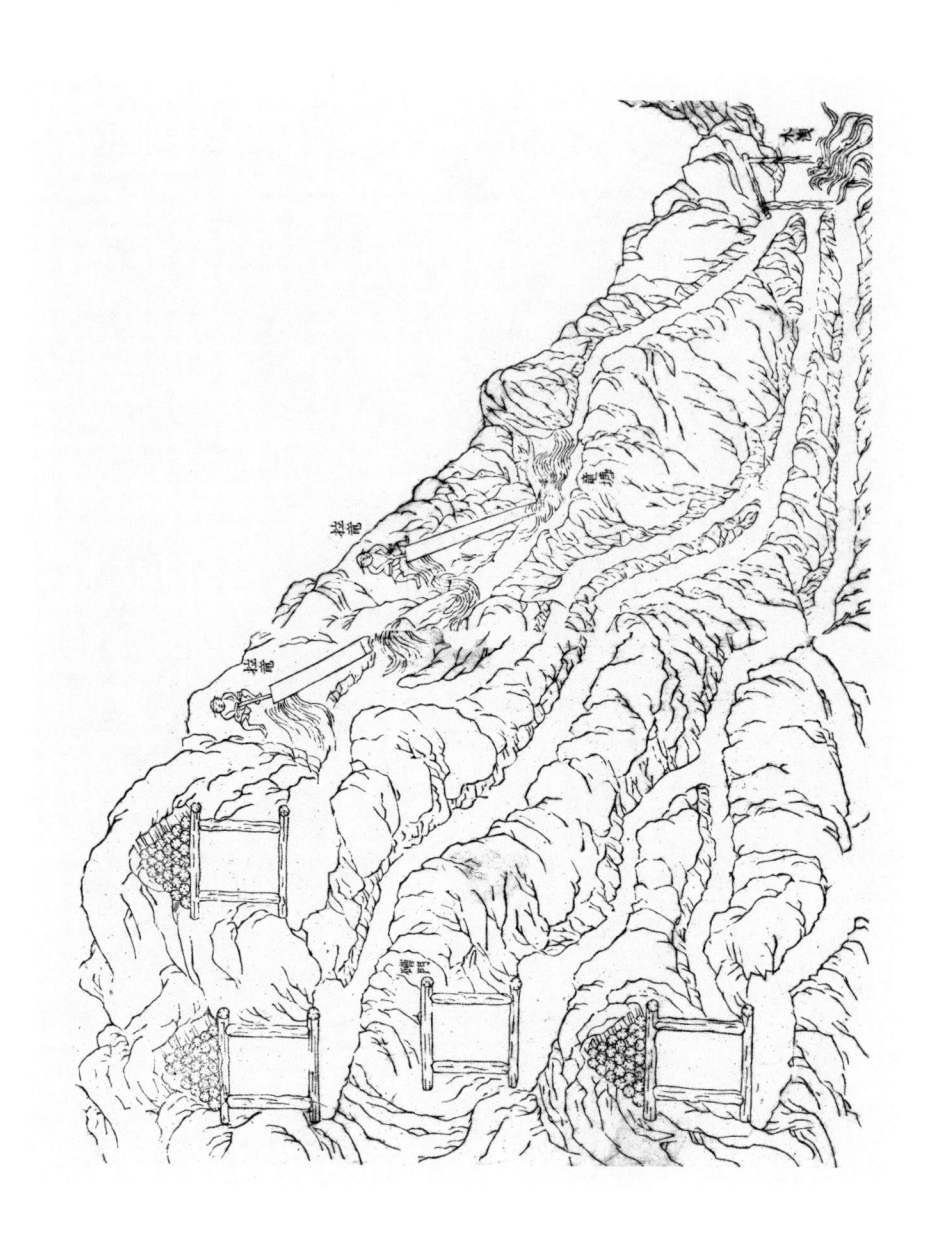

云南矿厂工器图略

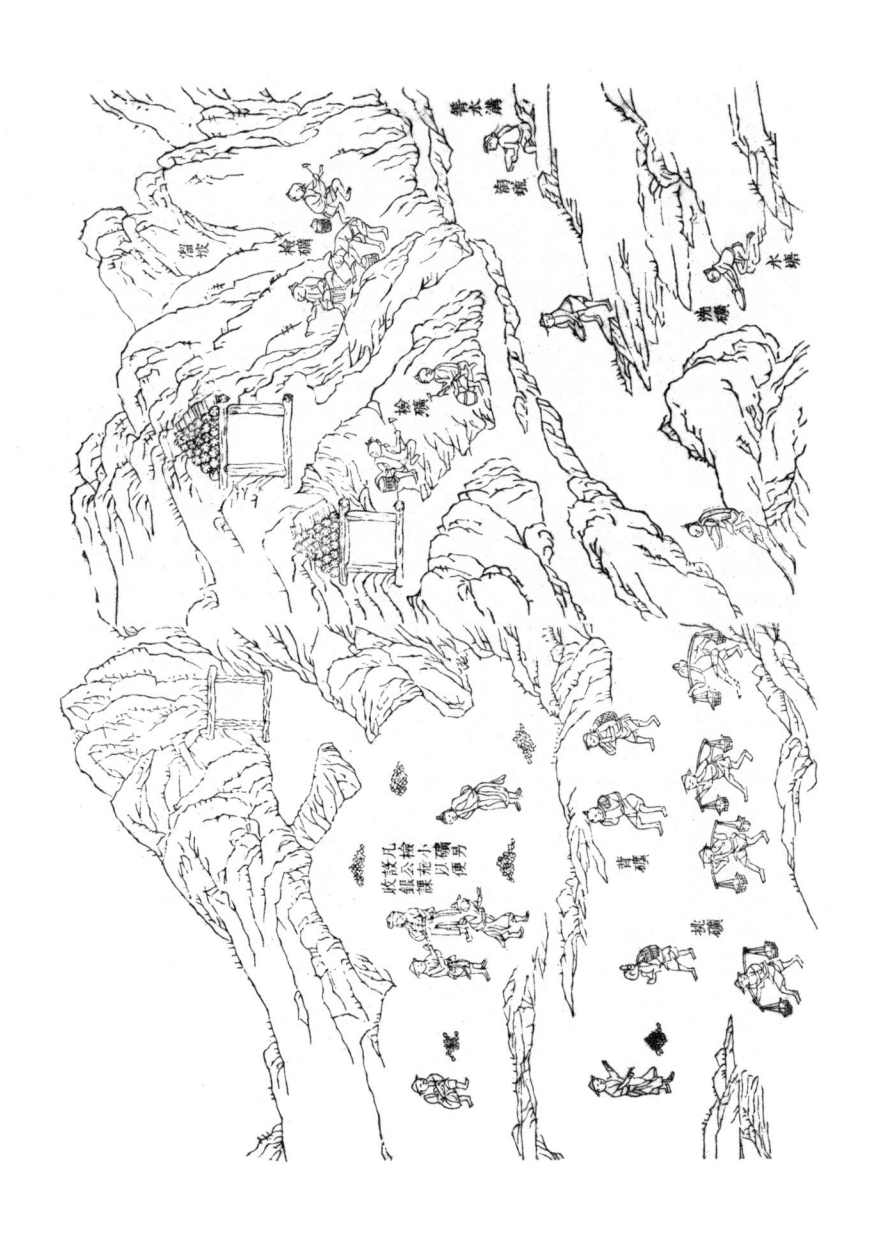

滇南矿厂图略校注

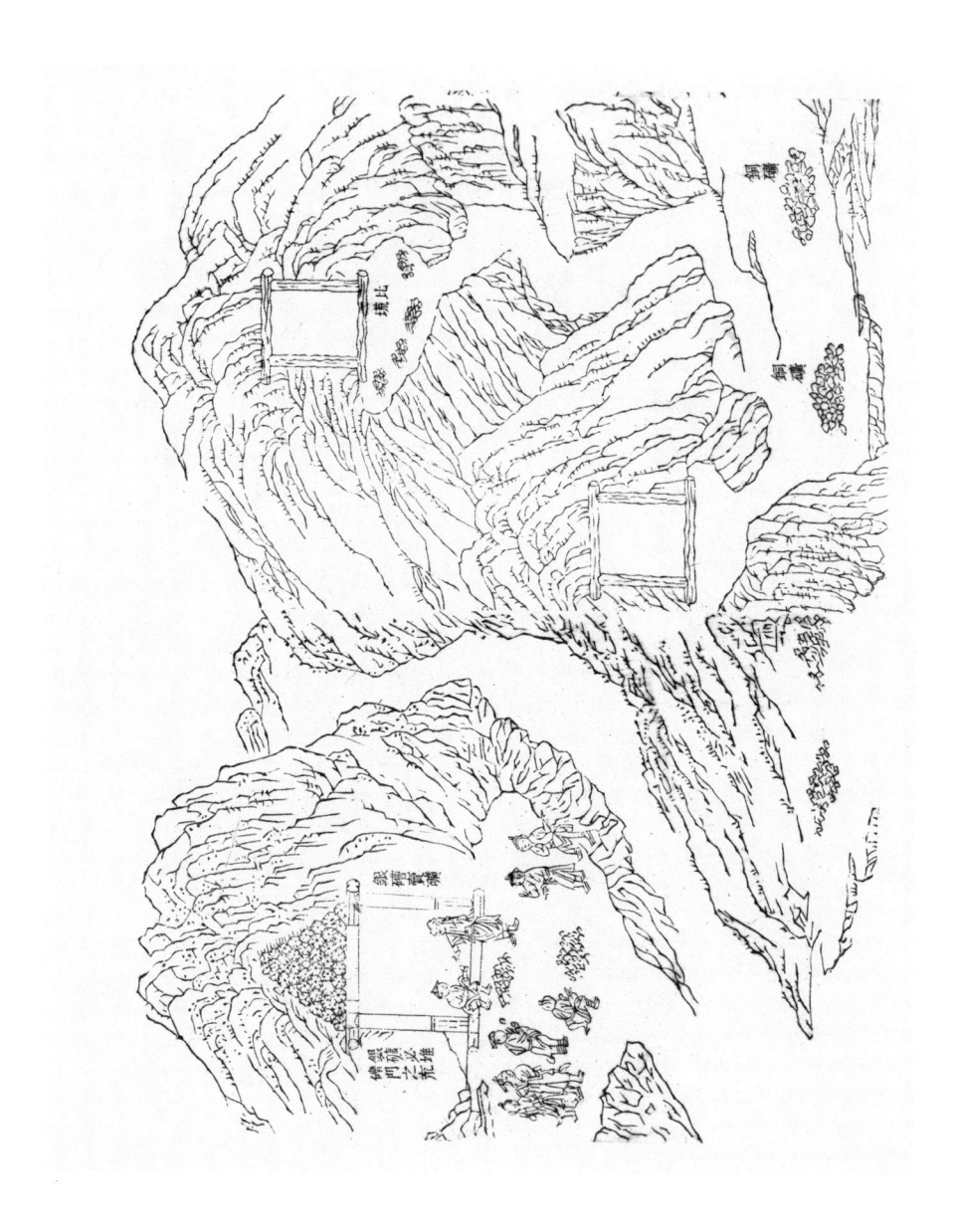

云南矿厂工器图略

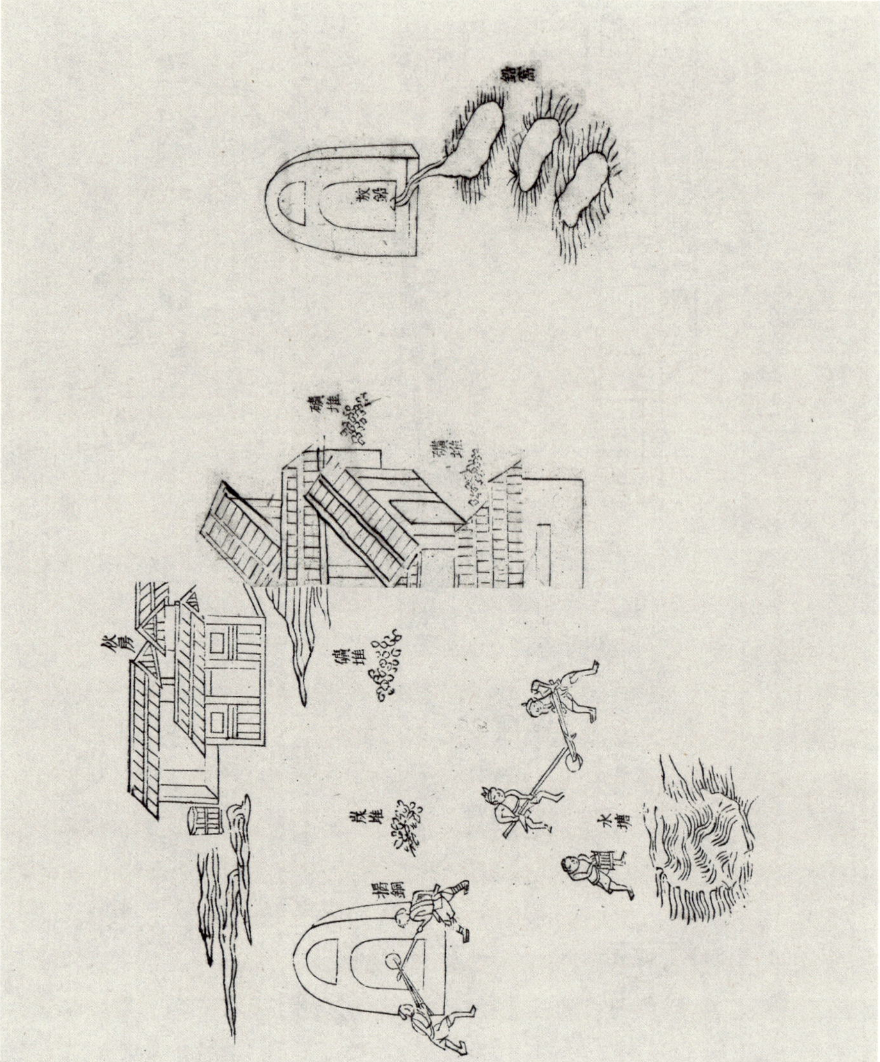

云南矿厂工器图略

批風爐

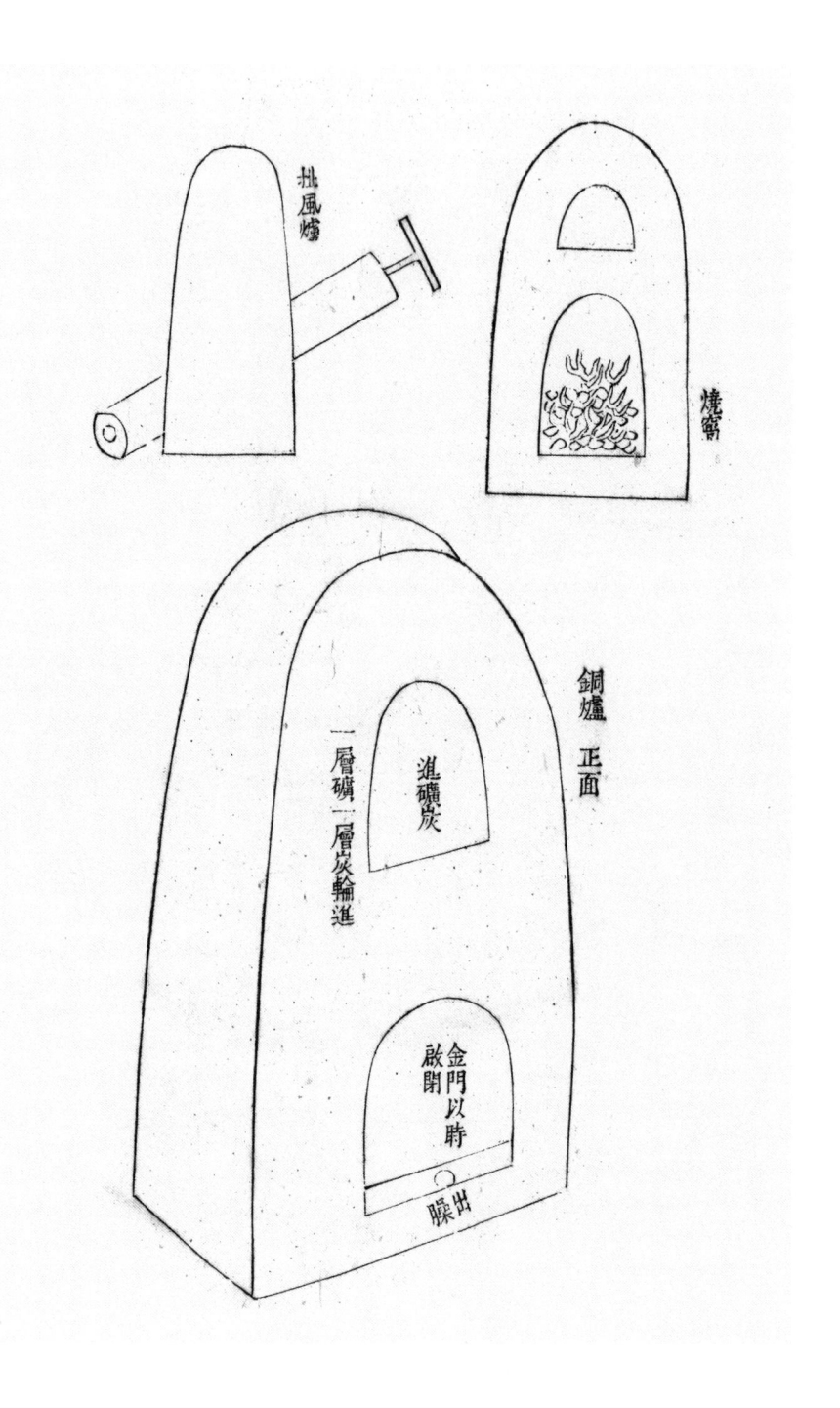

燒窰

銅爐 正面

一層礦一層炭輪進

進礦炭

金門以時啟開

出睞

背面

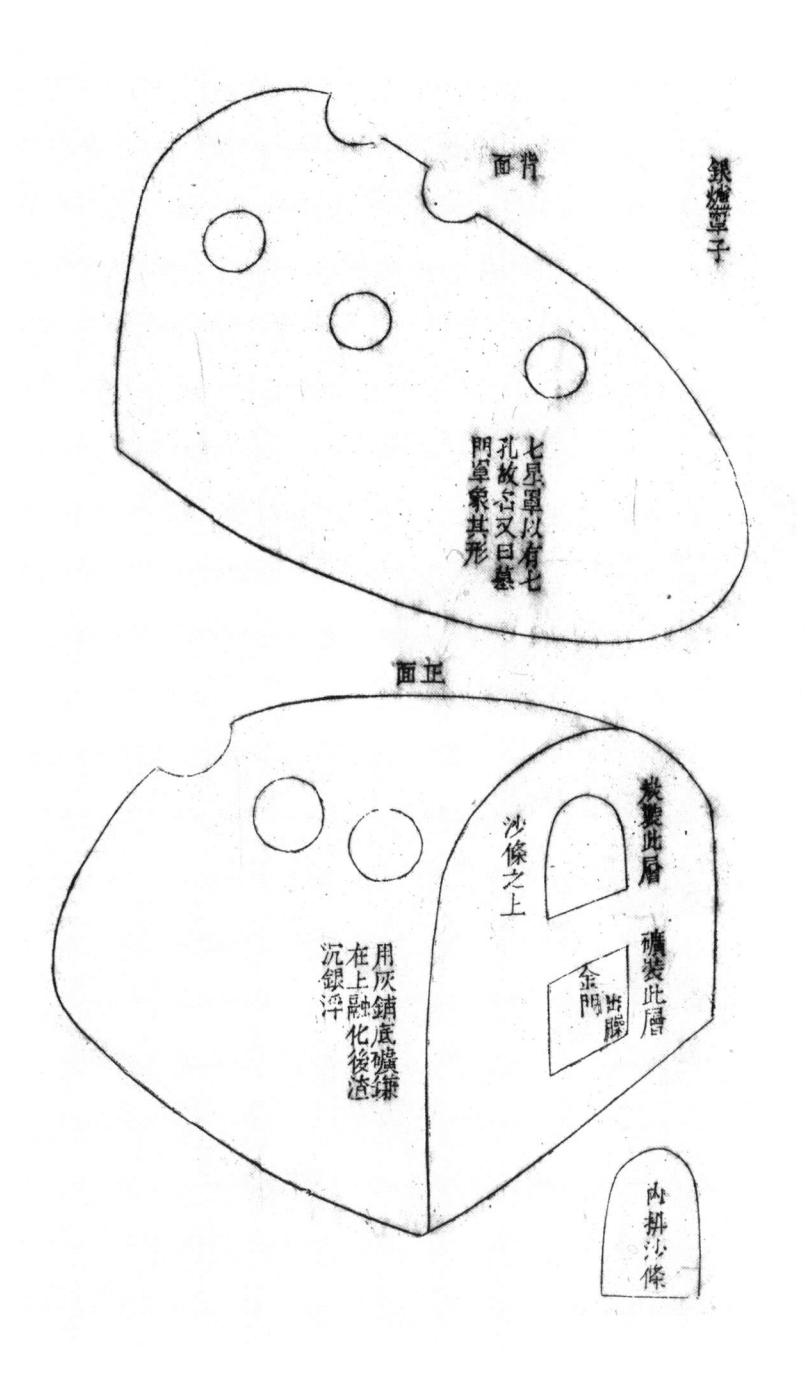

銀爐罩子

七星罩以有七
孔故名又曰蟇
門蓋象其形

正面

裝裝此層
沙條之上
礦裝此層
斷腰
金門

用灰鋪底礦鑵
在上融化後渣
沉銀浮

凹耕沙條

云南礦廠工器圖略

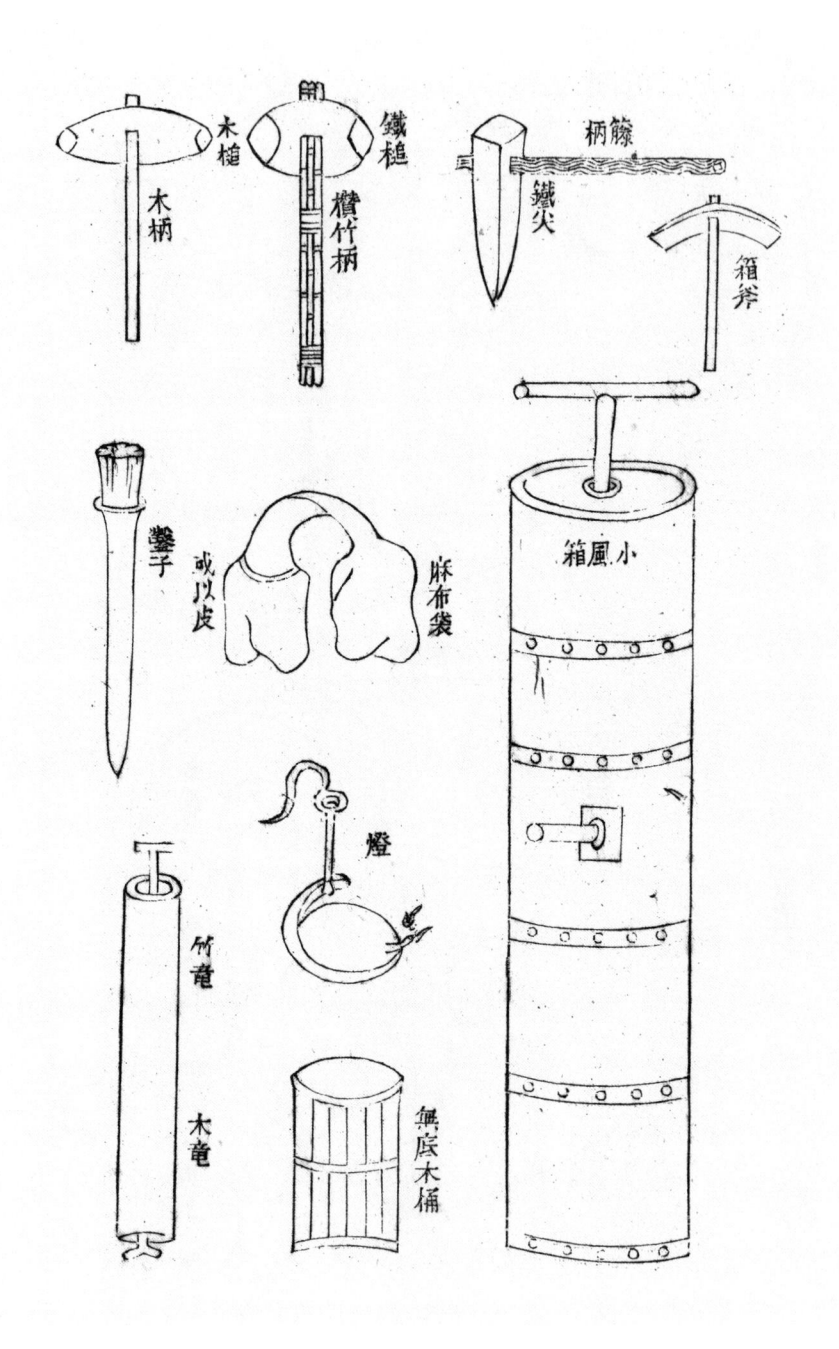

鐵鎚 木槌 籐柄
欑竹柄 木柄 鐵尖 箱斧

小風箱

鏨子 麻布袋
或以皮

燈
竹竜 木竜 無底木桶

滓煤

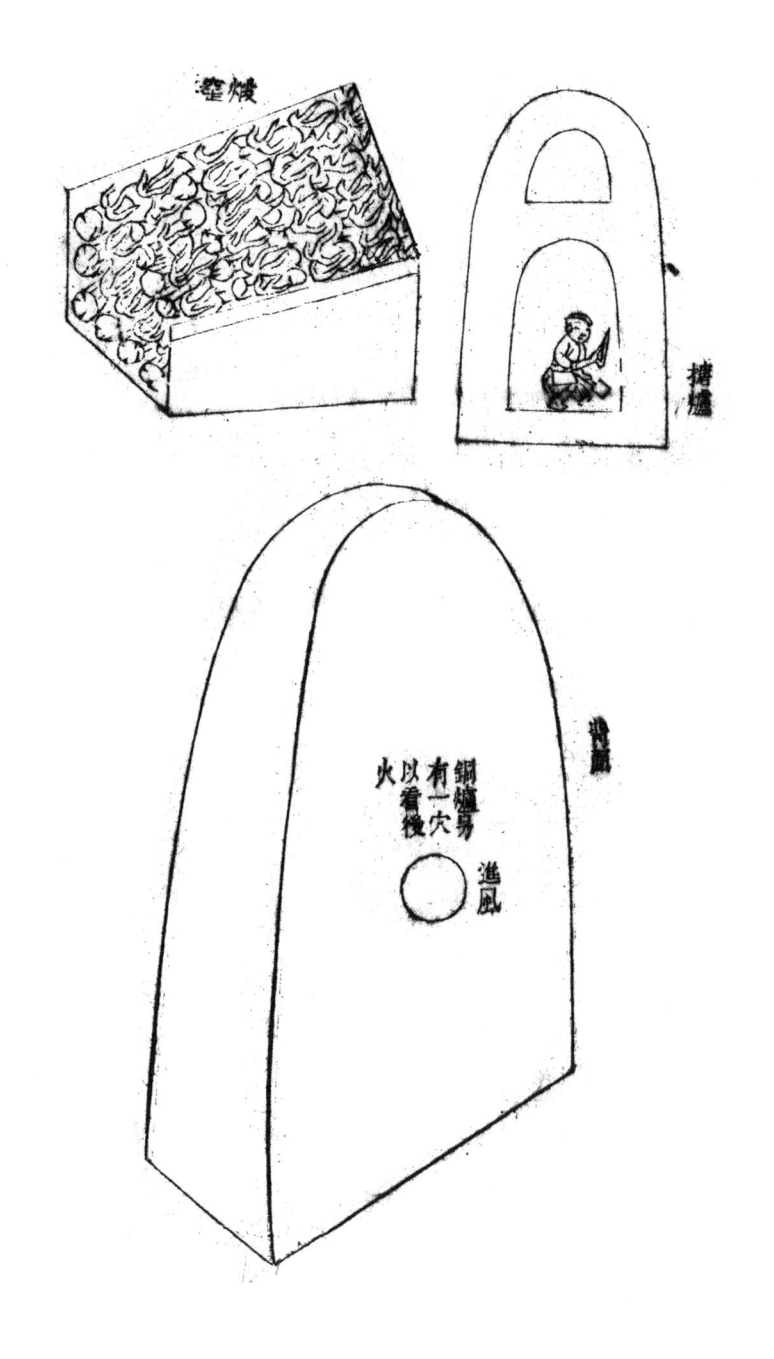

搪爐

進風

銅爐旁有一穴以看後火

雲南礦廠工器圖略

槛门　筛箕　鲛箕

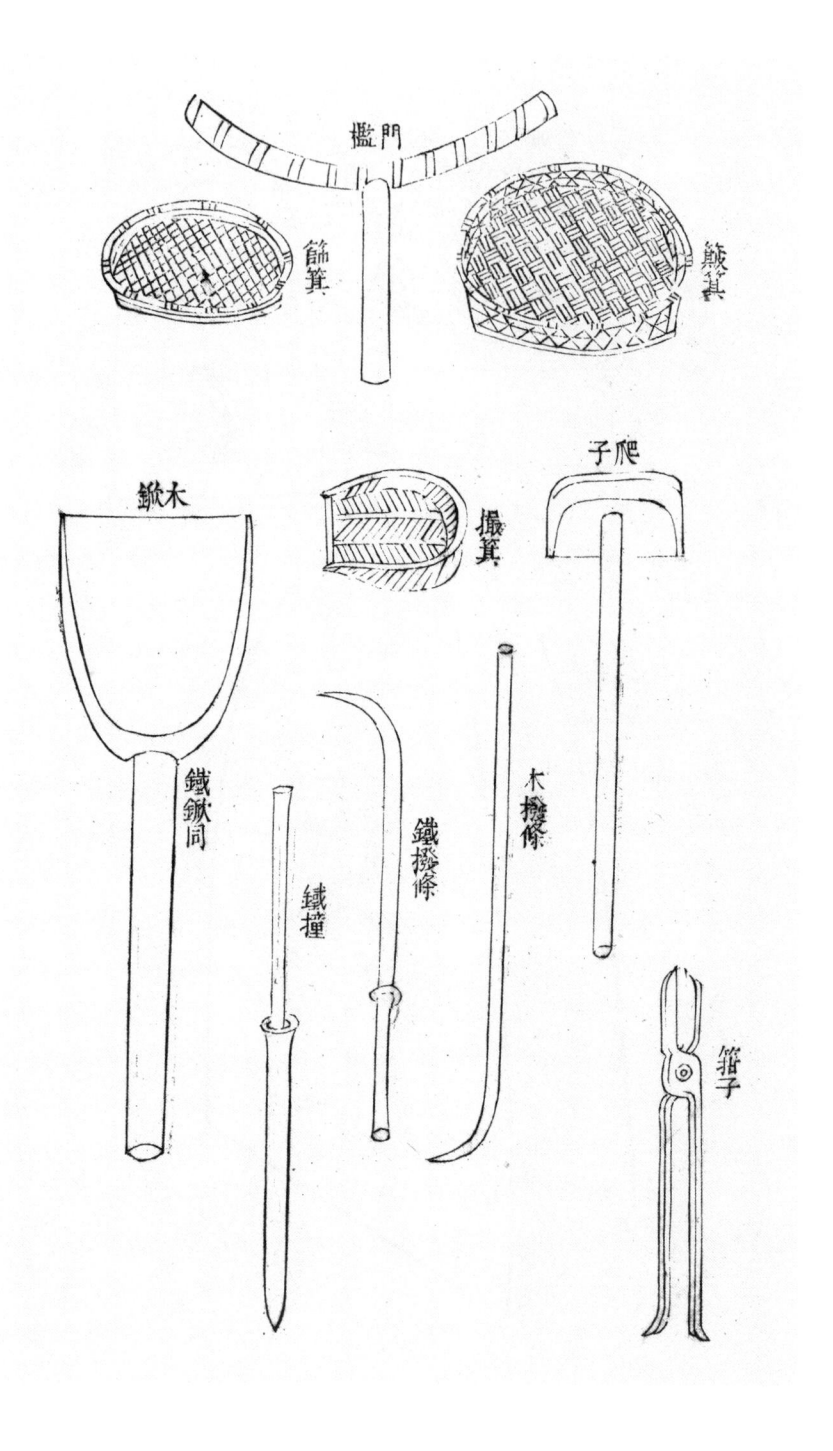

锹木　撮箕　子爬

铁锹同　铁撞　铁挠条　木挠条　筶子

滇矿图略

金银之气，先见于山，故首之以引[1]，有引而后可凿，故硐次之。硐无器不可以攻，故硐器次之。有器则矿出焉，故矿次之。矿得火而后知银、铜、镰、铅焉，故炉次之。炉成而器具，故炉器次之。炼银者，必以罩[2]，故罩次之。

物备而无财，不可以聚人，故用次之。有用此有人，故丁次之。募丁者以役，故役次之。役者奉法者也，故规次之。规成而或逾，则禁之，故禁次之。法立令行，必救灾而捍患，故患次之。患或生于无所忌，而忌莫先于言语，故语忌次之。忌之而不免焉，则为异，故物异次之。何以异，惟神之故，故以祭终焉。

注　释

[1]　引：本义为开工，泛指牵引、拉开，此处指由矿床延伸出来、裸露于山崖上之矿带。倪慎枢《采铜炼铜记》曰："引即矿苗。"

[2]　罩：即炉罩，冶炼矿时，需打罩于炉内，见本卷"罩第七"。

引第一

山有葱[1]下有银，山有磁石下有铜。[2]若金有开必先机之泄也，矿藏于内，苗见于外，是曰"冎[3]引"。谚曰：一山有矿，千山有引。譬之于瓜冎者，蔓也；散矿者，叶也；堂矿者，瓜也。[4]子冎之矿薄，老冎之矿进山，唯老走厂者能辨之，故记引。[5]

曰"憨冎"，色枯而质轻，无矿也。

曰"铺山冎"，散漫无根，虽有所得，不过草皮微矿。

曰"竖生冎"，直挂无枝，其势太独，亦不成大事。

曰"磨盘冎"，盘旋曲绕势多趋下，数年之后必致水患。

曰"跨刀冎"，斜挂进山，忽断忽续，一得篷座分明，小则成刷[6]，大望成堂。

曰"大冎"，宽厚尺余，横长数丈，石硬坚硬，马牙间错，一时不能得矿，既得之后，必有连堂，兼能悠久。

注　释

[1] 葱：青色，碧色，指裸露在外的矿石颜色，原文所载为古代凭借山石颜色找矿的一种方法。明代宋应星在《天工开物·五金·银》中记载了银矿山山石颜色特征："凡石山洞中有矿砂，其上现垒然小石，微带褐色者，分丫成径路。"清人倪慎枢在《采铜炼铜记》亦记载了有矿之山颜色特征："谛观山崖石穴之间，有碧色如缕，或如带，即知其为矿苗。"在同时期的日本也使用这种以矿山颜色找矿的方法，日本人增田纲《鼓铜图录》（见《日本科学古典全书》第九卷，昭和十七年（1942）初版）载："硐中有铜璞，其上必现矿气，其色赤黑，土石皆然，连绵乃成一线，或长或短，或广或狭，或浓或淡，或浅或深，以铜璞之多寡而决"，矿脉"有否难料，倘遇之，或断绝，或

间连，或连绵不绝，或深入渐狭，忽小忽大，或盘根错节，或一枝了然"，"璞有黄、黑、紫、赤、光、暗种种之别，得铜之多寡亦各异"。

[2] 山有磁石下有铜：此乃矿物共生之原理，这是古代依据矿物共生原理找矿之法。此法在我国相沿甚久，战国时期的《管子·地数》就记载了矿物共生的原理："伯高对曰：上有丹砂者，下有黄金；上有慈石者，下有铜金；上有陵石者，下有铅、锡、赤铜；上有赭者，下有铁。此山之见荣者也。"宋应星《天工开物·五金·铜》记载了铜矿与铅矿共生及其冶炼之法："凡铜质有数种，有全体皆铜，不夹铅、银者，洪炉单炼而成。有与铅共体者，其煎炼炉法，旁通高、低二孔，铅质先化，从上孔流出；铜质后化，从下孔流出。"

[3] 闩：原字"橺"，同"闩"。《集韵·删韵》："橺，闭门机。"清翟灏《通俗编·杂字》："橺，关门机也……《韵会小补》：'通栓，今俗作闩。'"

[4] "谚曰"句：古人凭借开采经验，根据矿藏的形状来估量矿藏的多少。形如"蔓"者，矿藏有限；形如"叶"者，矿藏不丰且散；形如"堂"者，矿藏最富且连续，如几间屋子宽。宋应星《天工开物·五金·铜》载："凡出铜山夹土带石，穴凿数丈得之，仍有矿包其外，矿状如姜石而有铜星，亦名铜璞，煎炼仍有铜流出，不似银矿之为弃物。凡铜砂，在矿内形状不一，或大或小，或光或暗，或如鍮石，或如姜铁。"倪慎枢《采铜炼铜记》曰："宽大者谓之堂矿，宽大而凹陷者谓之塘矿，斯皆可以久采者也。若浮露山面，一斨即得，中实无有者为草皮矿；稍掘即得，得亦不多者为鸡抓矿；参差散出，如合如升，或数枚、或数十枚，谓之鸡窠矿；是皆不耐久采者也。又有形似鸡抓，屡入屡得，入之既深乃获成堂大矿者，是为摆堂矿，亦取之不尽者也。"日本增田纲《鼓铜图录》也载："(璞)连成一条路，或长或段，或广或狭，有浓淡、有深浅，随铜璞多少。"

[5] "子闩"至"记引"：吴大勋《滇南见闻录·人部·打厂》云："老于打厂者，能审山势、辨土色，知其有矿与矿之为银、为铜，而后集众试采。土石中有一线递引，依之攻取者为苗引；有并无苗引，动手即得者为草皮矿，其矿必薄。惟山势绵远，苗引深长，用力滋多。或遇石夹坚固，攻之甚难，而后得矿者为进山矿，其矿必大。每有资本倾竭，气尽力乏，几欲歇手，忽得堂矿，骤然发财者。"檀萃《滇海虞衡志·志金石二》云："砿脉微露未之苗，细苗如线谓之引土石。"

[6] 小则成刷：檀萃《滇海虞衡志·志金石二》曰："砿一片谓之刷。"

硐第二

冋引既审，[1]而后可得矿矣。凿山而入，隧之中或九达焉，各寻其脉，无相侵越，故记硐。

凡硐门谓之"礑"，得矿，于硐口竖木如门，[2]有框无扇曰"扬礑门"；叠木门上如博山形，谓之"莲花顶"。中谓之"窝路"，土曰"松塃"，窝路石曰"硬硤"，窝路平进曰"平推"，稍斜曰"牛吃水"，斜行[3]曰"陡腿"，直下曰"钓井"，倚木连步曰"摆夷"，梯向上曰"钻篷"。[4]

左谓之"槌手边"持槌者在左。

右谓之"凿俗读如撰手边"持尖者在右。[5]

上谓之"天篷"。

下谓之"底板"。

槌凿处谓之"尖"，本硐曰"行尖"[6]，有大行尖、二行尖之分，讨辨曰"客尖"，分路曰"斯尖"，以把计数，自一至十、百。

注 释

[1] 冋引既审：古时无科学的探测矿石仪器，故古人依据山势、岩石来寻找矿苗。

[2] 竖木如门：在同时期的日本，硐口亦以木板、留木作为支撑物，俗称留矿井。《鼓铜图录》记载："以尖板、留木作四留，四留为坑口。以槌凿切入，破石而采璞。渐深，入硐中乃为铺，燃螺灯，所获之璞入箩而负出。掘处以尖板、留木抵之，以防崩塌。"

[3] 斜行：即斜井，它是在矿体倾斜角适当并稳定的前提下，从地表沿矿体或矿体底部岩层进行采掘的坑道。

[4] "凡硐门"至"钻篷"：古时由于科学不发达，尚无较为科学的开采方案、开采设施等，人们以民间迷信来趋利避害。故当时硐中的称谓忌讳较多，"石"音同"失"，因而"石"称"硤"；"土"音同"吐"，因而"土"称"塃"；"斜"音同"邪"，因而"斜行"称"陡腿"。久而久之便形成了硐中专门用语，比如硐中"坑道"改称"窝路"，坑道中土称为"松塃"，石称为"硬硤"；坑道平直向前者称为"平推"，斜行称为"陡腿"，自上而下称为"钓井"，木质楼梯称为"摆夷"，由下往上称为"钻篷"。

[5] "右"至"在右"：古法采矿，须凿山而入，"槌""凿"则为凿山之工具，故凿山开矿又称"打尖子"，槌有轻、重两种，轻者一人用槌打凿，即可工作；重者则需一人持槌、一人扶凿配合工作，故左边持槌者为"槌手"，右边扶凿者为"凿手"。

[6] 行尖：倪慎枢《采铜炼铜记》曰："穴山而入谓之礧，亦谓之硐，浅者以丈计，深者以里计，上下曲折靡有定址，谓之行尖。尖本器名，状如凿，硐中所用之物。歧出谓之拼尖，土谓之荒，石谓之甲，碎石谓之松甲，坚石谓之硬甲。左右矗而立者曰墙壁，亦有随引而攻……中荒旁甲几同复壁者，覆于上者为棚，载于下者为底，横而间者为闩。"

硐之器第三

曰"槌"，一以铁打，如日用铁槌，而形长七八寸，木为柄，左手持尖，而右手持槌，一人用之。一以铁铸，形圆而稍扁，重三四五斤，攒[1]竹为柄，则一人双手持槌，一人持尖。

曰"尖"[2]，以铁为之，长四五寸，锐，其末以藤横箍其梗以藉[3]手。

曰"凿"，铁头，木柄，各长有尺，形似铁撬。

曰"麻布袋"，形如搭裢，长四五尺，两头为袋。塃、硖、矿皆以此盛，用则一头在肩，而一头在臀，硐中多伏行也。

曰"风柜"[4]，形如仓中风米之箱后半截。硐中窝路深远，风不透入则火不能然[5]，难以施力，或晴久则太燥，雨久则湿蒸，皆足致此，谓之"闷亮"。设此可以救急，仍须另开通风。

曰"亮子"[6]，以铁为之，如镫盏，碟而大，可盛油半斤，其柄长五六寸，柄有钩。另有铁棍，长尺，末为眼，以受盏钩，上仍有钩可挂于套头上。棉花搓条为捻，计每丁四五人用亮子一照。

曰"龙"[7]，或竹或木，长自八尺以至一丈六尺虚，其中径四五寸。另有棍，或木或铁，如其长，剪皮为垫，缀棍末，用以擩水上行。每龙每班用丁一名，换手一名，计龙一条，每日三班，共用丁六名。每一龙为一闸，每闸视水多寡，排龙若干，深可五六十闸，横可十三四排，过此则难施。

注 释

[1] 攒：拼凑、聚拢。
[2] 尖：又称"尖子"，圆形铁楔，即钢钎子。

[3] 藉：音 jiè，垫在下面的东西；衬垫。

[4] 风柜：古时硐内的通风工具，使用时人工摇转风柜手柄，扇风以通空气，非常简陋。

[5] 然：燃烧。《说文解字》："然，烧也。"徐铉注："然，今俗别作燃。"

[6] 亮子：古时硐内照明工具，俗称油灯。

[7] 龙：原作"竜"，古时矿硐内排水设施。据日本技师山口义胜《调查东川各矿山报告书》载"排水之法，古来有置数个竹制或木制之手动唧筒，每一唧筒设一水池，以次扬水者"，山口义胜所称之"唧筒"即"龙"。若硐位置在高处，坑道平直而进，硐内水自然排泄，无须设龙；若硐位置低，坑道又向内倾斜，就需要用"龙"进行人工排泄。

矿第四

盘[1]町、贲古[2]，古银薮也。朱提[3]八两为流[4]，直[5]一千五百八十，他银一流直千。[6]《后魏书》："骊山[7]有银矿，二石得银七两"，"白登山[8]亦有银矿，八石得银七两"，[9]矿之高下见矣。

滇铜以溜[10]称矿，一百斤得铜十斤为一溜，不须煅者曰"一火成铜"，自一次以至八九次曰"几冰几罩银"。[11]以胚子称矿，一斤得银一分，为一分胚子，即可入罩，曰"炸矿"。先入炉并成镰条而后下罩，曰"大火矿"，罩之渣曰"底母"，卷而成块曰"铀团"。费之轻重，工之多寡，金之上下，皆视此，故记矿。

曰"铜矿"，凡数十种，紫金[12]为上，加有红晕者曰"火里骰"[13]，兼有蓝晕者曰"老鸦翎"[14]。成分在五溜以上曰"马豆子"[15]，成分高可七八溜。而断不成堂曰"黄金箔"[16]，易有水。而最悠久曰"生铜"[17]，即自然铜也，改煎掺入能长，成分大块可作器皿。[18]

曰"银矿"，凡数十种，墨碌为上，盐沙次之，有一两至七八两胚子，荞面黄、火药酥又次之，皆炸矿也。

曰"镰矿"，即黑铅也。曰"明矿"，有大花、细花、劈柴之别，不过数分胚子。

曰"铜盖银"，黑矿起盐沙或发亮，皆有银。先入大炉，煎出似铁非铁，次入推炉，即分金炉，推去镰臊，末入小炉，揭成铜。其镰下罩出银。[19]

曰"银盖铜"，矿色带绿或夹马牙者，皆有铜。罩中拨出渣臊，入大炉煎出镰水，所剩之渣臊，上窑煅炼几次，入铜炉成铜。[20]

曰"铅"，即白铅也。用瓦罐炼成，闻其中亦有银，交阯[21]人知取之之法，而内地不能也。

注 释

[1] 盤：应为"䀚"，"盤町"即"䀚町山"。据《汉书·地理志第八上·益州郡》载："律高，西石室山出锡，东南䀚町山出银、铅"。《后汉书》卷一百十三《郡国五·益州郡》："律高，石室山出锡，䀚町山出银、铅。"可知䀚町山在律高县境内。又《蜀都赋》刘逵注云："兴古盤町山出银。"则《汉志》所载䀚町山，即为盤町山，位于兴古郡律高县东南。

[2] 贲古：即贲古县。据文献记载，贲古为益州郡属县，西汉武帝元封二年（前109）置，该地山产铜、锡、铅矿。《汉书·地理志第八上·益州郡》："益州郡，武帝元封二年开，莽曰'就新'，属益州。"应劭曰：'故滇王国也'。……贲古，北采山出锡，西羊山出银、铅，南乌山出锡。师古曰'贲音奔'。"《后汉书》卷一百十三《郡国五·益州郡》云："贲古，采山出铜、锡，《前书》曰：'在县北'羊山出银、铅，在县西，《地道记》曰：'南乌山，出锡'。"三国时期，益州郡建置变动，蜀汉以益州郡分置四郡，贲古县隶属于梁水郡，《三国志·蜀书·后主传》载："（建兴）三年春三月，丞相亮南征四郡，四郡皆平。改益州郡为建宁郡，分建宁、永昌郡为云南郡，又分建宁、牂牁为兴古郡"，其中贲古属兴古郡。东晋时期，分兴古郡地为兴古、梁水、西平三郡，贲古属梁水郡，《宋书》卷三十八《州郡四》："梁水太守，晋成帝分兴古立……西平太守，晋怀帝永嘉五年，宁州刺史王逊分兴古之东立"，又《华阳国志·南中志·梁水郡》载："贲古县，山出铜、铅、铁"，按此则贲古属梁水郡。南朝时，贲古之名未见于史书，《南齐书》卷十五《州郡下》所载"梁水郡"所辖县中有"梁水"无"贲古"，疑"贲古"即为"梁水"。至于贲古之今名，方国瑜先生在《中国西南历史地理考》（中华书局，1987年，第77页）中依据《水经注》"故马援言从从泠水道出进桑王国，至益州贲古县，转输通利，盖兵车资运所由也"之记录，以及其他文献记载考释，认为"近桑为今河口地区，自此北行至贲古，则贲古当距今河口不甚远，且贲古当为益州郡最南之一县"，并认为《新校注地理志》中"贲古，应今临安府近地"之说亦可取。

[3] 朱提：西汉郡名。关于朱提之记载，最早出现于《汉书·地理志第八上·犍为郡》："朱提，山出银。应劭曰：'朱提山在西南'；苏林曰：'朱音铢，

提音时，北方人名匕曰'匙'"，可知朱提为犍为郡之属县。又《后汉书·郡国志第二十三·犍为属国》载："朱提，山出银、铜"，两《汉书》之详细记载均为朱提盛产银、铜矿。关于朱提郡之设置、变更，文献亦有详细记载，《华阳国志·南中志·朱提郡》："朱提郡，本犍为南部。孝武帝元封二年置，属县四。建武后省为犍为属国。至建安二十年，邓方为都尉，先主因易名太守，属县五"；《南中志》："（朱提）县有大渊池水，名千顷池。"《晋书》卷十四《地理上》："蜀章武元年……以犍为属国为朱提郡……朱提郡，蜀置。统县五，户二千六百，朱提、南广、汉阳、南秦、堂狼……其后李寿分宁州、兴古、永昌、云南、朱提、越巂、河阳六郡为汉州。咸康四年，分牂柯、夜郎、朱提、越巂四郡，置安州。八年，又罢并宁州，以越巂还属益州。"至于朱提之今名，吕调阳《汉书地理志详释》曰："朱提在今昭通府，府南有小长海，水名千顷池"；方国瑜先生在《西南历史地名考》中曰："'池'即今昭通、鲁甸间之八仙海，则今鲁甸属朱提，又今昭通北之永善，亦朱提所属。"

[4] 流：汉王莽时银币单位，银一流值钱千文，朱提银则值钱一千五百八十文。

[5] 直：通"值"。

[6] "朱提"至"直千"：《汉书·食货志第四下》："朱提银重八两为一流，直一千五百八十。（师古曰：'朱提，县名，属犍为，出善银。朱音殊，提音上支反。'）它银一流直千，是为银货二品。"《禹贡锥指·淮海惟扬州》："朱提银重八两为一流，直一千五百八十，他银一流直千。渭按此汉世金、银、铜相直之数也。""（汉）银一流，直钱千，则每两直百二十五，为铜一斤十两有奇矣。"

[7] 骊山：在今陕西省西安市临潼区城南。《史记索隐·周本纪第四》："在新丰县南，故骊戎国也。旧音黎。"《禹贡长笺·黑水西河惟雍州》："骊山，西去长安二百里。"

[8] 白登山：今名马铺山，在山西大同城东五公里。《书蔡氏传旁通·禹贡》："河北之山皆从白登山来，白登之南为管涔山，汾水出其下。"

[9] 《后魏书》句：《魏书》卷一百一十《食货六》："世宗延昌三年春，有司奏：'长安骊山有银矿，二石得银七两'；其年秋，恒州又上言：

'白登山有银矿，八石得银七两，锡三百余斤，其色洁白，有逾上品'，诏并置银官，常令采铸。"

[10] 溜：古代计算铜矿石含铜量的单位。

[11] 几冰几罩银：吴大勋《滇南见闻录·人部·打厂》亦曰："矿只是石，其色红、黄、黑、白、青、绿俱有，其名不一。先用锥碎之，继以火煅之，有一两火即得者，有三四火、五六火者，竟有九冰九罩者，工本之多寡固悬殊也。"王昶《铜政全书·咨询各厂对》记赵煜宗禀曰："各厂制矿不一，有煅至六七次，复用酸水浸泡八九回，先炉后罩，所谓九冰九罩而成铜也。"

[12] 紫金：为铜矿颜色，即"斑铜矿"，一般呈暗紫红色、暗铜红色，古文中又称其为"紫金锡蜡"，这种铜矿容易发生暗晦，之后便成蓝紫色。它与辉铜矿、黄铜矿、黄铁矿、石英等共生，次生于硫化铜矿体富集带内。

[13] 燄：同"焰"，加有红晕者，即红锡蜡，颜色紫红。

[14] 老鸦翎：即绿锡蜡，以辉铜矿为主的矿石。

[15] 马豆子：山口义胜《调查东川各矿山报告书》（1913年）："马豆子为黄铁矿、黄铜矿及斑铜矿之小团块，乃因岩石之分解而放离者。"

[16] 黄金箔：即黄铜矿（$CuFeS_2$），金黄色，并伴有锈色及黑绿色条痕，此矿为硫化铜矿物，矿脉较散，可长期开采，但含铜量较低；同时这种矿物在外界条件变化下，非常容易变化成其他次生矿物，比如孔雀石、辉铜矿、斑铜矿、蓝铜矿等。

[17] 生铜：俗称"自来铜""天生铜""红铜"，此矿含铜量最高，无须经过反复冶炼即可成铜。吴大勋《滇南见闻录·物部·自来铜》曰："铜皆以矿砂锻炼而成，又有一种自来铜，生成净铜，色紫质高。小者不过如豆如栗，大者竟有数十百斤，甚至沾益州出一铜山，如屋宇大，竟无纹理，难施锥凿，先以火烧之，然后加功凿之，历数年而始尽。据云：自来铜，厂上不可有，有则厂衰。又云：自来铜不可经火，须生锤成器，如锤成炉，则宝色倍于寻常之炉；如锤成镯，常佩之可以已遗症，体中有病，则铜之色预变黑黯，若经火者不能也。"

[18] "铜矿"至"器皿"：滇省铜矿，以东川式铜矿最为典型，铜以绿锡蜡为佳品，即辉铜矿，表面颜色深黑，为硫化铜矿物，含铜量相对较

高，可达 79.8%。据倪慎枢《采铜炼铜记》曰："矿之名目不一，其佳者黄胖、绿豆、青绿、墨绿。佳者为白锡蜡，色白体重，边纹如簇针尖；油锡蜡色光亮；红锡蜡色红；紫金锡蜡色深紫。尤佳者火药酥，色深黑，质松脆，俗皆谓之彻矿，彻即净，厂俗忌净为彻。又有亚子矿，叠垒山腹，采之如拆甑墙，亦属佳品。盐沙矿，色青黑若带黄绿则次矣，穿花绿石中夹矿又其次之矣。尤下者为松绿，内外纯绿，成分及低，止可为颜料之用。"檀萃《滇海虞衡志·志金石二》云："凡（铜）砆，锡蜡为上，墨绿次之，黄金箔又次之。"又王昶《铜政全书·咨询各厂对》云："矿之色样则又有别，绿矿有墨绿、豆青绿、穿花绿、大亚子矿诸名，色墨绿、豆青为高，穿花即矣石矿。……锡腊，一白锡蜡，一油锡蜡，一紫金锡蜡，皆矿之高者。火药酥，紫黑、散碎，状似火药。"据现代自然科学研究表明，吴其濬、倪慎枢等人著作中所载"滇铜"，属于"康滇地轴"铜矿区，东川铜矿属层控矿床，学界称其为"东川式铜矿床"，以汤丹、因民、落雪三大矿区为代表。矿田内之元古界，自下而上为：姑庄系砂泥质、钙质即白云质岩层；因民组紫色岩层，下部为紫色千枚岩，中部为板岩夹灰岩凸镜体，上部为砂岩夹薄层灰岩；落雪组白云质硅化灰岩；桃园组板岩。东川铜矿主要产于落雪灰岩与因民层破碎带内，呈层状及扁豆状分布，可分 1~3 个层，矿带绵延 20 公里，延深超过 1000 米，厚 5~15 米，矿石品位为贫矿至中等，储量较大。其矿石成分以辉铜矿（绿锡腊）、斑铜矿（紫金锡腊）和黄铜矿（黄金箔）为主。在漫长的地质时期，东川铜矿形成了深度很大而富集程度较差的次生硫化带，加之汤丹铜矿的构造条件极有利于氧化作用以及围岩破碎程度剧烈，因而形成了深达 600 米的氧化带（铜矿床中的氧化富集带和次生硫化富集带中的矿石品位特别高），故能够出产大量墨绿（孔雀石）和锡腊（次生辉铜矿和次生斑铜矿等）两种高品位矿石。（见李仲均：《吴其濬与〈滇南矿厂图略〉纪念吴其濬诞生二百周年》，《有色金属》，1989年第 4 期。）

[19]"铜盖银"至"出银"：此即铜矿石中含银者，冶炼时铜、银互出。倪慎枢《采铜炼铜记》曰："又有所谓铜中彻银者，其矿坚黑如镔铁，俗谓之明矿。先以大窑锻炼，然后入炉煎成冰铜，再入小窑翻炼七八次，亦同前煎法，复入推炉，形如桦器，首置橐籥，尾置铜瓦，挤彻铅水，挽

和底母，彻成净铜。挤出铅水入罩炉，分金罩，形如龟甲，大尺余，加火于外，亦有入窑翻煅，之后即入将军炉煎炼一日，铜汁流于炉内，银汁流于窝外。复以铜如推炉煎成黑铜，再如蟹壳炉揭成蟹壳铜。"

[20]　"银盖铜"至"成铜"：此即银矿石中含铜者，冶炼时亦银、铜互出。王昶《铜政全书·咨询各厂对》云："铜掣银、银掣铜，乃一矿而铜、银互出也。……银掣铜，乃银矿未能纯净，夹带铜气，扯火入炉，浮在面上者，即冰铜。"

[21]　交阯：《史记正义·五帝本纪第一》："南至于交阯阯音止，交州也"，今为越南北部地区。

炉第五[1]

金得火而流，铄之、范[2]之，智者创，而巧者述也。黄土，金之父，故炉罩以土为之，土生而火泄，则质柔而变化矣。其制巧而不可易，故记炉。

凡炉以土砌筑，底长、方、广二尺余，厚尺余，旁杀[3]渐上至顶而圆，高可八尺，空其中，曰"甑子"。面墙上为门，[4]以进炭、矿；下为门，曰"金门"[5]，仍用土封，至泼炉时始开；近底有窍，时开闭，以出臊。后墙有穴，以受风。[6]铜炉风穴上另有一穴，[7]以看后火。银炉内底平，铜炉内底如锅形。

凡起炉，初用胶泥和盐于炉甑内，周围抿实，曰"搪炉"；次用碎炭火铺底、烘烧，曰"烧窝子"。约一二时，再用柱炭竖装令满，扯箱鼓风，俟其火焰上透，矿、炭均匀、源源输进炉内。风穴上矿、炭融结成一条，如桥衡，通炉皆红，此条独黑，曰"嘴子"。看后火，即看此。扯箱用三人，每时一换，曰"换手"。用力宜匀，太猛则嘴子红而掉，太慢则火力不到之处矿不能化，胶粘于墙，曰"生膀"。每六时为一班，铜炉二班曰"对时火"，三班曰"丁拐火"，四班曰"两对时火"，六班曰"二四火"。[8]

泼炉则开金门，用爬先出浮炭、渣子；次揭冰铜[9]一冷即碎，故曰"冰"，亦曰"宾铜"；次用铁条搅汁，拨净渣子，曰"开面"；次揭圆铜揭铜或用水，或用泥浆，或用米汤，视矿性所宜。铜炉无过六班，炉火不顺，矿、臊结成一块，曰"抬和尚头"[10]，配合不宜，时有之，金门忽碎，矿汁飞溅，曰"放爆张"，每致伤人，幸不常有。

铅矿搪炉、烧窝皆同，而扯火紧慢任便，放臊一次，放铅一次，可至七八十班。至炼银罩，渣子亦只一二班。

注 释

[1]　炉第五：矿厂冶炼之炉，有大炉、推炉、蟹壳炉、将军炉，纱帽炉，蟹壳炉实为大炉之一种。倪慎枢《采铜炼铜记》以及王昶《铜政全书》对于炉之种类、结构、用途等有详细的介绍。据王昶《铜政全书·咨询各厂对》载："大功厂……炉有二种，一名将军盔，上尖下圆；一名纱帽炉，上方下圆，约高一丈五六尺，宽五六七尺，深二尺五六寸不等，每炉受矿二十余桶，用松炭二千余斤。""白羊厂推炉形如铜瓦，高二尺，长一丈，宽二尺。""者囊厂……系用将军大炉，像如盔，高七尺，宽四尺五寸，金门大一尺七寸，窝子深二尺。""茤达厂系用纱帽炉，形如纱帽，高五尺，宽七尺，金门大一尺一寸，窝子深一尺五寸，风箱安在背后，比前金门高二寸许。内窝装满放出外窝仍掀矿炭，受矿四五百斤，需炭三百余斤。……推炉形如木榇头，高二尺五寸，尾高二尺，横宽二尺二寸，直长六尺，金门大八寸，高五寸，深五尺，受冰铜五十余斤，需柴头七八十斤。风箱安在头上，尾用竹瓦挤彻铅水。""香树坡厂系一火成铜，只用大炉。炉形系就地起基，长方高耸，中空外实，上窄下宽，计高一丈五尺，围宽九尺，底深二尺有余。前为火门，后为风口，架炭入矿均由火门装入。火门之下另开小孔，名为金门，以便掣取渣朦。后设风口，安置风箱，每扯火一个，高矿须四十桶，约费炭三千斤；中矿须七八十桶，约费炭三千五六百斤；低矿须百十桶，约费炭四千有零。"另据倪慎枢《采铜炼铜记》载："矿之易炼者，一火成铜，止用大炉煎熬。其炉长方高耸，外实中空，下宽上窄，高一丈五尺，宽九尺，底深二尺有奇""将军炉，上尖下圆，其形如胄；纱帽炉，上方下圆，形如纱帽，并高二寻，十分高之四为其宽之度，十分宽之四为其厚之度，亦有高一寻者，其宽与厚亦称之余同。大炉又有蟹壳炉，上圆下方，高一丈有奇，宽半之，深尺有咫，余亦同大炉。"

[2]　范：以……为模型、模子。

[3]　杀：本义为致人死亡，此处引申为消减、使变少。古时冶炼银、铜之炉，为一倒置的方椎体，底宽，往上宽度逐渐缩小，至顶则为圆形。

[4]　面墙上为门：即"火门"，为冶炼矿时，添加炭、矿之口。古时，用炉冶矿，炭、矿需相间加入炉内，所以炭、矿可从同一门添入。

[5] 金门：炉内冶炼成形的铜品之出口。

[6] 后墙有穴，以受风：此穴亦称"风门"，为与风箱连接之口。

[7] 另有一穴：此穴又称"红门"，为观察炉内火候之口。

[8] "对时火""丁拐火""两对时火"及"二四火"：为冶矿工时，冶炼工时多寡，视矿品高低、配矿适宜与否而定。矿品高、配矿适宜，则冶炼所需工时较少，反之则所费工时较多。

[9] 冰铜：即硫化铜，这种铜矿含铜量较低，与炉渣相近，且不易从渣䐃中分离，冶炼方法较氧化铜复杂，故有"几冰几䐃"之称。明代陆荣《菽园杂记》记载了当时冶炼冰铜的方法："每秤铜一料，用矿二百五十二箩，炭七百担，柴一千七百段，雇工八百余。铜在矿中，既经烈火，皆成茱萸头，出于矿棉，获愈炽则熔炼液成驼，候冷，以铁锤击碎，入大旋风炉，连烹三日三夜，方见成铜，名曰生烹。有生烹亏铜者，必礁磨为末，淘去粗油，留精英，因成大块，再用前项烈火，名曰烧窑。次将碎连烧五火，计七日七夜，又依前动大旋风炉，连烹一昼夜，是谓成釽，釽者粗浊既出，渐见铜体矣。次将釽碎，用此炭连烧八日八夜，依前再入大旋风炉，连烹两日两夜，方见生铜；次将生铜击碎，依前入旋风炉坪炼，如坪银之法，以铅为母，除渣浮于外，净铜入炉底出水，既于炉前（生烹、釽均为冰铜）。"

[10] 抬和尚头：即矿石与杂质凝结在一起，为冶炼失败之废品。究其原因有二，一是配矿不恰当，二是火力不匀。

炉之器第六

曰"风箱",大木而空其中,形圆,口径一尺三四五寸,长一丈二三尺。每箱每班用三人,设无整木,亦可以板箍用,然风力究逊。亦有小者,一人可扯。

曰"揿",铁、木皆有,用以上矿、炭。

曰"拨条",亦曰"撞"去声,长八九尺,木柄一尺,泼铜炉后,用以敲炉墙凝结之渣臊。银罩则横屈其末,约一尺,用以赶臊。

曰"铁箝",揭铜所用。

曰"木爬",形方,横长一尺,高五六寸,厚寸余,柄长一丈,铜炉用,起冰铜须用新木,不用干木。

曰"簸箕"[1],洗矿所用。

注 释

[1] 簸箕:今名同,以竹编而成的圆形器具,洗矿时以簸箕盛矿入水,可将带土或泥的矿石洗净,且碎小之矿不外漏。

罩第七

炼银曰"罩"[1]，出银谓之"一池"。凡罩要，需为老灰也，故记罩。

小曰"虾蟇罩"，形似之，下为土台，长三四尺，横尺余，四周土墙高尺许，顶如鱼背。面上有口，以透火，下有口不封，以看火候。铺炭于底，置镰其中，炭在沙条上，炼约对时许，银浮于罩口内。用铁器水浸盖之，即凝成片，渣沉灰底，即底母也。出银后即拆毁另打。

大曰"七星罩"，形如墓，又曰"墓门罩"。下亦土台，长五六尺，横二尺，四周土墙，顶圆，有七孔以透火，因曰"七星罩"。前高二尺，上口添炭，下口为金门，土板封之。后以次而杀，铺灰于底，置矿于上，挼以镰、炭在沙条之上。约二时开金门，用铁条赶臊一次，仍封之，或一对时，或两对时，银亦出于罩口内。出银后添入矿镰，随出银，随添矿，可经累月，须俟损裂，再行打造，故又曰"万年罩"。

注　释

[1]　罩：又名"罩子"，炼银之器，银厂或铜中掣银之矿厂筑此罩，如白羊厂。据王昶《铜政全书·咨询各厂对》载："白羊厂……罩子形如覆罄，约高三尺，宽二尺，深一寸有余，每罩受银汁五六十斤，约煎厂银一二两不等。""戛达厂……罩形如半罩，高一尺二寸，宽一尺六寸，金门大一寸，窝子深四尺，受铅水二十余斤，需炭四十余斤。计矿一万斤，大窑煅一次，折耗三四百斤；次配青白代石入大炉，折耗七千八九百斤得冰铜一千六七百斤。复将冰铜入小窑翻煅六七次，折耗二百余斤；掺和底母入推炉，折耗八九百斤，揭得净铜五六百斤。挤出之铅水入罩，约得银一二十两，每铜百斤前后烧煅七八次，煎、推、罩三次需炭一千四五百斤，柴头二百余斤。"

用第八

　　矿之初开，但资油、米耳。或不可开之处，而游民集众冒禁，谕之则嚻，逐之则顽。但于四面要隘，绝其所资，虽十万之众，不旬日而解散矣。欲聚丁，必储物，军行粮从，兹为至急，故记用。

　　曰"米"，口食必需，不能一日缺。硐炉沙丁昼夜不息，饥则便食，不以顿数，每丁日一仓升计，聚有万众，食费百石。[1]

　　曰"油"，硐中昏黑，非灯不能行走。每灯一照，用油八两；每丁四人，用灯一挂[2]。

　　曰"炭"，厂之既成，煎炉煅窑，用数动以巨万。铜厂每炉每矿一千斤，用炭一千斤外不等；每煅窑，每次如矿一万斤，用炭二三千斤不等。[3] 银厂每炉六时，用炭六七百斤不等；每罩对时，用炭三四百斤不等。枯树之炭，火力得半；经水之炭，喷焰不周。银厂下罩，必用木炭煎炉，亦可用煤。铜厂煅窑，搀用柴枝、树根，煎炉亦用炼炭[4]。煤有二种，辨之以囟，银囟质重，仅可用于银炉；铜囟质轻，方可用于铜炉。法，先将煤捡净，土窑火煅成块，再敲碎用，火力倍于木炭，搀用、专用亦辨矿性稀干、宜与不宜。仅知滇之宣威[5]、禄劝[6]，川之会理[7]有之。

　　曰"镶木"[8]，土山、窝路资以撑拄，上头下脚，横长二三尺，左右两柱，高不过五尺，大必过心二寸，外用木四根，谓之"一架"。隔尺以外曰"走马镶"，隔尺以内曰"寸步镶"。

　　曰"铁"，硐用之锥尖，炉用之撅箍，皆铁器。而尖子用钝，即须另煅，谓之"煊尖"，故硐丁半能煅。

　　曰"水"，日用之外，洗矿、泼炉。

　　曰"盐"，日用之外，和泥、搪炉。

　　曰"疙瘩"，即树根，铜厂煅矿窑内，炭只引火，重在柴枝、树根，取其烟气熏蒸，不在火力。若积久枯干，即无用，故凡铜矿之须煅者，不能赶辨，半坐柴枝之误耳。

注 释

[1] "米"至"百石"：古时，若要采矿，必先筹资备油、米，有资本厚实者出资购买油、米之例，亦有采矿者数人，共同从家中攒米进山采矿之例。矿厂一开，丁口聚集，耗费油、米甚多，米价时常上涨，开采者常常不堪承受。乾隆年间，政府实施"放本"制度，可向开厂者预支米粮，有无业之徒据此寻骗，滥耗米粮。《皇朝续文献通考》载："乾隆三十一年，议定云南开采矿地界。大学士云贵总督杨应琚奏言：'滇省近年矿厂日开，砂丁人等聚集，每处不下数十万人，耗米过多，搬运日众，以至各厂粮价日昂一日。且有无业之徒，藉言某山现有矿引，可以采铜，具呈试采，呼朋引类，群向有米之家借食粮米，曰米分，以米分之多寡，定将来分矿之赢缩，往往开采数年无益。又复引而之他有米之家，希图耗更，或预向厂员借用银米，前后挪掩，重利借还，召累殊深'。"

[2] 用灯一挂：古时硐中所用油灯盏上为一根铁柄，柄末有钩，砂丁在硐中伏行时，便于将灯挂于头或其他适宜地方，故言一挂灯。

[3] "炭"至"不等"：倪慎枢《采铜炼铜记》："彻矿须四十桶用炭百钧，次矿惟倍，加糜炭五之一，下矿三倍而差，加糜炭三之一。""炉中惟可用炭，松炭、杂木炭取其猛力而烈也，栗炭取其匀而足也，亦有因其价廉昂不同而酌用者……惟煎揭蟹壳必用松炭，取其极猛极烈，易于挤彻渣臊，万不可以他炭通融者也。"

[4] 炼炭：即将活树木放入土窑中，以火烧之，迨树烟燃尽，通体红时，任其自然冷却，取出即为炼炭。

[5] 宣威：清代为曲靖府辖地。据《清一统志·云南统部·曲靖府》载宣威州："汉牂柯郡地。三国汉属兴古郡，晋因之。唐属盘州，后入于蛮。元置沾益州。明初设乌撒卫后三所，后改为沾益州。本朝顺治十六年，移州治于交水。雍正五年，割沾益州新化里至高坡顶，设宣威州，属曲靖府。"

[6] 禄劝：清代为武定直隶州辖地。据《清一统志·云南统部·武定

直隶州》载禄劝县："本汉益州郡地。唐为羁縻州，蛮名洪农碌券甸，杂蛮所居。元至元十六年，置禄劝州，属武定路。明属武定府。本朝因之，乾隆三十五年改为县，属于州。"

[7] 会理：清代为四川省宁远府辖地。据《清一统志·四川统部·宁远府》载会理州："汉置会无县，属越巂郡，后汉因之。晋移越巂郡来治。刘宋仍为属县，萧齐时没于蛮獠。唐上元二年，改置会川县，属巂州，后没于南诏，置会川都督府，又号清宁郡。宋时属大理，仍曰会川府。元至元九年，内附，置会川路，十五年又置会理州，属之；十七年，于路治置武定州。明洪武初仍曰会川府，属四川布政使司，后改置守御千户所，属建昌卫，废会理州入之；二十五年，改置会川卫军民指挥使司，属四川行都司。本朝初亦曰会川卫，康熙二十九年，复分卫地置会理州。雍正六年，省卫，移会理州来治，属宁远府。"

[8] 镶木：是随着古代坑采方法发展而出现的坑道或井巷支护措施。矿山在开采之前，其岩层处于一种平衡状态，非常稳固。当矿山被开采之时，外力强行介入，或平推、或斜行、或上下而行，从而破坏了岩层原有的平衡与稳固，出现断裂、滑动或崩塌情形，于是人们为了防止岩层出现断裂等危险情形，确保采矿人员安全，便以木支架作为矿山坑道中的支护工具，多为相互连接的方形或长方形框架。镶木支架形状随着井巷内地貌的变化而设，并且与地域木工具文化相融合，在我国形成了碗口结式、撑框架、碗口交互支撑、日子形框架等种类。

丁第九

打厂之人,名曰"砂丁"[1]。凡厂衰旺,视丁众寡,来如潮涌,去如星散。机之将旺,麾之不去;势之将衰,招之不来。故厂不虑矿乏,但恐丁散。合伙开硐谓之"石分",从米称也;雇力称硐户曰"锅头",硐户称雇力曰"弟兄"[2],雇力名目亦各不同,故记丁。

曰"管事"[3],经管工本,置办油、米一切什物。

曰"柜书",亦曰"监班书记"。获矿方雇,每硐一人,旺硐或有正副。每日某某买矿若干,其价若干,登记账簿,开呈报单。

曰"镶头"[4],每硐一人,辨察囟引,视验垅色,调拨槌手,指示所向。松垅则支设镶木,闷亮则安排风柜,有水则指示安龙,得矿则核定卖价。凡初开硐,先招镶头,如得其人,硐必成效。

曰"领班",专督众丁硐中活计,每尖每班一人,兼帮镶头支设镶木。

曰"槌手",专司持槌,每尖每班一人,挂尖一人,[5]持槌随时互易,称为"双换手",选以年力壮健。

曰"背垅",每尖每班无定人,硐浅砆硬,则用人少;硐深矿大,则用人多。

曰"亲身",常时并无身工,得矿共分余利。

曰"月活",不论有矿无矿,月得雇价。

曰"炉头"[6],熟识矿性,谙练配煎,守视火候。无论银铜,炉户之亏成,在其掌握。硐之要,在镶头;炉之要,在炉头。

曰"草皮活",硐之外,杂事皆系月活。

注 释

[1] 砂丁:檀萃《滇海虞衡志·志金石二》云:"负土石曰背垅,其名曰'砂丁',皆听治于锅头,其笞以荆曰条子,其缚以藤曰揎,其法严,

其体肃。其入硐地曰下班，昼夜分为二班。"

[2] 弟兄：康熙《蒙自县志》卷一所载当时矿厂"丁"为："发油、米者为锅头，揽洞者为镶头，挖土背荒者名为弟兄。"

[3] 管事：吴大勋《滇南见闻录·人部·打厂》曰："经历账目，出官应酬者为管事。"

[4] 镶头：吴大勋《滇南见闻录·人部·打厂》曰："惧硐之有覆压也，则用木横竖支撑，如梁柱然，其名为厢（应为镶），管厢者为厢头。"

[5] "槌手"至"一人"：槌重者需一人持槌，一人扶尖。

[6] 炉头：檀萃《滇海虞衡志》曰："炉头，掌炉火之事。"

役第十

《周礼》："卝人[1]，府二人，史二人，胥四人，徒四十人"，设官则役随之，数则视其卝之盈虚而损益焉。俗谓"官不可以驺[2]从"，视卝、司卝者，以役胥为指臂，且为心腹矣。众至千百，即设千百长，游徼啬夫，有街市而无废，故记役。

曰"书记"，即胥吏。铜厂曰"经书""清书"，掌铜银收支、存运之数；银厂曰"课书"，掌银课收支、存解之数。均承行谕，帖告示，按月造送册报，随时禀陈事件，人须心地明白，算法精熟，务宜由署派轮，不可任厂保举。

曰"巡役"，铜厂以估色为重，催炭次之；银厂，生课以坐硐为重，熟课以察罩为重。至若察私，并资勤干，辨其劳逸，均其甘苦。

曰"课长"，天平与秤，库柜锁钥，均其专管。铜厂掌支发工本，收运铜斤；银厂掌收錾课款，一切银钱出纳均经其手，间有委办事件，通厂尊之，选以谨厚为先，才为次。

曰"客长"[3]，分汉、回，旺厂并分省。而以一人总领之，掌平通厂之讼，必须公正老成，为众悦服，方能息事，化大为小。用非其人，实生厉阶，此役最要，而银厂尤重。

曰"炭长"，银厂有可不设，铜厂则保举炭户领放工本，不必家道殷实，而以有山场、牲畜为要。

曰"炉长"，铜厂有可不设，银厂课款攸关，此役为要。

曰"街长"，掌平物之价，贸易赊欠、债负之事。

曰"总镶"，亦曰"总工"，银厂有之，任与硐长略同，选宜熟悉闩引、垱色、硤道、矿质。

曰"硐长"，掌各硐之务，凡硐之应开与否，及邻硐穿通，或争尖夺底，均委其入硐察勘。

曰"练役",掌缉捕盗贼。

曰"壮练",铜厂有可不设,银厂人至万外必须招募,课赖护解,地资弹压。[4]

注 释

[1] 卝人:"卝"乃"丱"的异体字。《十三经注疏正字》:"地官丱人,已主又职金主之者。廿误卝,又误文。"《周礼注疏·地官司徒第二》:"卝人,中士二人,下士四人,府二人,史二人,胥四人,徒四十人。注:卝之言矿也,金玉未成器曰矿。……疏:注'卝之'至'曰矿',释曰:'经所云卝是总角之卝字,此官取金玉无用,于卝字,故转从石旁,广以其金玉出于石,左形右声,从矿字也。云金玉未成器曰矿,以其此官不造器物,直取金锡玉石以供冬官百工,故言金玉未成器曰矿,金玉之等处于地,故在此也。'"《周礼注疏》卷十六又云:"卝人,掌金玉锡石之地,而为之厉禁以守之。注:锡,铏也。音义:卝,革猛反,又虢猛反,刘侯猛反,沈工猛反。锡,星历反。铏,以忍反,刘常忍反。疏:'卝人'至'守之',释曰:'此金、玉、锡、石四者,皆在于山,言地者,即山也。为之厉禁,亦谓使其地之民遮护守之。"《周礼详解》曰:"丱人,掌金玉锡石之地,而为之厉禁以守之。若以时取之,则物其地图,而授之巡其禁令。丱,革猛反。天财之所出,地利之所在,先王不尽以遗民,非私之也。要使民之弃末厚本,而兼人之强不能擅取予之权,故金玉锡石之地,皆有掌焉。其官谓之丱人,与《诗》所谓'总角卝兮'之卝同矣。盖卝虽总发,然别而为二,不如冠者之一。金玉锡石之地,立官以掌,以非权之也,特取其有公私之别焉耳。若以时取之,则物其地者,因其见禁而物之也,图而授之则使之按图而取之也。盖天之财,地之利,盛衰消息不能常齐,凡以天所化、地所育,化育之事不能常均故也。然则以时取之者,以适其盛衰消息之时而已,故使之日出而不穷。所谓六府孔修节用,水、火、金、木、土榖见于此矣,后世上失其政,山海之藏,乃尽弃而与民,丱人之厉禁既委而不修,则其取无时,其用无节,虽天所化、地所育,有时而屈于求取之无已,

生民之用，其能日出而不穷乎。"卝人即古代矿业管理官员，由卝人及中士、下士、史、胥等人组成了矿业管理机构或组织，卝人负责矿山的勘探、绘图、管理等工作。

[2] 驺：古代的侍从，负责给贵族官僚掌管车马。

[3] 客长：乃同籍移民在寓居地的管理者，回族亦有客长。凡同籍乡人之间的争吵、诉讼一切什事，以及与他省人发生争执、纠纷，均可先告知客长出面协调，协调未果，再告官断案。滇省各厂，各省以及回族移民聚集，各省厂众各推举公正廉洁、声望较高者为客长，负责调解厂众之间的小纠纷。据张泓《滇南新语》载："余闻之老于汤丹者云：'每厂众推老成一人为客长，立规最严，犯者受其责辱，不敢怨，常有东西异线打入，共得一碛者，必争，经客长下视，定其左右，两比遵约释竞，名曰争尖子、品尖子。'"

[4] "书记"至"弹压"：檀萃《滇海虞衡志·志金石二》所记云南铜厂管理之役为："凡厂之道，厥有厂主，听其治，平其争，敛金而入于金府。府一人，掌铜之出入；吏一人，掌官书以治；凡胥二人，掌胥伺之事，游徼其不法者，巡其漏逸者，举其货、罚其人，以期长治厂事。一曰客长，掌宾客之事；二曰课长，长税课之事；三曰炉头，掌炉火之事；四曰锅头，掌役食之事；五曰镶头，掌架镶之事；六曰硐长，掌硐昭之事；七曰炭长，掌薪炭之事。"

规第十一

官之所奉者,例也;民之所信者,规也。例所不载,规则至悉相沿之习,实可久之经矣。定于初开时易,改于既旺后难,无碍田园庐墓,踩有引苗者,皆准开采,例如是而已。不立规模而从事,狐裘蒙茸,其谁适从,故记规。

曰"报呈"[1],凡择有可开之地,具报官房,委硐长勘明距某硐若干丈,并不干碍,给与木牌,方准择日破土。

曰"石俗读作担分"[2],数人伙办一硐,股分亦有大小,厂所首需油、米,故计石而折银焉。退出添入,或相承顶,令其明立合同,后即无争。

曰"讨尖"[3],就人之硐分开窝路,即客尖也。本硐愿放亦令明立放约、讨约,各头人居间,得矿之后,抽收硐分,或二八,或一九。客尖亦有独办、伙办之不同。

曰"洪账",有赢利之谓也。卖获矿价,除去工本,又抽公费。一曰"神"[4],庙工及香资也;一曰"公",以备差费也。一曰"山",山主之租也;一曰"水",或分用农田沟水也,若系官山无此二项,或并入公件,余则就原伙石分而分之。

曰"废硐",伙房无人,灶不起火,准其报明官房,委勘属实,给与木牌插立硐口,俟二三个月后无人来认,方准别人接办,其或出措工本及有事故者,报明亦准展限一二个月。废尖如之。

曰"支刈",凡硐,管事管镶头,镶头管领班,领班管众丁,递相约束,人虽众不乱。算找雇价曰"刈",预支雇价曰"支",皆以三节,端午为小,中秋、年终为大,走厂之人率以此时来厂,大旺则闻风随时而集,平厂一经过期,便难招募也。

曰"火票",凡炉起火,必请印票,泼炉时遣役看守,铜则登记圆数、熟课;银厂则押交原出银饼,以便上平鉴课。

曰"察奓生课"，银厂定限时刻出矿，不准参差，并不准不卖。如此矿炉户还价一两不卖者，逾时即令硐户加价一二钱上课。

曰"打顶子"，凡两硐对面攻通，中设圆木或石尖头，折回，各走各路。或此硐之尖前行，而彼硐攻通在后，则关后通之尖，以让先行之尖。或此硐直行，而彼硐横通，则设木为记，准其借路行走。抑或由篷上、底下分路交行，有矿之硐遇此等事，最宜委勘公断，既无争夺，即无滋闹。即或两硐共得一堂矿，双尖并行，中留尺余以为界埂，俟矿打完再取此矿平分。

注　释

[1]　报呈：清代云南采矿呈报之规，早已有之。乾隆年间，吴大勋在其《滇南见闻录·人部·打厂》中已载："厂民采探得实，先行呈报到官，官验实，转报试采。"倪蜕在其《复当事论厂务疏》亦云："至康熙二十一年，滇省荡平，厂遂旺盛。嗜利之徒，游手之辈，具呈地方官查明，无碍即准开采，由布政司给与印牌。"而且呈报之规并非云南独有，他省亦行此规，据乾隆四年八月湖南巡抚冯光裕奏："臣现同两司酌办，无论旧垱新苗，有愿自备工本创试者，许呈地方官具呈报明，委员勘确并无干碍民间田园庐墓及非新定苗疆滋扰地方者，即准采试。"（《朱批奏折》）

[2]　石分：清代文献中亦称"米分""剂账"，矿厂入股分红之谓也。倪蜕《复当事论厂务疏》云："……申文报旺，此名一传，资与分者远近纷来，是为米分。厂客或独一人，或合数人认定硐口，日需硐丁若干，进采每日应用油、米、盐、菜若干，按数供支。得获银两，除上课外，分作十分，镶头、硐领共得一分；硐丁无定数，共得三分；厂客则得六分，若遇大矿则厂客获利甚丰，然亦有矿薄而仅足抵油、米者，亦有全无矿砂，竟至家破人亡者。"吴大勋《滇南见闻录·人部·打厂》曰："得利则硐主、管事、厢头、砂丁等，派大小股分，名为剂账。"康熙《蒙自县志》卷一亦对当时矿厂分股作了记载："开一洞口，有十石米分做者，有二十石米分做者，或数十人同供一洞，或六七十人同供一洞……其洞内或开一二尖，或开四五尖，或一尖获矿而旁尖皆未获矿，锅头同供者亦同分之，镶头仅获

矿之尖得与其列,傍尖之镶头不得过而问焉。如同洞锅头不在此尖内,亦不能分此矿。至于品矿数目,每十桶镶头一分,弟兄四分,锅头五分;锅头又于五分之内,按米分均分,此采洞之定例也。"

[3] 讨尖:"讨尖"之规,各厂皆宜也。嘉庆三年个旧厂所立《个旧公议厂规碑记》(现存个旧市云庙内)规定:"讨放硐尖,原以讨、放约为据,各打窝路,各自管理,老尖不得关截子尖,子尖亦不得谋夺老尖,违者议罚。"而且此规一直持续至清末,光绪十三年个旧厂重立《重修个旧厂条规序》定曰:"办老硐尖子,向有旧章,以讨、放字约为凭。如尖子有起色,不得私讨私放;如尖子无力采办,三年不应,即为废硐,三月不办,即为废尖,其窝路仍归原主照规办理。其硐内窝路,有两造挖通者,在后之家,各自退回,另行开尖,不得借势争夺,如有恃势争夺者,定即鸣官究治。"

[4] 神:矿厂或矿山多有矿民自筹经费所建的神庙,或祭祀"矿神""山神",或祭祀矿民信仰诸神,这些神庙为矿民公建,故建庙之公费或香资可从矿厂矿利中开支。

禁第十二

  物无主则必争，况聚千万乌合之众，令之不行，禁之不止，则斧凿强于耰[1]锄矣。申严号令，法宜约而豫，故记禁。
  曰"争尖""夺底"，两硐相通并取一矿曰"争尖"，此硐在上而彼硐从下截之曰"夺底"，厂所常有之事也。禁之于始，即无效尤。
  曰"执持凶器"，一察于丁众进厂之时，一严其铁匠打造之罚。
  曰"烧香结盟"，谚曰："无香不成厂"，或结党而后入，或遇事而相邀。其分也，争为雄长；其合也，必至挟持，虺而摧之，决无为蛇之患。

注　释

[1] 耰（yōu）：同"櫌"，古农具，形如榔头，用来击碎土块，平整土地。

患第十三

利之所在，患即生焉。天地秘藏，不容携取，示之以伪，乃诱之也，藏之以水，乃费之也。下穷黄墟而无风，则有闷塞之患，硐老崩覆，患斯大矣。济以人力，是为预防，故记患。

曰"不分汁"[1]，有真、有赝，物之情也，此其赝焉者耳；瓜熟蒂落，物之时也，否则其未熟者耳。矿有稀、稠之性，配合不宜，亦不分汁，访求老匠，多方配煅，间有成效者。

曰"闷亮"，初开之硐，窝路独进，风不能入，火遂不然，必须另开硐口，俾其窝路交通，名曰"通风"，兼置风柜扇风进内，暂可救急。年久之硐，窝路深远，亢旱则阳气燥烈，久雨则阴气湿蒸，皆有此患。待交节候为期，不过数旬。

曰"有水"，外而入者为阳水，或边箐涧，或逼江河，无法可治之矣。内而生者为阴水，金水相生，子母之义。有水之矿，成分方高，小则皮袋提背，大则安龙递扯。然龙至十余闸后，养丁多费，每致不敷工本，得能择地开办水泄磜硐，方为久远之计。

曰"盖被"，初开之时，不为立规，硐如筛眼，一经得矿，竞相争取，既虞滋事。硬碛窝路，尚自无妨，若是松塃，势必覆压矣。

注 释

[1] 不分汁：倪慎枢《采铜炼铜记》曰："炼矿之法，先需辨矿，彻矿一得即可入炉，带土石者必捶拣、淘滤。矿汁稠者，取稀者配之，或取白石配之；矿汁稀者，取汁稠者配之，或以黄土配之，方能分汁，谓之带石。……其有矿经煅炼，结而为团者，矿不分汁之故也；亦有本系美矿而亦结为团者，配制失法、火力不均之故也。"

语忌[1]第十四

　　禁忌惟商贾独严，惧其识也。小说家谓："太岁如块，无见而聪。"故上工尤戒之，语为吉祥、丰豫之象，故记语忌。

　　封谓之"丰"，忌矿之封也。

　　镫[2]谓之"亮子"，油捻谓之"亮花"。

　　土谓之"垅"，忌音同"吐"也。

　　石谓之"硤"，忌音同"失"也。

　　梦谓之"混"，忌梦为虚境也，孟姓亦称为混。

　　好谓之"彻"，忌音同"耗"也。

注　释

　　[1]　语忌：檀萃《滇海虞衡志·志金石二》载："《农部琐录》云：'厂民多忌讳，石谓之硤，土谓之荒，好谓之彻。佩金器者不入磝，有职位者不入磝。不鸣金，不燃爆，不呵殿。'"

　　[2]　镫：《汉语大字典》："古代照明的器具。青铜制，上有盘，中有柱，下有底。"《正字通·金部》："镫，亦作燈，俗作灯。"

物异第十五

雨金尚矣，钱之飞，银之变，志纪非尽诞也。南中[1]银窟，刘禅[2]时化为铜，[3]古有之矣。盛衰有象，为之朕耳，灵山圣火，安知非金银气达霄汉耶。干宝有婢，伏棺再生，硐中之骸，殆未知死，或曰宝气所育，枯骨不朽，游魂为变，亦触生气而然，故记物异。

曰"山吼"，在山内声如殷雷，在空中声如群蜂，由内而出者顿衰，由外而入者必旺。

曰"矿火"[4]，月明静夜方出，如人持炬，若近若远，忽分忽合，多在对山，或中隔河。

曰"干魔子"[5]，相传殁于硐内，尸不出硐，倚在镶木之间，年深月久，肉消而皮著，骨不朽，亦不仆。后人经过其前，能伸手向讨烟吃，与之吃毕，仍递烟筒还人，只不能言耳。

注　释

[1] 南中：是汉晋时期对今四川西南部、贵州、云南地区的统称。"南中"最早见于《三国志》，《三国志·蜀书·诸葛亮传》载："建兴元年春……南中诸郡并皆叛乱，亮以新遭大丧，故未便加兵。……三年春，亮率众南征，其秋悉平。……《汉晋春秋》曰：亮在南中，所在战捷，闻孟获者，为夷、汉并所服……纵使更战，七纵七擒，而亮犹遣获，获止不去，曰：'公天威也，南人不复反矣。'遂至滇池，南中平。"又《三国志·蜀书·谯周传》曰："景耀六年冬，魏大将军邓艾克江油，长驱而前，而蜀本谓敌不便至，不作城守调度，及闻艾已入阴平……后主使群臣会议，计无所出，或以为蜀之与吴本为和国，宜可奔吴；或以为南中七郡，险

阻斗绝，易以自守。"即建兴三年诸葛亮平南中后，蜀汉政权便控制南中地区，并在该地区设置了七郡。另据《华阳国志·南中志》载："南中在昔盖夷越之地，滇濮、句町、夜郎、叶榆、桐师、嶲唐侯王国以十数。……后西南夷数反，发运兴役，费甚多。……卒开僰门，通南中。相如持节开越嶲，按道侯韩说开益州。武帝转拜唐蒙为都尉，开牂柯……因斩竹王，置牂柯郡，以吴霸为太守；及置越嶲、朱提、益州四郡。……建兴三年春，亮南征，自安上由水路入越嶲，别遣马忠伐牂柯，李恢向益州，以犍为太守广汉王士为益州太守。……夏五月，亮渡泸，进征益州，生虏孟获。……秋，遂平四郡，改益州为建宁，以李恢为太守，加安汉将军，领交州刺史，移治味县，分建宁、越嶲置云南郡，以吕凯为太守；又分建宁、牂柯置兴古郡，以马忠为牂柯太守。"如此，建兴三年后，南中地区分别设置有建宁、牂柯、云南、兴古、朱提、越嶲六郡，然《三国志·蜀书·后主传》则云："分建宁、永昌为云南郡。"虽上面所引《华阳国志·南中志》未提及永昌郡，不过后文"部永昌从事江阳孙辨上南中形势"又言"七郡斗绝，晋弱夷强"。由此，加上永昌郡，"南中"确实置有七郡。

[2] 刘禅（shàn）：（207—271），蜀汉后主，字公嗣。刘备之子，三国时期蜀汉第二位皇帝，223—263年在位，263年蜀汉被曹魏所灭，刘禅投降曹魏，被封为安乐公。

[3] "南中银窟"至"化为铜"：即朱提郡银窟。魏宏《南中志》曰："'朱提'，旧有银窟数处。"朱提银矿在汉代已经开采，汉以后银厂逐渐衰落成为废墟；至于"刘禅时化为铜"之说，史书无详细记载。朱提郡堂狼县盛产白铜，而且许多银山本又产铜，所谓银窟化为铜应是原为银山，后又在该山采出铜矿。西汉以后南中地区的铜矿业较为发达，且朱提、堂狼生产洗，称"堂狼洗"。另据《南齐书》卷三十七《刘悛传》载："永明八年，悛启世祖曰：'南广郡（今镇雄）界蒙山下，有城名蒙城，可二顷地'。有烧炉四所，高一丈，广一丈五尺。从蒙城渡水南百许步，平地掘土深二尺，得铜。又有古掘铜坑，深二丈，并居宅处犹存……'"南齐时发现的铜炉、铜坑当为此前冶炼遗址。

[4] 矿火：与民间所谓"鬼火"一样，是气体磷化氢（一种无色的气

体，其分子由 2 个磷原子和 4 个氢原子组成 P2H4，也称联磷）与空气中的氧气发生化学反应，燃烧起来的结果。又《铜政全书·咨询各厂对》载："或见彩霞团结，所谓白虹辉面映地，荧光起而烛天，晦冥之中，光景动人。"吴其濬注："今称矿火者是。"

[5] 干麂子：即"干尸"，矿工死后，被封在矿硐之中，由于硐内干燥，水分较少且缺氧，隔绝了细菌繁衍和尸体腐烂的环境，尸体水分渗出体外，被木炭等吸水物质所吸收，尸体便逐渐干化而形成干尸。至于文中所言"讨烟吃"一说，仅为传说，当不属实。

祭第十六

有益于民则祀之，矿龙之祠列于祀典。置吏春、秋奉牲币焉，地不爱宝非神，胡灵报赛以虔人心，肃而地示应矣。瘴疠时作，游魂无依，招魂从俗，亦曰"归厚"，故记祭。

曰"山"，即矿神也，为坛而祭，以二、八月祝帛、太牢[1]，凡各头人及硐炉管事皆颁胙[2]。

曰"西岳"[3]，有庙。

曰"金火娘娘"，有庙，祭皆与山同。

曰"财神"，每月初二、十六日，牙祭用三牲。

曰"中元会"[4]，建醮[5]放焰口。

曰"会馆"[6]，直省不同，各祀其土神。

注 释

[1] 祝帛、太牢：祝帛即祭文。太牢，古代帝王祭祀社稷时的最高等级，牛、羊、豕三牲全备为"太牢"。《礼记·王制第五》："天子社稷皆大牢，诸侯社稷皆少牢。大夫、士宗庙之祭，有田则祭，无田则荐。"中国祭祀等级中，按照等级从高到低是：太牢、少牢、特牲（特牛）、特豕、特豚等。清朝时，将"太牢"从第一等级降到第三等，把"少牢"从第二等级降到第四等。清朝之前的"牢牲"只有太牢、少牢，清朝时变成四个，从高等级到低等级分别是：犊、特、太牢、少牢。《清史稿》卷八十二《礼一》曰："牲牢四等：曰犊，曰特，曰太牢，曰少牢。"

[2] 颁胙：清代祭祀祀礼名称。清代定制，朝廷于坤宁宫举行春秋大祭，例有王、大臣进内吃祭肉，称为颁胙。凡在内廷行走之王、大臣、额

驸、御前大臣、领侍卫内大臣、大学士、军机大臣、内务府大臣各官，均可受胙。其不在内廷行走之满、汉尚书，八旗都统，虽列一品班位，每次仅召二三员入内受胙。其年老及致任王、大臣，有在家拜受胙肉者，属于特殊优礼，每次亦不过一二人。又坤宁宫每日有常祭之制，用猪两头，皇帝均受胙于宫中，后妃也由尚膳房查照记载，授给一定部位之肉，不得变更。臣工惟散秩大臣一二员，率侍卫入内吃肉，其他官员不能入内。又，凡祭圜丘、方泽、社稷、历代帝王庙，行祭仪毕，均将祭祀之牲，由光禄寺负责颁赏给各衙门，光禄寺事先将胙单分发给各衙门，至日，由各衙门持单赴祭所祗领。颁胙之制有等级之别，按定制，分为四等：宗人府、内阁为一等；六部、理藩院、都察院、京畿道、通政使司、大理寺、乐部为一等；太常寺、詹事府、光禄寺、太仆寺、顺天府、鸿胪寺、銮仪卫、六科、五城为一等；翰林院、起居注馆、国子监、钦天监、太医院、中书科为一等，各等级之颁胙数不同。凡祈谷、常雩之祭，及日坛、月坛、先农坛颁胙之事，由太常寺办理；先师庙颁胙之事由国子监办理；先蚕坛颁胙之事，由内务府办理。其余各祀均不颁胙。此处所载为矿山厂民于二、八月祭祀矿神，仿效朝廷礼制，施"颁胙"之礼。

[3] 西岳：檀萃《滇海虞衡志·志金石二》曰："祀西岳金天。"

[4] 中元会：即中国传统文化中七月祭祀已故亲人的习俗。

[5] 醮：本义指一种仪式或礼节，即古人常在行冠礼和婚礼时，用酒祭神；此处用以祷神祭礼。

[6] 会馆：明清时期客居他乡的同籍或同乡人在客居地以祭神、联谊、推进业务为目的而自发组建的同乡组织。会馆的载体是以"庙""宫"为主体的建筑群，其主体建筑"庙""宫"内供奉着移民故乡普遍信仰的本土神灵或乡贤先哲，如江西移民祭"许逊"或"萧公"；陕西、山西移民祭"关帝"；福建移民祭"妈祖"；湖广移民祭"寿佛"；贵州移民祭"黑神"等。清代云南各矿场，外省移民集聚，移民会馆较多，皆为各省移民祭祀民间信奉神灵之处，不同地域移民所祭祀的神灵各不相同。故会馆大多不称"会馆"之名，而以各馆祭祀神灵的主殿名称指代各会馆，如江西会馆俗称"真君殿""萧公祠"，福建会馆俗称"天后宫"，湖广会馆俗称"寿佛寺"等。

附：宋应星《天工开物》[1]

凡银中国所生[2]，合浙江等八省不敌云南之半，[3]故开矿、煎银唯滇中可永行也。

云南银矿，楚雄[4]、永昌[5]、大理[6]为最盛，曲靖[7]、姚安[8]次之，镇沅[9]又次之。凡石山硐中有铆[10]砂，其上现磊然小石，微带褐色者，分丫成径路。采者穴土十丈或二十丈，工程不可日月计。寻见[11]银苗，然后得礁砂[12]所在。凡礁砂藏深土，枝分派别，[13]各人随苗分径横挖而寻之。上支横板架顶，以防崩压，采工篝灯逐径施镢，得矿方止。凡银苗[14]，或有黄色碎石，或土隙石缝有乱丝形按今称马尾丝，此即去矿不远矣。

凡成银者曰"礁"，至碎者曰"砂"，其面分丫若枝形者曰"铆"，其外包环石块曰"矿"。矿石即今之硔大者如斗，小者如拳，为弃置无用物。其礁砂形如煤灰即今火药酥，为银矿高者，底衬石今称棚座，此即座也，而不甚黑，其高下有数等。商民凿穴得砂，先呈官府验办，然后定税。出土以斗量，付与冶工，高者六七两一斗，中者三四两，最下一二两。其礁砂放光甚者今之明矿是，精华泄漏[15]，得银偏少。

凡礁砂入炉，先行拣净淘洗。其炉土筑巨墩，高五尺许，底铺瓷屑、炭灰。每炉受礁砂二石，用栗木炭二百斤，周遭丛架。靠炉砌砖墙一堵[16]，高阔皆丈余。风箱置墙背，合两三人力，带拽透管通风。用墙以抵炎热，鼓鞴之人方克安身。炭尽之时，以长铁叉添入。风火力到，礁砂镕化成团。此时银隐铅中，[17]计礁砂二石，镕出团约重百斤。冷定取出，另入分金炉，一名"虾蟆炉"内，用松木炭匝围，透一门以辨火色。其炉或施风箱，或使交箑。火热功到，铅沉下为底子，其底已成陀僧[18]样，别入炉炼，又成扁担铅。频以柳枝从门隙入内然照，铅气净尽，则世宝凝然成象矣煎炼法今更精简。此初出银，亦名"生银"。倾锭[19]无丝纹，即再经一火，[20]当中止现一点圆星，滇人名曰"茶经"。逮后入铜少许，重以铅力镕化，然后入槽

52

成丝，丝必倾槽而现，以四围匡住宝气，不横溢走散。其楚雄所出又异，彼硐砂铅气甚少，向诸郡购铅佐炼今所称干矿。每礁百斤，先坐铅二百斤于炉内即今罩法，然后扇[21]炼成团。其再入虾蟆炉，沉铅结银，则同法也。此世宝所生，更无别出。方书、本草无端妄想、妄注，可厌之甚。

大抵坤元精气，出金之所，三百里无银；出银之所，三百里无金。造物之情亦大可见。其贱役扫刷泥尘，入水漂淘而煎者，名曰"淘厘锱"今曰"淘堶洗臊"。一日功劳，轻者所获三分，重者倍之。俱日用剪、斧委余，[22]或鞋底黏[23]带布于衢市，或院宇扫屑弃于河沿，[24]非浅浮土面能生此物也。

凡银，惟红铜与铅两物，可杂入成伪。[25]然当其合琐碎而成钣锭，去疵伪而造精纯，高炉火中，坩锅[26]足炼。撒硝少许，而铜、铅尽滞锅底，名曰"银锈"。其灰池中敲落者，名曰"炉底"。将锈与底同入分金炉内，填火土甑之中，其铅先化，就低溢流，而铜与黏带余银，用铁条逼就分拨，井然不紊。人工、天工亦见一班[27]云。

注　释

[1] 宋应星：字长庚，明代江西省南昌府奉新县人，万历四十三年（1615）举人。《开工开物》是宋应星于崇祯九年（1636）任江西省分宜县教谕时撰写的，崇祯十年（1638）该书由友人涂绍煃援助刊刻出版，即《天工开物》之初刻本，简称涂本；明末清初书林杨素卿重刊，简称杨本；民国以后，又有1929年陶湘刊本，1939年上海世界书局刊本等。涂本《天工开物》分上、中、下三卷，各装一册，全书共有18章，插图123幅。吴其濬所附《天工开物》乃《天工开物》卷下《五金》之"银条"，但吴其濬又将原书内容作了删减，文字上亦有出入之处，故我们以明代涂本为参校本，进行比对。

[2]　生：涂本为"出"。

[3]　云南之半：此处吴氏对原著内容作了删减，原著内容为"浙江、福建旧有坑场，国初或采或闭。江西饶、信、瑞三郡有坑从未开。湖广则

出辰州，贵州则出铜仁，河南则宜阳赵保山、永宁秋树坡、卢氏高咀儿、嵩县马槽山，与四川会川密勒山、甘肃大黄山等，皆称美矿。其他难以枚举，然生气有限。每逢开采，数不足则括派以赔偿，法不严则窃争而酿乱，故禁戒不得不苛。燕、齐诸道，则地气寒而石骨滑，不产金、银。然合八省所生，不敌云南之半。"

[4] 楚雄：明正德《云南志·楚雄府》载："《禹贡》梁州之界。天文井、鬼分野。汉为益州郡地。晋咸康中于此置安州，寻罢入宁州，遂为杂蛮耕牧之地。夷名峨碌，后爨酋威楚筑城居之，因名威楚。唐贞观末，诸蛮内附，置傍、望、丘、览等州。天宝末，南诏蒙氏阁罗凤侵峨碌，立银生节度。宋时，大理段氏以银生属姚州，号此为当筋睑，又改白鹿部，后改威楚郡。及高升泰执大理国柄，封其侄子明量于威楚，传至其裔长寿。元宪宗三年，征大理平之。八年，置威楚万户府。至元八年改为威楚路，后置威楚、开南等路宣抚司于此。本朝洪武十五年，改置楚雄府，领县五、州二。……'土产·银'，出南安州表罗场，有洞，曰新洞、曰水车洞、曰尖山洞；矿色有青、绿、红、黑，煎炼成汁之时，上浮者为红铜，名曰海壳；下沉者为银。楚雄县那来里亦有场，曰广运。"

[5] 永昌：今保山市。明《肇域志·云南志·永昌军民府》：载"汉不韦县，后汉永昌郡，兵备与参将驻扎。……元为永昌府，本朝因之，置金齿卫。洪武二十三年，省府改卫，为金齿军民指挥使司。嘉靖元年，复置军民府，领州一、县二、厂官司二。"

[6] 大理：明正德《云南志·大理府》载："《禹贡》梁州之界。天文井、鬼分野。汉武帝开西南夷，此为益州郡越嶲唐城，叶榆县境。东汉分属永昌郡，蜀汉又分叶榆属云南郡。晋诸郡皆属宁州。李特据蜀，分置汉州。宋、齐、梁、陈仍置云南、永昌郡，属宁州。唐麟德初，于昆明之弄栋川置姚州都督府，治叶榆洱源蛮，后为张乐进求所据。开元末，蒙舍诏皮罗阁并蒙嶲诏、越析诏、浪穹诏、邆赕诏、施浪诏，五诏合为一，号南诏，治太和城。至阁罗凤，号大蒙国。又至异牟寻，再徙羊苴咩城，即今府治，改号大礼国。其后，郑买嗣、赵善政、杨干真互相篡夺，至五代晋时，段思平得之，更号大理国。元宪宗三年收附，六年上下二万户府，至元七年并二万户为大理路。本朝洪武十五年，改路为府，领县一、州四、

厂官司一，州领县二。……'土产·银'，银矿出大理、新兴、白崖、五山头、梁王山等场，但矿脉或旺或微，旺则课完，微则俱佥。拨军民夫丁乾陪，号曰矿夫。"《明实录·英宗实录》卷八十九《景泰附录七》载："景泰元年二月戊子……云南洱源卫千户傅洪数集军旗盗矿于白塔、宝泉诸银场，事发，调之屯守腾冲。"《明实录·武宗实录》卷一百一十二"正德九年六月乙卯"载："云南澜沧卫军丁周达奏：'云南银矿，如大理之新兴、北崖，洱海之宝泉，楚雄之南安、广运；临安之判山及罗次县之铜、锡、青碌皆可采办，以益国课。'"

[7] 曲靖：明正德《云南志·曲靖军民府》载："《禹贡》梁州之界。天文井、鬼分野。汉为益州郡味县地，蜀汉改置建宁郡，治味县，后分置兴古郡，治律高。晋二郡俱属宁州。梁时有爨瓒者据其地。隋置恭州、协州。唐置南宁州，治味县，及改恭州为曲州，分协州置靖州，俱属戎州都督府。初，东、西爨分乌、白蛮二种。自曲靖州西南昆川距龙和城，通谓之西爨白蛮；自弥鹿、升麻二川，南至步头，通谓之东爨乌蛮。贞观中以西爨归王为南宁都督，袭杀东爨首领盖聘，南诏阁罗凤以兵胁西爨，徙之。至龙和皆残于兵，东爨乌蛮复振，徙居西爨故地，世与南诏为婚，居故曲、靖州。天宝末，征南诏，进次曲靖州，大败其地，遂没于蛮。南诏改石城郡。宋时大理段氏因之，后为磨弥部所据。元宪宗六年置磨弥部万户，至元八年改为中路，十三年改曲靖路总管府，二十年以隶皇太子，二十五年升宣抚司。本朝洪武中改为曲靖军民府，领县二、州四。"

[8] 姚安：明正德《云南志·姚安军民府》载："本滇国地，汉为弄栋县，属益州郡。东汉改弄栋县。蜀汉属云南郡。唐贞观改青蛉县，麟德初置姚州都督府，以其民多姓姚，故名。天宝间，南诏蒙氏改为弄栋府。宋时段氏改为统矢逻，又改姚府。至段政严封高泰明之子明清为演习，世有其地。元宪宗三年内附，七年立统矢千户所，至元十二年改置姚州，属大理路，天历间升为姚安路。本朝改路为府，后又改姚安军民府，领州一，州领县一。"

[9] 镇沅：明正德《云南志·镇沅府》载："古西南极边地，濮、洛杂蛮所居。唐时南诏蒙氏为银生府之地，其后金齿白夷侵夺其地，宋氏大理段氏莫能复。元中统三年征之，内附。至元十二年立威远州，属威楚路。

其村寨有九：曰波孟、曰邦炼、曰孟烈、曰孟赖、曰案板、曰者癸、曰者鹿怀、曰硬更、曰颗炼。本朝洪武初归府，三十三年土官刀混孟据其地叛，西平侯剿平之，立为镇沅州，以元江军民府土官千夫长刀平领州事。永乐四年，刀平随征八百有功，升知府，遂改州为府，亲领编户五里，领长官司一。"

[10] 铆：涂本作"矿"。

[11] 寻见：涂本作"寻见土内银苗"。

[12] 礁砂：色黑，乃以辉银矿（铅灰色）为主要成分的银矿石。礁，能够入炉冶炼的银矿石。

[13] 枝分派别：涂本作"如枝分派别"。

[14] 凡银苗：涂本为"凡土内银苗"。

[15] 漏：涂本作"露"。

[16] 堵：涂本作"朵"。

[17] 此时银隐铅中：涂本为"此时银隐铅中，尚未出脱"。

[18] 陀僧：密陀僧，黄色氧化铅。

[19] 锭：涂本作"定"。

[20] 即再经一火：涂本为"即再经炼一火"。

[21] 扇：涂本作"煽"。

[22] 俱日用剪、斧委余：涂本为"其银俱日用剪、斧口中委余"。

[23] 黏：涂本作"粘"。

[24] 弃于河沿：涂本为"或院宇扫屑弃于河沿，其中必有焉"。

[25] 可杂入成伪：涂本为"凡银为世用，惟红铜与铅两物，可杂入成伪"。

[26] 锅：涂本作"埚"。

[27] 班：涂本作"斑"。

附：浪穹王崧《矿厂采炼篇》[1]

太史公[2]曰："天下熙熙，皆为利来，天下攘攘，皆为利往，"[3]斯言也，所指甚宏，而于厂尤切。

游其地者谓之厂民，厂之大者，其人以数万计，小者以数千计。杂流竞逐，百物骈罗，意非有他，但为利耳。无城郭以域之，无版籍以记之，其来也集于一方，其去也散之四海。扬子云曰："一閧[4]之市，必立之平，"况几千、万人之所。萃乎要不过开采、煎炼二端，因而百务丛生，设制度、定纪纲，寖以成俗，事至繁碎，述之以为博物之助。

凡厂，皆在山林旷邈之地，距村墟、市镇极远。厂民穴山而入曰"磉"、曰"硐"，即古之坑，取矿而出，火炼为金，即古之冶。

滇之厂，银、铜为多，其法最详，矿犹玉之璞、珠之蚌也。主之者名曰"管事"，出资本、募功力；治之人无尊卑，皆曰"弟兄"，亦曰"小伙计"。选山而劈凿之，谓之"打磉子"，亦曰"打硐"，略如采煤之法。磉硐口不宽广，必伛偻而入，虑其崩摧，支拄以木，名曰"架镶"；间二尺余，支木四，曰"一箱"，硐之远近以箱计。弟兄入磉硐曰"下班"，次第轮流，无论昼夜，视路之长短，分班之多寡。以巾束首曰"套头"，挂镫于其上，铁为之，柄直上长尺余，末作钩，名曰"亮子"。所用油、铁，约居薪米之半。[5]

硐中气候极热，群裸而入，入深苦闷，掘风洞以疏之，作风箱以扇之。掘深出泉，穿水窦以泄之，有泉则矿盛，金、水相生也。水太多，制水车推送而出，谓之"拉龙"。拉龙之人，身无寸缕，蹲泥淖中，如涂涂附，望之似土偶，而能运动。硐内虽白昼，非镫火不能明，路[6]直则鱼贯而行，谓之"平推"，一往一来者，侧身相让。由上而下[7]谓之"钻天"，后人之顶接前人之踵。由上而下谓之"钓井"，后人之踵接前人之顶，作阶级以便。陟降谓之"摆夷楼梯"，两人不能并肩，一身之外尽属土石，非若秦晋之窑可为宅舍。释氏所称"地狱",谅不过是;张僧繇[8]变相,未必绘及也。

矿有引线,亦曰"矿苗",亦曰"矿脉",其为臧否,老于厂者能辨之,直攻、横攻、仰攻、俯攻,各因其势,依线攻入。一人掘土凿石,数人负而出之。用锤者曰"锤手",用凿者曰"凿手",负土石曰"背塘",统名"砂丁"。土内有豆大矿子曰"肥塘",检出尚可煎炼。硐之深下者曰"井硐",开而平者曰"城门硐",硐中石围土砂者曰"天生硐"。掘硐至深,为积淋所陷,曰"浮硐",攻者不得出,常闷死,或数人,多至数十百。宝气养之,面如生,有突立向后入之人索饮食者,啐之则僵仆,名曰"干虮子",死于磻硐,即委之死所,不取以出。

磻硐内分路攻采谓之"尖子",计其数曰"把",有多至数十把者。磻硐矿旺,他人丐其余地以攻采,谓之"斯尖子"。"斯"字之义,殆取于《毛诗》:"斧以斯之。斯者,析也。"或有东西异丝,其渠各攻一路,迨深入而两线合一,互争其矿,经客长下视,定其左右,两造遵约释争,名曰"品尖子"。又有抄尖截底之弊,探知某磻硐有矿,从旁攻入,预邀其矿路,谓之"抄尖";或从底仰攻,上达于矿路,谓之"截底"。相争无已,杀伤亦所不顾。既得矿而煎炼之,名曰"做炉火",又曰"下罩子"。

凡厂之初辟也,不过数十人,裹粮结棚而栖,曰"伙房"。所重者油米,油以然镫,米以造饭也。四方之民,入厂谋生,谓之"走厂"。久之,由寡而渐众,有成效,乃白于官司,申请大府,饬官吏按验得实,专令一官主之,称为"厂主",听其治、下其讼。税其所采炼者,入于金府,府以一人掌其出纳,吏一人掌官文书,胥二人供胥伺之役,游徼其不法者,巡察其漏逸者,举其货、罚其人。厂主所居曰"官房",以七长[9]治厂事:一曰"客长",掌宾客之事;二曰"课长",掌税课之事;三曰"炉头",掌炉火之事;四曰"锅头",掌役食之事;五曰"镶头",掌镶架之事;六曰"硐长",掌磻硐之事;七曰"炭长",掌薪炭之事。一厂之磻硐多者四五十,少者二三十,计其数曰"口"。其管事又各置司事之人,工头以督力作,监班以比较背塘之多寡。其刑有笞、有缚,其笞以荆曰"条子",其缚以籐曰"揎",萦两拇悬之梁栋,其法严,其体肃。

厂民多忌讳。石谓之"硖",为石音近于"失"也。土谓之"塘",

为土音近于"吐","好谓之"彻",为好音近于"耗"也。梦谓之"混脑子",为梦属虚境也。石坚谓之"硗硬",以火烧硗谓之"放爆火",矿一片谓之"刷",矿长伏硗谓之"闩",大矿谓之"堂"。土石夹杂谓之"松㟅",易攻凿,其矿不长久。凡攻凿宜硗硬,硬则久,可获大堂。凡糟硐,畏马血,涂之则矿走;畏印封,封之则引绝。凡矿最善变,积矿盈山未及煎炼,或化为石。佩金器者不入糟硐,有职位者不入糟硐,不鸣金,不然爆,不呵殿。祀西岳金天大帝,祀矿脉龙神,谓"龙神",故僰夷畏见冠带吏也。

厂既丰盛,构屋庐以居处,削木板为瓦,编葭片为墙。厂之所需自米粟、薪炭、油盐而外,凡身之所被服,口之所饮啖,室宇之所陈设,攻采、煎炼之器具,祭祀、宴飨之仪品,引重致远之畜产毕具。商贾负贩,百工众技,不远数千里,蜂屯蚁聚,以备厂民之用。而优伶戏剧、奇邪淫巧,莫不风闻景附,觊觎沾溉,探丸肋箧之徒,亦伺隙而乘之。常有管事资本乏绝,用度不支,众将瓦解,徘徊终日,寝不成寐,念及明日天晓,索负者,支米、油、盐、柴者,纷沓而至,何以御之?无可如何,计惟有死而已。辗转之际,硐中忽于夜半得矿,司事者排闼入室告,管事喜出望外,起而究其虚实,询其形质高低。逾时更漏既尽,门外马喧人闹,厂主及在厂诸长,咸临门称贺。俄顷,服食什器,锦绣罗绮,珠玑珍错,各肆主者,赠遗络绎,充牣阶墀,堆累几榻。部分未毕,慧仆罗列于庭,骏马嘶鸣于厩,效殷勤、誉福泽者,延揽不暇。当此之时,其为荣也,虽华衮有所不及;其为乐也,虽登仙有所不如。[10]

凡厂人获利,谓之发财。发财之道,有由糟硐者,有由炉火者,有由贸易者,有由材艺者,有由工力者,且有由赌博者。其繁华亚于都会之区,其侈荡过于簪缨之第,赢縢履蹻[11]而来,车牛任辇而去。又或始而困瘁,继而敷腴,久之复困瘁,乃至逋负流离,死于沟壑。是故,厂之废兴靡常,甫毂击肩摩,烟火绵亘数千万家,倏为鸟巢兽窟,荆榛瓦砾,填塞溪谷。然其余矿弃材,樵夫、牧竖犹往往拾取之。语曰:"势有必至,理有固然。市朝则满,夕则虚;求存故往,亡故去。"其此之谓与。

注 释

[1] 王崧：字乐山，一字伯高，浪穹县人。《云南通志稿·阮元王崧墓志旧志》载："王崧，芝成，字乐山。未弱冠补诸生，乾隆己酉（乾隆五十四年，1789）选旋中乡试第三名，嘉庆己未（嘉庆四年，1799）会试成进士。选山西武乡县知县，因事改教职，巡抚衡公林重其学，延主晋阳书院四载，辞归。嗜读书，淹通经史旁及诸子百家，尤长于考据。阮芸台节相深器重之，延总纂《云南通志》，全稿粗定，以疾辞归，年八十有六而卒，著有《说纬》六卷，《滇南志略》十六卷，《云南备征志》二十一卷等。"《矿厂采炼篇》收录于道光《云南通志》。

[2] 太史公：本为西汉武帝时期设立的官职名称，位高于丞相之上。此处指汉代著名史学家司马迁，其在《史记》中有《太史公自序》一文。

[3] "天下"至"利往"：见《史记》卷一百二十九《货殖列传》。

[4] 閧：《别雅》："'閧'即'巷'字。按閧字从门、从共与'閧'字从门从共者，本非一字，而形声相近，字书往往讹错不清，《广韵·绛韵》：'閧音同巷。'"

[5] "薪米之半"句：檀萃《滇海虞衡志》引张君杂记云："裹粮搭席栖其上曰火房，招集工力曰小伙计，或称弟兄。司饮食者为锅头，架镶木者为厢头。开矿曰打磳子，砿有引线，老于厂者皆识之，依线打入。一人掘土，数人出之，曰背塘。土内有豆大砿子，曰肥塘，检之尚可炼，以易油、米。硐之深下者，曰井洞。开之平者曰城门洞，洞中石围土砂者曰天生洞。硐口不甚宽广，人皆伛偻入内，虑陷，支以木，间二尺余，支四木，曰一厢。洞之远近，以厢计。上有石则无虑，厢亦不设。洞内五步一火，十步一灯，所费油、铁，约居薪米之半。"

[6] 路：道光《云南通志》收录篇中无"路"字。

[7] 由上而下：应为由下而上。

[8] 张僧繇：南朝时画家，擅长画佛像人物，用功亦最深，人称其所画人物能做到"朝衣野服，今古不失；殊方夷夏，皆参其妙"。

[9] 七长：王崧所言"七长"与檀萃《滇海虞衡志》中所言"七长"完全相同，此外其刑罚、忌讳、祭祀等内容亦与檀氏所记相似，疑王崧所

述乃借鉴或总结檀萃之记录。檀萃于乾隆四十三年（1778）任云南禄劝县知县，兼管该县狮子尾厂，他所记录的"七长"当为其管理矿厂时，从厂民处打听到的，嘉庆九年（1804）师范为檀萃《滇海虞衡志》作序云："有曰其志厂也，琐屑猥杂，引一老砂丁于谈，亦无不知者。"《滇海虞衡志》成书于嘉庆四年（1799），刊刻于嘉庆九年。王崧乃嘉庆四年进士，任山西武乡县知县，因事改教职，后辞归家乡，由此推测其撰写《矿厂采炼篇》的时间当晚于檀萃《滇海虞衡志》成书时间。檀萃《滇海虞衡志》云："凡厂之道，厥有厂主，听其治、平其争。敛金而入于金府，府一人掌铜之出入，吏一人掌官书以治。凡胥二人，掌偫伺之事，游徼其不法者，巡其漏逸者，举其货、罚其人。以七长治厂事：一曰'客长'，掌宾客之事；二曰'课长'，掌税课之事；三曰'炉头'，掌炉火之事；四曰'锅头'，掌役食之事；五曰'镶头'，掌镶架之事；六曰'硐长'，掌磙硐之事；七曰'炭长'，掌薪炭之事。厂徒无数，其渠曰'锤手'，其椎曰'尖子'，负土石曰'背塸'，其名曰'砂丁'，皆听治于锅头。其笞以荆，曰'条子'；其缚于藤，曰'揎'。其法严，其体肃。"

[10] "当此之时"至"有所不如"：厂民得矿，非朝夕之事，常常有管事濒临破产而忽得矿。清人吴炽昌《客窗闲话》卷一《初集》亦描写了肖氏得矿前后之事："客因说之以滇池为产矿之区，山中银苗盛衰，视其草木即辨，每有以数千金置一恋，而发家千倍者，故外来游民半以此为营生也。（肖）希贤艳羡之，因是日偕客遍历群山，以求奇遇。搜索年余无获，客妄指一峰谓：'此山中产矿甚旺'。不过为脱卸计耳，希贤深信不疑，即与山主议价，以百金得之，骤欲集夫开采，太守力阻，不从，以娇赖太夫人，使乃兄属下贡夫以助，咸趋奉贵介弟，无不乐从其事。于是，丁男涌集，合力兴工，锯木凿山，穿石穴土，希贤往来监工，无倦色，如是五六年，虚掷亿万工，亦无所得。太守以俸满入觐，须携眷去，劝其弟舍是同行。希贤泣下曰：第一生事业在此，工既将成，本亦不少，若半途而废，死不甘心。太夫人不忍拂其志，倾乃兄之宦囊，剖其半与之曰：尔姑以此相搏，若一二载不得，则剩数百金作腰缠而归，切勿迷恋沉溺于此，以怠母兄戚也。遂泣别。太守去后，属下之夫皆星散，希贤自募役夫，晨夕从事者又数载。是岁中秋，计短夫价若干缗，工头已言之屡矣，而囊中仅剩

十余金，度无以应，乃嘱其仆尽以余金市酒肉，号召众夫……须协力往东南开，则望日可得，敢告诸君尽今日之力，予将倍偿工价，众皆踊跃欢呼，饱餐而去……忽见其偕头目而来……迎问其故，金喘息迎首道贺曰……已得大矿，请往祭拜。希贤喜出望外，趋视之，见大穴已辟，其内见黑色拳块，一望皆是。众夫佥来贺请赏，欢声雷动曰：此墨绿矿业，最难得者，其源远，其色高。……其仆为之邀集旧友，或司载籍，或司会计，或司监督，或司宾客，量能授任，群谋报官设厂。内有三分皇税，是以帅遣弁兵，安营环守。文自中丞以下，咸来纳交，声势一时煊赫。"

[11] 蹻（jué）：通"屦"。草鞋。

附：倪慎枢《采铜炼铜记》[1]

铸山为铜，大要有二，曰"攻采"，曰"煎炼"。凡岘产铜之山，欲其如堂、如覆，敦博以厚，斯耐久采。视其后，欲其崥巀而岭嶒[2]也，无所取诸，取诸属与擘也。视其前，欲其崛岫[3]而嵪嵏也，无所取诸，取诸峻以眕[4]也。顾视其旁，欲其屹[5]以峒[6]也，无所取诸，取诸屋也。又欲其左之宫乎，右也观其泉，不欲其缩以邪也，欲其鳌[7]而过辨也。形既具，胚斯凝，充于中而见乎外，如云之蒸，如霞之烂，如苫[8]庐之鳞以比，如羊象之伏以窜，晦冥之中，光景动人。

谛观山崖石穴之间，有碧色[9]如缕，或如带，即知其为苗，亦有涧嗒山坼，矿砂偶露者。乃募丁开采，穴山而入谓之"硐"，亦谓之"峒"。浅者以丈计，深者以里计，上下曲折，靡有定址，谓之"行尖"，尖本器名，状如凿，硐中所用之物，歧出谓之"棚尖"，土谓之"荒"，石谓之"甲"，[10]碎石谓之"松甲"，坚石谓之"硬甲"。左右矗而立曰"墙壁"，亦有随引而攻，引即矿苗。中荒旁甲，几同复壁者，覆于上者为"棚"，载于下者为"底"，横而间者为"闩"凡硐上棚下座分明，必旺且久[11]，大抵矿砂结聚处，必有石甲包藏之今称拦门峡，破甲而入，坚者贵于黄、绿、赭、蓝，脆者贵于融化细腻，俗谓之黄木香，得此即去矿不远矣。

宽大者为"堂矿"，宽大而凹陷者为"塘矿"，斯皆可以久采者也。若浮露山面，一劂[12]即得，中实无有者为"草皮矿"。稍掘即得，得亦不多者为"鸡抓矿"。参差散出，如合如升，或数枚，或数十枚，谓之"鸡窠矿"，是皆不耐久采者也。又有形似鸡抓，屡入屡得之，既深乃获成堂大矿者，是为"摆堂矿"，亦取之不尽者也凡矿宜于成刷，若孑然一个，别无小矿，决不成器，今谓个个矿，亦曰独矿，矿虽成个，大小间错，忽断忽续，又必成堂，谚云：十跳九成堂也。矿之名目不一，其佳者有黄胖、绿豆、青绿、墨绿。佳者为白锡蜡，色白体重，边纹如簇针尖。油锡蜡色光亮，红锡蜡色红，紫金锡蜡色深紫。

尤佳者火药酥，色深黑，质松脆，皆彻矿，彻即净，厂俗讳净为彻。又有亚子矿，叠垒山腹，采之如拆砖墙，亦佳品。盐砂矿，色青黑，若[13]带黄绿，则次矣。穿花绿石中夹矿，又其次矣。尤下者为松绿，内外纯绿，成分极低，止可为颜料之用。此攻采之大略也。

至于炼矿之法，先须辨矿，彻矿[14]即可入炉，带土石者必捶拣、淘滤。矿汁稠者取汁稀者配之，或取白石配之；矿汁稀者取汁稠者配之，或以黄土配之，方能分汁，谓之"带石"。矿之易炼者，一火成铜，止用大炉煎熬。其炉长方高耸，外实中空，下宽上窄，高一丈五尺，宽九尺，底深二尺有奇。前为火门，架炭入矿之路也。红门下为小孔，谓之"金门"，撤取渣臊之窦也。后为风口，橐籥之所鼓也。每煅一炉，俗谓之"扯火一个"。彻矿须四十桶，用炭百钧；次矿惟倍，加糜炭五之一；下矿三倍而差，加糜炭三之一。火候停匀，昼夜一周，渣臊质轻自金门流出，即从金门中钩去灰烬。铜质沉重，融于炉底，闪烁腾沸，光彩夺目，以渍米水浇之，上凝一层，拊揭而起，用松针、糠覆之类，掠宕其面，淬入水中，即成紫板凡铜元，热敲易碎，其口青色；冷敲难开，其口红色。或得五六饼、六七饼不等，初揭一二饼，渣滓未净，谓之"毛铜"，须改煎方能纯净；自三四揭后，则皆净铜矣。其有矿经煅炼结而为团者，矿不分汁之故也。亦有本系美矿，而亦结为团者，配制失法，火力不均之故也。

然一火成铜之厂寥寥无几，其余各厂并先须窑煅，后始炉融。窑形如大馒，首高五六尺，小者高尺余，以柴炭间矿，泥封其外，上留火口。炉有将军炉、纱帽炉之分。将军炉，上尖下圆，其形如胄；纱帽炉，上方下圆，形如纱帽，并高二寻，十分高之四为其宽之度，十分宽之四为其厚之度，亦有高一寻者，其宽与厚亦称之余同。大炉又有蟹壳炉，上圆下方，高一丈有奇，宽半之，深尺有咫，余亦同大炉。矿之稍易炼者，窑中煨煅二次，炉中煎炼一次，揭成黑铜，再入蟹壳炉中煎炼，即成蟹壳铜，揭、淬略如前法。其难炼者，先入大窑一次，次配青白带石，入炉一次，炼成冰铜，再入小窑，翻煅七八次，仍入大炉，始成净铜，揭、淬亦如前法。计得铜百斤，已用炭一千数百矣。此煎炼[15]之大略也。

又有所谓"铜中彻银者"，其矿坚黑如镔铁，俗谓之"明矿"。先以大窑煅炼，然后入炉煎成冰铜，再入小窑翻炼七八次，亦同前法。复入推炉，形如椑器，首置橐籥，尾置铜瓦，挤彻铅水，搀和底母，撒成净铜。挤出铅水，入罩炉分金，罩形如龟甲，大尺余，加火于外。亦有入窑翻煅之后，即入将军炉煎炼一日，铜汁流于炉内，银汁流于窝外。复以铜入推炉，煎成黑铜，再入蟹壳炉，揭成铜[16]。以铅[17]入罩子，煎成银[18]者，约计万斤之矿，用炭八九千斤，不过得铜五六百斤，厂银一二十两而已，此其煎炼。稍有不同者，以其矿本不同，而所出者亦不同也。

煎炼又必择水火。深山寒浚之水，不可以淘洗矿砂，惟潴蓄和平者可用。淬、揭以清泉，则铜色黯淡；惟用米泔，则其色红活，此汤丹厂之所由名也。窑中之火，宜于轮囷薪木，稍间以炭，取其火力之耐久也。矿[19]中惟可用炭，松炭、杂木炭取其猛而烈也，栗炭取其匀而足也。亦有因其价之昂廉不同而酌用者，此则人事之区画计较也。惟煎揭蟹壳，必用松炭，取其极猛极烈，易于挤彻渣臊，万不可以他炭通融者也。其采取也如此，其煎炼也如此，得铜不其难哉！

而有尤难者，采矿之时，俱于穿窿兑峯[20]之中，冥搜暗索，得者一，不得者众[21]。得铜多者[22]，可以获什一之利，其寡者或至于不偿劳，此其难在乎民。各厂[23]旧规，皆先银后铜。请国帑为本者，俱无业穷民，阅时既久，故绝逃亡，贻累出纳之官赔补，此其难又在乎官硐民在领镶之勤力，炉民在炉头之谙练，厂员在司事之贤否，则皆得人之难也。

且一厂之中，出资本者谓之锅头，司庶务者谓之管事，安置镶[24]木者谓之镶头，采矿破甲者谓之椎[25]手，出荒负矿者谓之砂丁，炼铜者谓之炉户，贸易者谓之商民。厂之大者，其人以万计，小者亦以千计，五方杂处，匪匪藏奸，植党分朋，互为恩怨，或资[26]为忿争，或流[27]为盗贼，所谓弹压约束之方，又岂易易哉！凡采炼银、铁诸矿之法，大略仿此。

注　释

[1]　倪慎枢：其详细事迹未见记载，道光年间倪蜕所著《滇云历年传》，由倪慎枢，梅岑梓行问世，方知其为倪蜕曾孙。其《采铜炼铜记》首次收录在阮元、王崧纂辑，道光十五年（1835）刊刻的《云南通志·食货志·铜

厂上》中，后又被吴其濬收录于本书之中，然两书所收录的同一篇文章，在个别字或句子上存在差异。故本书选取道光《云南通志》卷七十四《铜厂上》中所附之倪慎枢《采铜炼铜记》作为比对本，将道光志中文字或句子与本书有出入之处标注出来。

[2] 岭嶙（línghóng）：深邃貌。嵑巇：有作"嵑礲（jiéliè）"，山连延貌。

[3] 岠岬（yàjiā）：群山森列高峻貌。

[4] 眕（zhěn）：自重，抑制；视。

[5] 屺：山弯曲处。

[6] 峋（yuān）：山阿曲处，《玉篇·山部》云："峋，山曲也。"

[7] 䗖（zhōu），山曲折的地方。

[8] 苫：用草制成，用来垫或盖东西的器物。

[9] 碧色：铜矿"碧色"者为"绿石"，包括孔雀石的各种绿色氧化铜矿物（墨绿、黄斑绿、豆青绿、穿花绿、松绿等），绿矿大多是产于硫化矿床的次生富集带中。《本草纲目》记载："石绿生铜坑中，乃铜之祖气也，铜得紫锡之气而绿，绿久则成石，谓之石绿。"

[10] 石谓之甲：吴其濬、王崧、檀萃等均言"石谓之硖"。

[11] "凡"至"且久"：小字部分为吴其濬注，道光《云南通志》所载《采铜炼铜记》无此注，以下凡小字部分皆同。

[12] 斸（zhú）：《说文》："斸，斫也。从斤，属声。"本义为锄一类的农具，引申为掘、挖。

[13] 若：道光《云南通志》为"或"。

[14] 彻矿：道光《云南通志》为"彻矿一得"。

[15] 煎炼：道光《云南通志》为"剪炼铜"。

[16] 铜：道光《云南通志》为"蟹壳铜"。

[17] 铅：道光《云南通志》为"银"。

[18] 银：道光《云南通志》为"厂银"。

[19] 矿：道光《云南通志》为"炉"。

[20] 屼（wù）：指山秃貌，晋李彤《字指》："屼，山秃也。"崕（lù），山崖。

[21]　众：道光《云南通志》为"十"。

[22]　"得铜"句：道光《云南通志》此句前有"黄金掷虚牝，或至于荡产倾家。迫煎炼之时"句。

[23]　各厂：道光《云南通志》为"又各厂"。

[24]　镶：道光《云南通志》为"欀"，下同。

[25]　椎：道光《云南通志》为"锥"。

[26]　资：道光《云南通志》为"恣"。

[27]　流：道光《云南通志》为"肆"。

附:《铜政全书·咨询各厂对》[1]

问：土为金母，土气不厚，不能生金。滇产五金，而铜关圜法。闻踩厂之人，必相山势，与堪舆家卜地相等是。形势虽为山之面貌，而实为矿之胚胎，其如何相度，如何攻采，而后可以获堂矿？逐一登覆，以备考察。

万宝、义都厂员[2]署易门县知县吴大雅[3]禀：凡五行之气，动则流走，聚则凝结，堪舆卜地，察来龙、求结穴，厂之来脉则喜。层峦叠嶂，势壮气雄，凝聚则看，重关紧锁，堵塞坚牢，事虽各殊，理则一也。既得形势，复观矿苗，就近居民，或见物象出现，或见彩霞团结，所谓白虹辉而映地，荧光起而烛天，晦冥之中，光景动人今称矿火者是。杜工部云：不贪夜识金银气，宝藏之兴良有以也。

得胜厂员署龙陵同知史绍登[4]禀：形势最关紧要，诚似堪舆卜地法。询之久经办厂人，均以来脉绵远，坐落主山高耸，两山护卫，层叠紧密中，尤取其龙包虎者为佳。出水之口，贵曲忌直，朝对之山，得与主山并高者，厂势悠久。按：视厂直如视地来脉，水口、龙虎、朝对皆同，只不用明堂耳，贵阴忌阳，贵藏忌露。

问：开采之始，如何识为苗引？如何谓之草皮、鸡抓、彻矿、堂矿、塘矿；辨矿则有绿松、锡蜡、火药酥、铜掣银、银掣铜之分；制矿则有锉镕、淘洗之法，配矿则有底母、带石之异？该厂所出何矿，所用何物、何法？卖矿以斛抑系以秤，秤斛若干，出铜若干，值银若干？一一声覆。

大宝[5]厂员署武定直隶州[6]知州文都[7]禀：有矿之处，必有绿色，苗引挂于山石间，或一条，或一线，宽窄不一。厂民觅得绿引，知此山产有铜矿，招募砂丁，呈报开采。亦有久雨山崩，矿砂现露。盖矿如瓜之蔓也，此指有根之大矿而言。若山面有松脆绿石，挖下二三尺即得矿，谓之"草皮"。亦有见苗引，开挖穿山，破碛而入，或数丈、十余丈，得矿数个多至一二十个，且系无根之矿，谓之"鸡窝"。砂丁攻打礌硐，右手执铁锤，左手执铁尖，尖即打厂之器，俗言"打尖子"，即打磠硐也。彻矿者，矿之最净者也，厂地忌净字，不言净而言彻。堂矿者，矿如屋之堂大而且多也。塘矿者，矿在水底，必提拉水泄而后可取也。松绿者，内外纯绿，入水深翠，无甚成分，只作颜料用也。锡蜡者，色如白蜡，敲碎处如簇针尖，体重而坚也。火药酥，其色纯墨，其块不坚，轻击则碎，成分最高者也。铜掣银、银掣铜，乃一矿而铜、银互出也。掣矿之法，矿夹砂石必先锤碎，用筛于水内淘洗，使砂石轻浮随水而去，矿砂沉重聚于筛中，以便煎炼也。底母者，即镰也，乃铜掣银之厂所用以下罩煎银也。带石者，矿汁稀必就本厂所出汁稠之石以配炼之，矿汁稠必取汁稀之石以配炼之，方能分汁成铜也。今大宝厂所出之矿，仅紫锡蜡、黄沙包二种，锤筛、淘洗、煎炼配以稀石。卖矿以秤，视成分高低价无一定。按：矿性有稀稠必须配炼，而所宜或石或土，必在本山左右，乃天定也。

吴大雅禀：山遇硖中带绿或带矾焦明矿，皆为引苗。开挖草皮数尺即得矿，挖完又易其地，是谓"草皮矿"也，鸡抓等于草皮。开采不远即得矿砂一窝，或半日即完，或一日便罄，再往前攻又得一窝，依然无几，名曰"鸡窝矿"，盖形其小也。间有深入而成大塘者，则为"摆塘矿"。尖子者，攻采之处，名曰"行尖"，得矿出完，中空如房屋，名曰"捞塘"。其左右有可采者，许人开采，名曰"亲尖"。得矿有抽分之例，银厂多系二八，铜厂多系一九，是为"硐分"。凡矿高者曰"彻矿"，如墨绿、紫金等，名色是也。攻采既久，遇有墙壁，破坚直进，忽得大矿，其盖如房顶，其底如平地，有三间五间屋之大，为"堂矿"。亦有两边俱硬，中间独松，几同巷道，矿之面窄底宽，形如池塘，为"塘矿"。大抵堂矿、塘矿，皆形其大，实相彷[8]也。矿之色样则又有别，绿矿有墨绿、豆青绿、穿花绿、大亚子矿诸名色，墨绿、豆青为高，穿花即矣石矿。亚子矿间有成塘者，形如砌墙一团、一块，挖矿犹如拆砖，攻采亦易。锡蜡，一白锡蜡，一油锡蜡，一紫金锡蜡，皆矿之高者。火药酥，紫黑，散碎，状似火药。铜掣银，系大花明矿中带绿色或绿中带黑墨者，俱有银。盖明矿即镰母，故知其夹银也。银掣铜，乃银矿未能纯净，夹带铜气，扯火入炉，浮在面上者，即冰铜。二种俱藉底母搀和，另用扯炉分开，其铜归炉，可揭蟹壳，其镰加罩，即出净银。固知造化之互用，亦见人工之并妙也。制矿之法，带硖则须锤筛，带泥则须淘洗。配矿之方，银厂则须底母，铜厂矿稠者配代石，矿稀者加稠矿以配之。义都之矿较胜万宝，现在紫金为多，故其煎炼亦纯，惜其所出微末，全以淘洗为功。万宝之矿多系豆绿、穿花、黄胖绿矿，间有紫金锡蜡，所出甚少，黄胖矿稠必配穿花，穿花矿稀必搀代石。

香树坡[9]厂员南安州硐嘉州[10]判赵煜宗[11]禀：矿生山腹，须有棚墙围护，方能坐矿悠长。厂俗论礑内左曰"钻手"，右曰"锤手"，砂土谓之"荒"，废石谓之"硤"，石之坚巨者为"硬硤"，石之散碎者为"松硤"。石之削而左右竖立者曰"墙壁"，石之平而上下覆载者曰"棚底"。大凡矿砂结聚，上下左右总有棚壁包藏，宽大者谓之"堂"，横长者谓之"门"，零星者谓之"鸡抓"。开采之始，挖穴二三丈余，得有绿末细砂，或油滑腻泥，即为苗引。未遇硬硤，获矿未能悠久，谓之"草皮"。必须数十丈、百余丈遇砚硤阻拦，用刚[12]钻凿通谓之"破硤"。视其硤道鲜明，墙壁清楚，从此进攻，或松或硬，硬者贵于黄绿、赭蓝，松者贵于融细腻柔，俗名为"黄木香"。得此苗引，再遇有棚底，即可得矿，视其矿刷宽细，以定久暂。香树坡厂只有紫金、红、绿锡蜡、脉绿等矿。其锤、熔、配、制之法，矿体沉重无沙土夹杂，谓之"彻矿"，装窑煅炼一二次，入炉煎镕，看其䐑汁清稀者用黄土配制，稠腻者用代石合煎，则揭铜纯净。如矿体轻泡或穿花透石，是为低矿，须煅炼多次，仍配白石，入炉扯火，出铜难免厚黑、钉僵。卖矿以桶为准，约合仓斗一斛，澄洗淘净约得二三斗，值视高低铜之盈缩，难以悬拟。按：煅矿或二三日，或四五日，视其生熟，故矿性不可违，煅好即须煎炼，过冷则翻生，故炭斤必早备。

问：炼铜之冶，有大炉、有皮炉、有罩子，三者形象如何？高若干？宽若干？中深大若干？受矿若干？炭若干？何处安风箱？炉罩是否并用，孰先孰后？如何分汁？如何提揭成铜？该厂几火成？何项铜每火折耗若干？每铜百斤，需炭若干？每炭百斤，需银若干？叙明。

大功、白羊[13]厂员云龙州[14]知州许学范[15]禀：大功厂炼铜有煨窑，有大炉，有蟹壳炉。将矿先入煨窑煅炼二次，再入大炉。炉有二种，一名将军盔，上尖下圆；一名纱帽炉，上方下圆，约高一丈五六尺，宽五六七尺，深二尺五六寸不等，每炉受矿二十余桶，用松炭二千余斤。昼夜煎炼，铜汁入于窝内成黑板铜，再入蟹壳炉内煎炼，揭成蟹壳铜。蟹壳炉形上圆下方，高八九尺，宽四五尺，深一尺有余，每炉受黑铜四百余斤，需炭五百余斤。铜汁镕于窝内，泼水一瓢，揭铜一元。以黑铜改煎蟹壳，每百斤约折耗铜十斤。

白羊厂有煨窑，有大炉，有推炉，有蟹壳炉，有罩子。将矿先入煨窑煅炼，再入大炉，炉形如将军盔，铅为底母，煎炼一月之久，方能分汁，铜汁镕于炉内，银汁流于窝外。铜汁复入推炉煎成黑板铜，推炉形如铜瓦，高二尺，长一丈，宽二尺。又入蟹壳炉煎炼，揭成蟹壳铜，银汁另入罩子。罩形如覆罄，约高三尺，宽二尺，深一寸有余，每罩受银汁五六十斤，约煎厂饼银一二两不等。

者囊、竜邑[16]厂员文山县[17]知县屠述濂[18]禀：者囊厂并无皮炉，系用将军大炉，像如盔，高七尺，宽四尺五寸，金门大一尺七寸，窝子深二尺。风箱安背后，比前金门高三寸。大窑宽大五尺，深高四尺；小窑大一尺五寸，深四尺。先入大窑煨一次，受矿一万斤，需炭四百余斤，折耗三四百斤。次配青白代石，入大炉煎，折耗七千八九百斤得冰铜一千六七百斤。复将冰铜入小窑翻煨七八次，折耗二百余斤。仍入大炉煎，折耗七八百斤，揭得净铜六七百斤。每铜一百斤翻煨七八次，煎二次，需炭一千四五百斤。

戛达厂系用纱帽炉，形如纱帽，高五尺，宽七尺，金门大一尺一寸，窝子深一尺五寸，风箱安在背后，比前金门高二寸许。内窝装满放出，外窝仍掀矿炭，受矿四五百斤，需炭三百余斤。大窑大五尺，深四尺，受矿一万斤，需炭四百斤有奇。小窑大一尺五寸，深四尺，受冰铜五百余斤，翻煨八次，需炭六百余斤。推炉形如木榇头，高二尺五寸，尾高二尺，横宽二尺二寸，直长六尺。金门大八寸，高五寸，深五寸，受冰铜五十余斤，需柴头七八十斤；风箱安在头上，尾用竹瓦挤彻铅水。罩形如半罩，高一尺二寸，宽一尺六寸，金门大一尺一寸，窝子深四尺，受铅水二十余斤，需炭四十余斤。计矿一万斤，大窑煨一次，折耗三四百斤；次配青白代石入大炉，折耗七千八九百斤，得冰铜一千六七百斤。复将冰铜入小窑翻煨六七次，折耗二百余斤；搀和底母入推炉，折耗八九百斤，揭得净铜五六百斤。挤出之铅水入罩，约得银一二十两，每铜百斤前后烧煨七八次，煎、推、罩三次，需炭一千四五百斤，柴头二百余斤。

赵煜宗禀：厂地支炉因地制宜，所用不同。薰罩、推炉，凡铅提银、银掣铜及改煎黑铜用之。香树坡厂系一火成铜，只用大炉。炉形系就地起基，长方高耸，中空外实，上窄下宽，计高一丈五尺，围宽九尺，底深二尺有余。前为火门，后为风口，架炭入矿均由火门装入。火门之下另开小孔，名为金门，以便掣取渣臊。后设风口，安置风箱，每扯火一个，高矿须四十桶，约费炭三千斤；中矿须七八十桶，约费炭三千五六百斤；低矿须百十桶，约费炭四千有零。火候停匀，对时即可出铜，倘火力不均，或矿不成器，以及配制失法，则炉内矿结成团，铜不分汁。各厂制矿不一，有煅至六七次，复用酸水浸泡八九回，先炉后罩，所谓九冰九罩而成铜也。该厂矿砂只须煅炼一二次，即可入炉，以松炭架火，取其焰力猛烈，化矿较速。铜汁易于沉底，渣臊汁轻由金门流出，视其出臊迨尽，则将金门揭开，柴炭渣臊钩钯净尽。铜镕沸溢，用淘米酸水，由金门泼入，使铜汁沾冷气微凝，立将火钳揭起一元，以松毛或谷糠闪燎其面，入水浸冷即成紫板铜。每炉或揭四五元、六七元不等，头二元渣滓未净，名为"毛铜"，必须回炉改煎，其四五元无庸回火。至改煎毛铜，每百斤约折耗二三斤不一，需炭百五六十斤，炭价每百斤二钱六七分及三钱不等，看天气晴雨以定价值长缩。

问：煎铜有用松炭者，有用栗炭者，何以改煎必用松炭？何以杂木之炭不堪适用？凡厂礑多，日久遂至附近山木尽伐，而炭路日远，煎铜所需炭重十数倍于铜，成铜之后，再需煎、揭，运铜之费必省于运炭。炭路既远，何不移铜就炭？俾炉民少省运炭之费，即可多得铜本之利，是亦筹办铜务之一端也。能否行之，各以直对。

许学范禀：厂中用炭须与矿性相宜。大功矿质坚刚，若用栗炭则火性猛烈，镕化虽速而矿汁难分；松炭则火性和缓，矿以渐化而渣臊易出也。炭路日远，重倍于铜，固不若移铜就炭之便。但炭路必须与运铜道路相去不远，方免往返之烦，且煎炼蟹壳，必须有源活水与矿相宜者，方能如法成铜。兹查大功厂炭路俱在丽江一带，山径崎岖，与运铜道路逾远，而深山寒削之水，其性与铜又不甚相宜，是以只能移炭就铜。惟有饬令该处民人，将附近山场广栽松树，毋令毁伐，以期日久成林，庶将来不致无材可取耳。

赵煜宗禀：煎铜用炭，原有松、栗之分，而因地制宜，初无成格。栗炭性坚耐火，松炭质松多焰。概用栗炭，其焰甚少，而化矿较迟；纯用松炭，其性易过，而熬煎欠久。是以宁、大[19]等厂拨运京局改煎蟹壳，必须松炭架炉，取其焰烈易去渣滓，揭铜匀薄，闪色鲜亮。香树厂铜斤均系运供省局鼓铸，只期铜质精纯，且系一火成熟，可以松、栗相搀杂木并用。惟炭山较远，归局之始，每百斤仅值钱二百二三十文不等，今增至三百有长，窃喜该厂并不改煎蟹壳，无事远觅松林，而价值亦尚平和，农隙亦易为购办，似可毋庸移矿就炭，以省糜费。

屠述濂禀：松炭系专揭蟹壳所用。者囊、戛达二厂俱系板铜，附近山场并无松炭，亦无栗炭，俱用杂木之炭。该二厂虽开采年久，出铜无几，炭亦不十分过远，相离仅八九十里之遥，移铜就炭一端，应毋庸议。盖炭固十倍于铜，而矿则又十倍于炭也。按：滇省厂井，均资薪炭，而厂铜则用镶木劈柴。炉则用炭，窑则用柴及炭，不可以数计，劝蓄树木，禁种火山，似亦当务之急也。

问：金本生水，矿旺之碴，每多水淹，是以有例给水泄工费。泄水之法，有穴山引水而出者；有向下碴硐不能出水，凿池于旁提泄注水者，该厂水泄碴硐若干？是否可以泄水采矿？提拉水泄系用何法？逐一登覆。

赵煜宗禀：金为水母，无水则火能克金。碴硐多水则矿质高而且久，是以矿旺之厂，每多水淹，多办水泄。其泄水之法，须看碴硐高低，硐坐山腰，下临宽展，可以开硐，平推直进，引水下流，矿砂显露，此则价廉工省，或碴硐开采本低下。临窄逼不能自下向上挖穴，疏水只得于硐内层开水套，用长竹通节作龙，逐层竖立，穿索提拉，使套内蓄水逐层自下扯上，仍由硐口提出。少者数条，多者十数条及二三十条不等，工费浩繁，即矿砂宽大而扯龙费工，窃恐所入不敷所出。今香树全厂少水，各硐无虑水淹，所以恒论：土既克水，不能生金。因之矿质成分较低，而成塘亦少，自开采以来，并无例给水泄之资。按：出矿之处，有无水者，有有水者，至黄金箔矿必有水，而后矿大也。养矿之水，可以提拉，泉眼之水，无能为力矣。

问：厂众有硐民、炉民、商民之分。硐民之中，大抵出资购备油米者为锅头，出力采矿分卖者为弟兄，又何以有砂丁之名，并有雇工下硐之不一？买矿煎铜出售者为炉民、炉户，贸易油米各物者为商民，该厂现在各若干名、若干户？五方杂集，良莠不齐，逃犯最易混迹其中，作何约束、办诘，是亦厂员之事也。均宜登覆备查。

赵煜宗禀：汤丹、宁台等厂，人烟辐辏，买卖街场各分肆市。今香树厂人民较少，往往互相资办，如油米，锅头亦尝伙同贸易，煎铜炉客又或附本开磪，惟就地论人，因事命名而已。至于砂丁即系弟兄，其初出力攻采，不受月钱，至得矿时，与硐主四六分财者，名为亲身弟兄。其按月支给工价，去留随其自便者，名为招募砂丁。其或硐内偶尔缺人，临时招募添补，则雇工应用。香树坡厂向无亲身弟兄，均系招募砂丁，即买矿煎铜、贸迁油米多有南安、易门人，统计来往停留及街场、磪硐落业居家各项，约一千余人。五方杂处，逃犯易藏，现在设立客长约束商贾，硐长查点砂丁、过客，责成街长、雇工归辖，炉长、厂员统为稽查，无使奸匪潜匿。

按：凡厂初开，立规为要，旺后人众，各从其类。硐丁归于硐，以领镶约束之；炉丁趋于炉，以炉户招纳之；贸易喧于街，以客长、街长稽察之。勿谓新厂暂尔，因循蜂拥而来，便不就范。

问：老厂开采日久，原藉子厂以资接济，乃现在报开子厂者甚属寥寥。或称：厂一报开遂即详奏定额，及至出矿无多，不敷成本，炉丁已散，铜额难除，地方官畏累不报。查，现报铜厂者，日久并未定额，则地方官无累可畏也。或称：新厂试采三月，展限三月，再无成效，即行封闭，硐民恐费工本，限内不能著效，不敢报开。察，现报开新厂，有至一二年尚未煎样解验者，仍未饬令封闭，则硐民不畏试采限促也。或称：开厂之处，炉民、砂丁、商贾云集，油米、菜蔬日见昂贵，居民往往阻禁开采。察，以该地所产油米，因开厂而获重值未始，不足以裕生计，居民何故阻禁，其作何踩勘，如何劝谕、鼓舞多报子厂，俾铜丰额裕之处？胪列以闻。

赵煜宗禀：踩觅子厂，原以接济老厂，且可行销就近油米、蔬菜，若非有碍田园庐舍，官民最为乐从，断无阻禁之理。然亦看其形势若何。倘山势丰厚，著见引苗，抑或附近居民见有物象出现，否则霞彩团结，冥晦之中，光采动人，即官未先知而早已哄传，远远居民欲禁阻，而亦势所不能。惟开采之后，或山皮过厚，急遽未能见功，草皮矿微，不免煎炼折汁甚之。矿引入山，愈攻愈远，弃之不甘，攻之迟缓。又或厂员更换，接借无从，辗转耽延一二年之久，未能煎炼样、报额者有之，非尽官民之畏累不报也。按：矿之为物尊，曰龙神隐见，有时变化不测。其欲见也，坍山而引露，锄地而矿出，一朝百硐，旬日万人。其将隐也，有盖被不意，而窝路覆有水淹，无端而泉眼生，或不分汁，或无成分，机主于运，非人力之可为。且凡珍重之物，理自深藏，大矿曰堂，言深邃也。当民物之滋丰，各财力之优裕，办厂之人携有资本，此或无力，彼复继之，家中之败子，乃厂上之功臣。故有一硐经一二年，更三四辈而后得矿。进山既远，上下左右，路任分行，故其旺也，久而其衰也。渐迄只附近居民农隙从事，旷日而不能持久，朝树而即冀暮凉，得矿即争，无矿便散，故衰不能旺，而旺亦易衰。

注　释

[1]《铜政全书·咨询各厂对》：《铜政全书》乃王昶于乾隆五十一年至五十三年任云南布政使时所著。《碑传集·诰授光禄大夫刑部右侍郎王公昶神道碑》云："王昶，字德甫，号述庵，又号兰泉、琴德，江苏青浦人……少颖异、博学，善属文。体貌修伟，弱冠为名，侍父疾，居丧，尽礼服除家，益贫，作《固穷赋》。乾隆十八年中举人，十九年中进士，归选班。二十二年，上南巡，召试一等第一，钦赐内阁中书协办侍读，直军机房，荐升刑部主事、员外郎、郎中。"《清史稿》卷三百五载："迁云南布政使。河南伊阳民戕知县，窜匿陕西境未获，昶如商州督补……以云南铜政事重，撰《铜政全书》，求调剂补救之法。旋调江西布政使。"《清史列传》卷二十六《大臣传次编一·王昶》载："（乾隆）二十四年八月，充顺天乡试同考官，二十六年三月，充会试同考官。……二十九年三月，擢升刑部山东司主事，办理秋审事。三十一年，迁浙江司员外郎，署郎中。三十二年五月，升江西司郎中。三十三年四月，京察一等记名以道府用；七月，以漏泄查办两淮盐引一案，奉旨革职；九月，云贵总督阿桂请带往云南军营效力。三十六年……十一月补吏部考功司主事。三十七年二月，副将军阿桂奏：'前经带往办事之主事王昶由云南军营效力，复带赴四川军营，一切奏折文移皆其承办，颇为出力'，得旨：'王昶著加恩以吏部员外郎用'。三十八年，补稽勋司员外郎。四十一年五月……著加恩升鸿胪寺卿……。四十二年，迁大理寺卿。四十四年，擢督察院左副都御史。四十五年三月，授江西按察史。……四十八年二月，

服阕补直隶按察使；三月，调陕西按察使。……五十年，署陕西布政使。五十七年七月（应为五十一年），迁云南布政使。……五十三年，调江西布政使。五十四年二月，授刑部右侍郎。……五十七年八月，充顺天乡试副考官。五十八年三月，奏给假回籍……嘉庆十一年卒。"《铜政全书》乃王昶任云南布政使时所著，全书共五十卷，现已失传，惟道光《云南通志》卷七十四《铜厂》所引王昶《铜政全书》内容，以及本书吴其濬所收录的《咨询各厂对》保存下来。

[2] 厂员：即政府驻厂专管丞倅官员。万宝厂，坐落易门县地方，距省城六站，于乾隆三十六年开采。义都厂，位于易门、嶍峨交界地方，乾隆二十三年开采。据伯麟《滇省舆地图说·云南府舆图》所标，义都厂位于当时易门县的东南部，即今易门县西南部的禄汁镇，今名"易都厂"或"一都厂"。另据王昶《云南铜政全书》载："义都铜厂，在云南府易门县西南一百里，地属临安府之嶍峨县，东距城一百五十里，山大，无名。乾隆二十三年开采，岁获铜自十数万至一百五六十万不等，山势险峻，未能悠远。四十三年，定年额铜八万斤，供本省局铸，各省采买，间拨京铜。矿劣铜低，每铜百斤，价银六两九钱八分七厘。二十四年，归嶍峨县管理；二十五年以后，专员管理；四十二年，归易门县管理。"两书之记载有出入，存此备考。又，云南布政司《案册》记："遇闰办铜八万六千六百六十六斤，每百斤抽课十斤，抽公、廉、捐、耗四斤二两，通商十斤，收买余铜七十五斤十四两"。

[3] 吴大雅：据道光《昆明县志·官师》记载："吴大雅，宁海人，拔贡，（乾隆）四十六年任昆明县知县。"吴大雅之继任者为施廷良，五十六年（1791）任，也就是说吴大雅任昆明县知县的时间为乾隆四十六年至五十六年（1781—1791）。而王昶任云南布政使的时间为乾隆五十一年至五十三年（1786—1788），期间，吴大雅实任昆明县知县，非易门县知县。

[4] 史绍登：《清史列传》卷七十五《循史传三》载："史绍登，字倬运，江苏溧阳人。大学士贻直之孙，以顺天乡试挑眷录，叙布政司经历，发云南。乾隆六十年，署文山县知县。云南盐归官办，苛刑抑配，民不堪命。绍登到官，即驰其禁，释于狱中逋课者数百人，民以大治。"又光绪《永

昌府志·职官志·循吏》载："史绍登，江南人，为政尚简，与民不苛，龙人旧鲜知书，为建龙山书院，延师立学，置田产备修葺焉。"

[5] 大宝：即大宝山厂。王昶《云南铜政全书》载："大宝山铜厂，在武定直隶州西一百二十里。乾隆三十年开采，提挖旧糟。"

[6] 武定直隶州：今楚雄彝族自治州武定县。

[7] 文都：据道光、光绪《云南通志·秩官志》载，武定直隶州在乾隆四十七年至五十三年间共有两位知州，分别是：常德，四十七年任；马文周，五十三年任。没有关于知州文都的记载。

[8] 彷（fǎng）：好像，相似。

[9] 香树坡：即香树坡厂。清代伯麟《滇省舆地图说·楚雄府舆图》记："南安州，铜厂二，其一在香树坡者，则为易门子厂，易门县知县理之。"王昶《云南铜政全书》记："香树坡厂，在楚雄府南安州东南二百一十五里。相传开自明时，旋开旋闭。原名凤凰山，在今厂之面山。康熙间，以矿尽移今三家村，因名三家厂，未几，亦封闭。乾隆九年，复开采。"

[10] 碍嘉州，楚雄府属，今楚雄彝族自治州双柏县。

[11] 赵煜宗：乾隆《碍嘉志》载："赵煜宗，直隶三河县拔贡，乾隆四十二年由普棚判署碍嘉任。"

[12] 刚：应为"钢"。

[13] 大功、白羊：即大功厂、白羊厂。大功厂位于今大理白族自治州云龙县西北龙马山麓，今地名为大工厂。据《滇南志略》卷二："大理府·云龙州"条："大功铜厂，在州西北三百二十里大功山，乾隆三十八年开采。"白羊厂位于今大理白族自治州云南县境内，在大功厂南五十里。据王昶《云南铜政全书》载："白羊铜厂，在大理府云龙州西北二百七十里白羊山，乾隆二十五年开采。四十三年，定年额铜十万八千斤，拨外省采买。每铜百斤，价银六两。"另据云南布政司《案册》记："原系银厂，因矿内夹有铜气，将炼银冰煤复行煎炼。遇闰加铜九千斤，每百斤抽课十斤，通商十斤，抽公、廉、捐、耗四斤二两，收买余铜七十五斤十四两。每百斤给价银六两。大理府专管，云龙州经管。"

[14] 云龙州：大理府属，今大理白族自治州云龙县。

[15] 许学范：钱塘人，举人，乾隆四十七年（1782）任云龙州知州

至五十三年（1788）。

[16] 者囊、竜邑：即者囊厂、竜邑厂，均位于今文山壮族苗族自治州西部文山县境内。者囊厂，据《云南铜志·厂地下》载："坐落文山县地方，距开化府四站，于雍正八年开采。"又王昶《云南铜政全书》载："在文山县东南百九十里逢春里者囊寨，四十三年，定年额铜四千斤，每铜百斤，价银六两。文山县管理。"道光《云南通志·食货志·矿厂三·铜厂下》载："附已封者囊厂……今已封闭，年分无考"。竜邑厂，据《云南铜志·厂地下》记："竜邑厂，坐落文山县地方，距开化府二站，于乾隆三十三年开采。每年约出铜七八千斤及万余斤不等，并未定额、通商"。

[17] 文山县：清开化府地。据《清一统志·云南统部·开化府》载："（开化府）汉为句町国地。唐初属越巂郡。后没于南诏，为现、牙车、教化三部。宋为段氏所据。元为强现三部，隶临安等处宣慰司。明初，改强现三部为教化三部，隶临安府。本朝康熙六年，以教化、王弄、安南三长官司地置开化府，隶云南省，领县一。文山县，附部。本朝雍正八年，裁开化府通判并经历二缺，改设县治，赐名文山。"

[18] 屠述濂：湖北孝感人，监生。乾隆四十四年（1779）六月署镇雄州知州，五十一年（1786）迁开花府文山县知县，五十三年（1788）迁腾越厅知州。（参见道光《云南通志·秩官志》、光绪《镇雄州志·秩官》。）

[19] 宁、大：即宁台厂、大功厂。

滇南矿厂舆程图略

赐进士及第兵部侍郎巡抚云南等处地方吴其濬　纂
东川府知府徐金生　绘辑

全省[1]

注　释

[1]　全省：《滇南矿厂舆程图略》卷首共收录云南全省图一幅，各府、直隶州/厅舆地图二十二幅，运铜路线图一幅，这些图由东川府知府徐金生（以下简称徐氏）绘辑，但并非首绘，其全省、各府州/厅舆地图采图于清云贵总督伯麟（以下简称伯氏）主持编纂，成书于嘉庆二十三年的《滇省舆地图说》（又称《伯麟图说》），徐金生以伯麟所绘舆地图为母本，沿用原图排列顺序，将原彩绘图改为黑白图，并对图中文字说明部分进行了修改或删减，省略了原书地域图后所附"图说"部分，成为本书的舆地图。本书在校对时以中国社会科学院民族学与人类学研究所图书馆藏《滇省舆地图说》抄本作为参考本，将徐氏舆地图伯氏舆地图进行比对。徐氏《滇南矿厂舆程图略》首幅图为云南全省舆图，与《伯麟图说》相比，徐氏保留了原图舆地水系图，省略山系图，无"云南全省舆图"字样，仅在书左侧边沿标注"全省"字样；图中文字说明部分，徐氏图省略了各州、县图标及州县名称，仅保留府、直隶州/厅图标及其名称，并保留了部分重要江河名称。至于东西南北四至，其文字说明上有更改，伯氏上图标注文字自右至左为"四川界""北至四川会理州界""蒙番界"，下图标注文字自右至左为"越南界""南至越南界""南掌边界""暹罗边界""缅甸界"，右图标注文字自上而下为"贵州界""贵州界""粤西界""粤西界"。

云南府舆图[1]

注 释

[1] 云南府舆图：徐氏《云南府舆图》与伯氏《云南舆图》几乎一致，仅部分介绍山系的文字有所省略。《云南府舆图》中标注了两个矿厂名称，均在易门县境内，一为义都铜厂，两书标注相同；另一矿厂在易门县老吾山，但徐氏标注为"老吾山铜厂"，伯氏标注为"老吾山铁厂"。

武定州舆图[1]

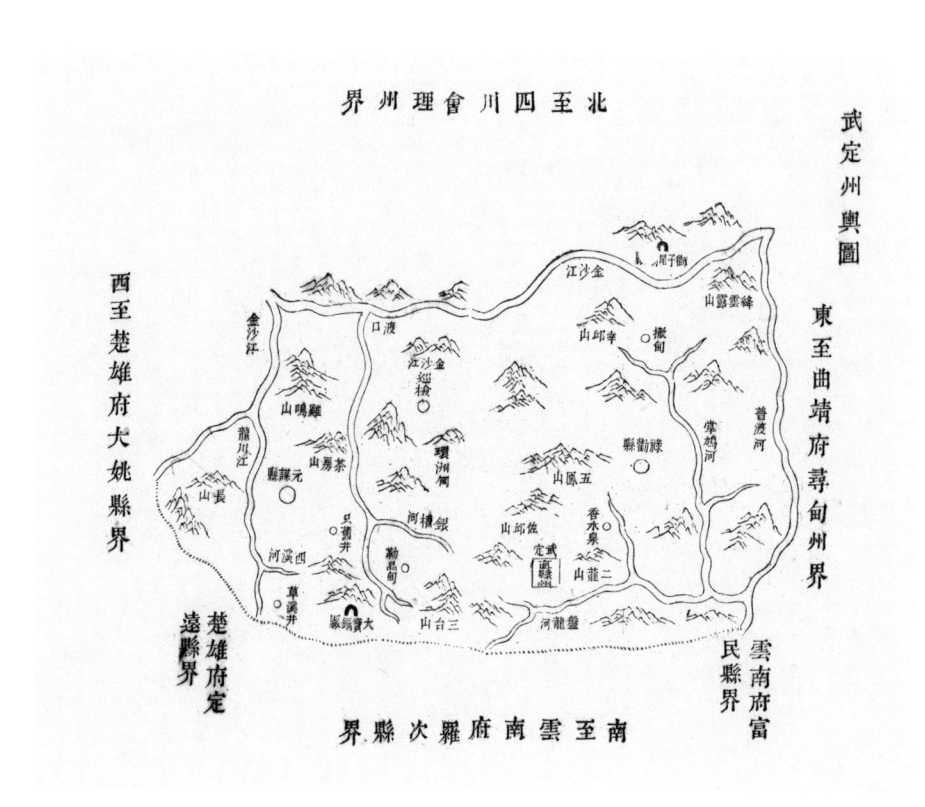

武定州舆圖

北至四川會理州界
東至曲靖府尋甸州界
西至楚雄府大姚縣界
南至雲南府羅次縣界
楚雄府定遠縣界
雲南府富民縣界

注 释

[1] 武定州舆图：徐氏《武定州舆图》与伯氏《武定州舆图》完全一致。《武定州舆图》中标注的矿厂有：狮子尾铜厂、大宝铜厂，其中狮子尾厂位于武定州东北金沙江北岸；大宝铜厂位于武定州南。伯麟《武定直隶州图说》载："铜厂一，曰狮子尾，为东川子厂，东川府知府理之。"

曲靖府舆图[1]

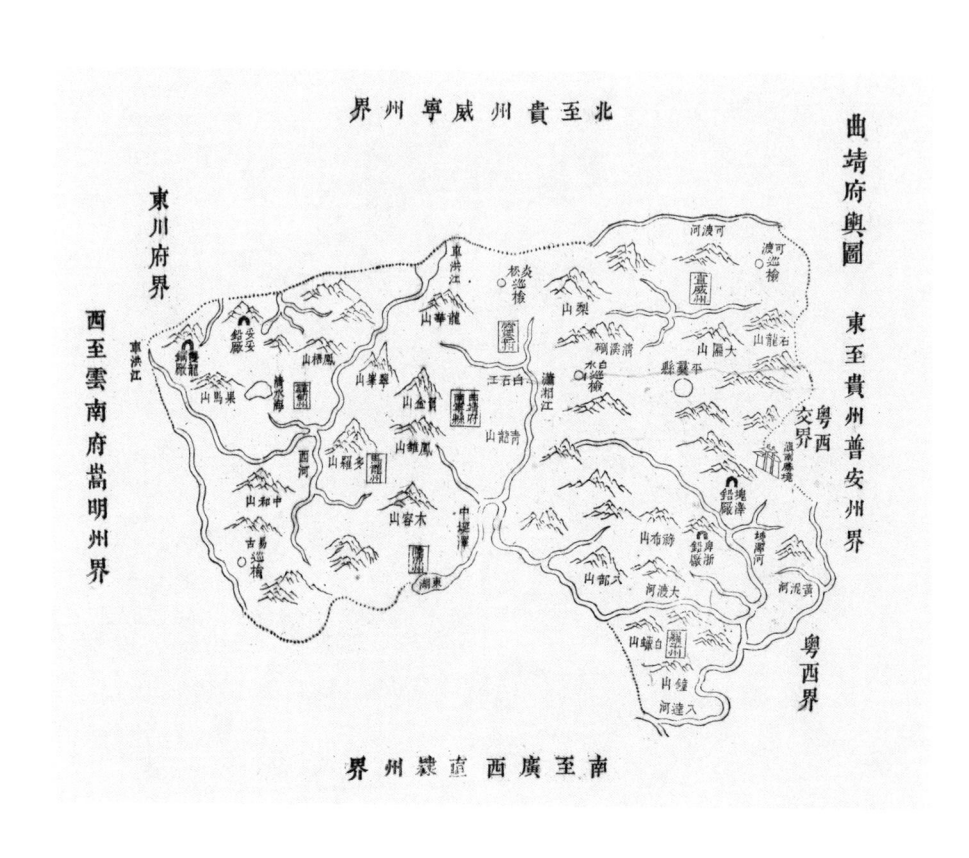

注 释

[1] 曲靖府舆图：徐氏《曲靖府舆图》与伯氏《曲靖舆图》几乎一致，仅部分文字有省略、书写不一致以及"滇南胜境"关口绘图有别。文字书写不一致处为，徐氏"车洪江"，伯氏为"车翁江"。《曲靖府舆图》中标注的矿厂有块泽铅厂、卑浙铅厂、妥妥铅厂，双龙铜厂，其中，块泽铅厂、卑浙铅厂分别位于曲靖府东块泽河北岸、南岸，分别在平彝县、罗平州境内；妥妥铅厂、双龙铜厂位于曲靖府西北寻甸州境。伯麟《曲靖府图说》载："寻甸州……铅厂一，曰妥妥，知州理之。铜厂一，曰双龙，知府理之，铜厂岁办京铜万数千斤，矿砂薄劣，薪炭倍费。……平彝州……铅厂二，曰块泽，在县境；曰卑浙，在罗平州境，皆知县理之。"

澄江府舆图[1]

注 释

[1] 澄江府舆图：徐氏《澄江府舆图》与伯氏《澄江府舆图》完全一致。《澄江府舆图》中标注的矿厂有：发古铜厂、大兴铜厂、红坡铜厂、凤凰坡铜厂、红石崖铜厂，均在路南州境内。其中，发古厂位于府东北；大兴厂位于路南州州城东北，其上与狮子山相邻；红坡、凤凰坡二厂位于路南州巴盘江东，红坡厂山西有黑龙潭，凤凰坡厂在其南；红石崖厂位于巴盘江西，铁池河东。伯麟《澄江府图说》载："路南州，……铜厂五，曰凤凰坡，曰红石岩，曰大兴，曰红坡，曰发古，知州理之。"

广西州舆图[1]

注 释

[1] 广西州舆图：徐氏《广西州舆图》与伯氏《广西州舆图》完全一致。

开化府舆图[1]

注 释

[1] 开化府舆图：徐氏《开化府舆图》与伯氏《开化府舆图》几乎一致，徐氏图多了"盘龙江"标注文字，"柬文山"标注字与伯氏"东文山"有出入。《开化府舆图》中标注的矿厂有麻姑金厂。伯麟《开化府图说》载："金厂一，曰麻姑，知府理之。"

广南府舆图[1]

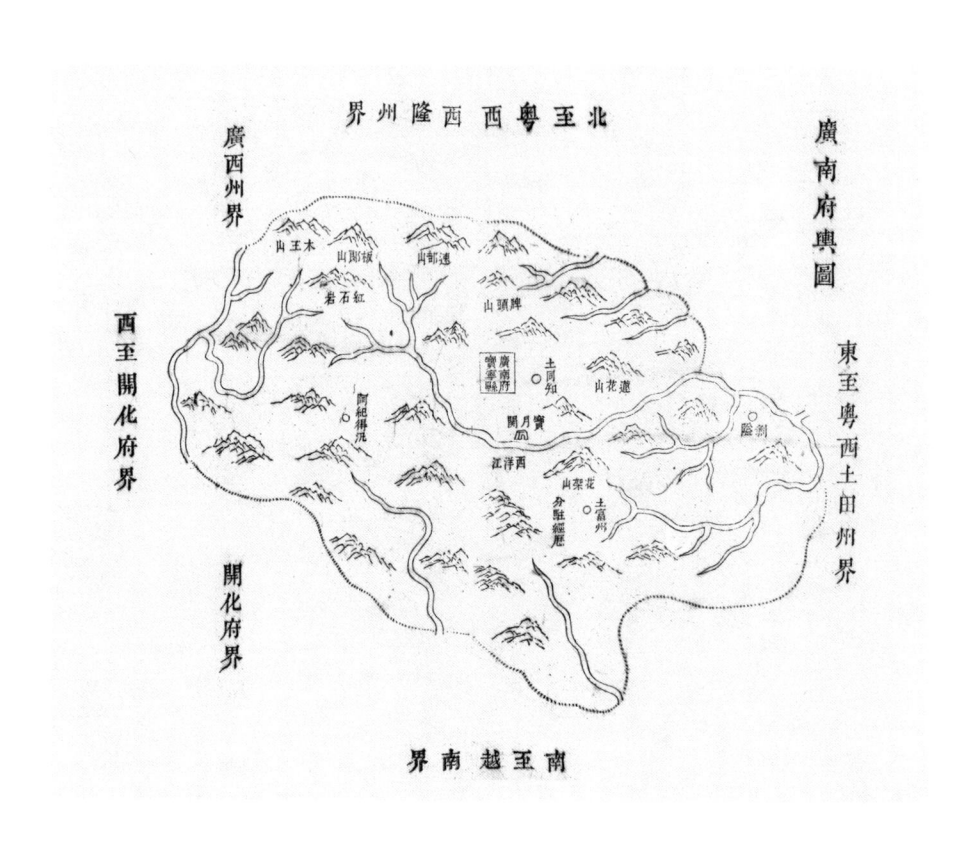

注 释

[1] 广南府舆图：徐氏《广南府舆图》与伯氏《广南府舆图》几乎一致，徐氏图少了"科岩山"文字标注，科岩山在牌头山东面。

东川府舆图[1]

注 释

[1] 东川府舆图：徐氏《东川府舆图》与伯氏《东川府舆图》几乎一致，徐氏舆图添加了"矿银山厂"文字标注。徐氏《东川府舆图》图中标注的矿厂有：大风岭铜厂、茂麓铜厂、碌碌铜厂、大水沟铜厂、矿银山厂、角麟银厂、汤丹铜厂、紫牛坡铜厂、金牛银厂、者海铅厂、棉花地银厂，其中大风岭铜厂标注的位置位于府城北部，牛栏江外；茂麓铜厂、碌碌铜厂、大水沟铜厂位于府城东北；矿银山厂、角麟银厂位于府城东；者海铅厂位于府城东南；汤丹铜厂、紫牛坡铜厂、金牛银厂位于府城西部金沙江东侧，棉花地银厂则在府城西北金沙江西侧。徐氏、伯氏舆图中标注的大风岭铜厂、茂麓铜厂、碌碌铜厂、大水沟铜厂地理位置存在明显错误，乾隆《东川府志》卷首舆地图中标注了汤丹铜厂、落雪铜厂（即碌碌厂）位置，位于小江以西，大水沟位于落雪厂西北，三厂均在东川府城西南，其现今的地理位置为：汤丹厂在今昆明市东川区汤丹镇，落雪厂位于今东川区因民镇，茂麓厂、大水沟厂位于今东川区镇舍块乡茂麓山、大水沟，金沙江东岸，茂麓厂距离金沙江较近，也就是说金沙江以西的东川府地区由西向东分别分布着茂麓铜厂、大水沟铜厂（在落雪厂以北，二厂位置在地图上纵向平行分布）、落雪铜厂（碌碌）、汤丹铜厂，它们均位于府城西南。而且从乾隆《东川府志·分防则补图》中可以看出，大风岭铜厂、落雪铜厂、汤丹铜厂三厂均在则补巡检区域之内，而徐氏、伯氏舆图中汤丹厂在城府以西，茂麓铜厂、碌碌铜厂、大水沟铜厂三厂在府城东北，并不在一个区域内。此外，乾隆《东川府志·汤丹厂图》中，紫牛坡塘（即紫牛坡铜厂所在地）位于汤丹铜厂东北，而非本书图中所标注的西南。大风岭铜厂，徐氏、伯氏标注的地理位置为东川府北界牛栏江以北，《云南铜政全书》《云南铜志》均未记载其具体方位，本书《铜厂第一》中记载其位于巧家以西，《程第八》中记载从大风岭铜厂运铜至东店需渡过金沙江，由此可知该厂位于巧家以西金沙江西侧；乾隆《东川府志·分防则补图》中标注了大风岭厂地理位置在金沙江北侧，其东为普毛厂。另外，徐氏、伯氏舆图中东川府的东界均标注为"东至贵州威宁州界"，乾隆《东川府志》舆地全图则标注为"东至宣威州州二百八十里"，乾隆《云南通志》卷一《图说·东川府舆图》中的标注显示，东川府东界分别与贵州界、宣威州界相连，故两种标注均无误，只是不全面。徐氏、伯氏舆图中东川府则补巡检标注的位置位于城东北，而《乾隆东川志·道路附》则载："分防则补巡检司，在府治西北三百五十里。"

昭通府舆图[1]

注 释

[1] 昭通府舆图：徐氏《昭通府舆图》与伯氏《昭通府舆图》几乎一致，惟小岩坊铜厂与金沙银厂标注的位置不同。徐氏舆图中小岩坊铜厂在乐马银厂以北，金沙银厂以南；而伯氏舆图则为金沙厂在乐马厂以北，小岩坊厂以南，即两厂的位置被掉换。据嘉庆《永善县志》载："小岩坊铜厂，在县西北六百余里，系知县专管。""金沙厂银厂在县西南六十里，新旧礄硐三十余口，向系委员管理。"据此可知小岩坊铜厂在金沙银厂以北，伯氏标注的方位较准确。除了此三厂外，图中标注的矿厂还有：箭竹塘铜厂、人老山铜厂（图中误作"老人山"）、椒子坝铁厂、梅子沱铜厂、长发坡铜厂、老彝良铅厂、铜厂坡银厂。伯麟《滇省舆地图说·昭通府图说》载："大关厅……铜厂二，曰人老山、箭竹塘；铁厂一，曰椒子坝，同知理之。……鲁甸厅，银厂一，曰乐马，通判理之。镇雄……银厂一，曰铜厂坡银厂；铜厂一，曰长发坡；铅厂一，曰老彝良，俱知州理之。……永善县……银厂一，曰金沙；铜厂二，曰梅子沱，曰小岩坊，知县理之。"

大理府舆图[1]

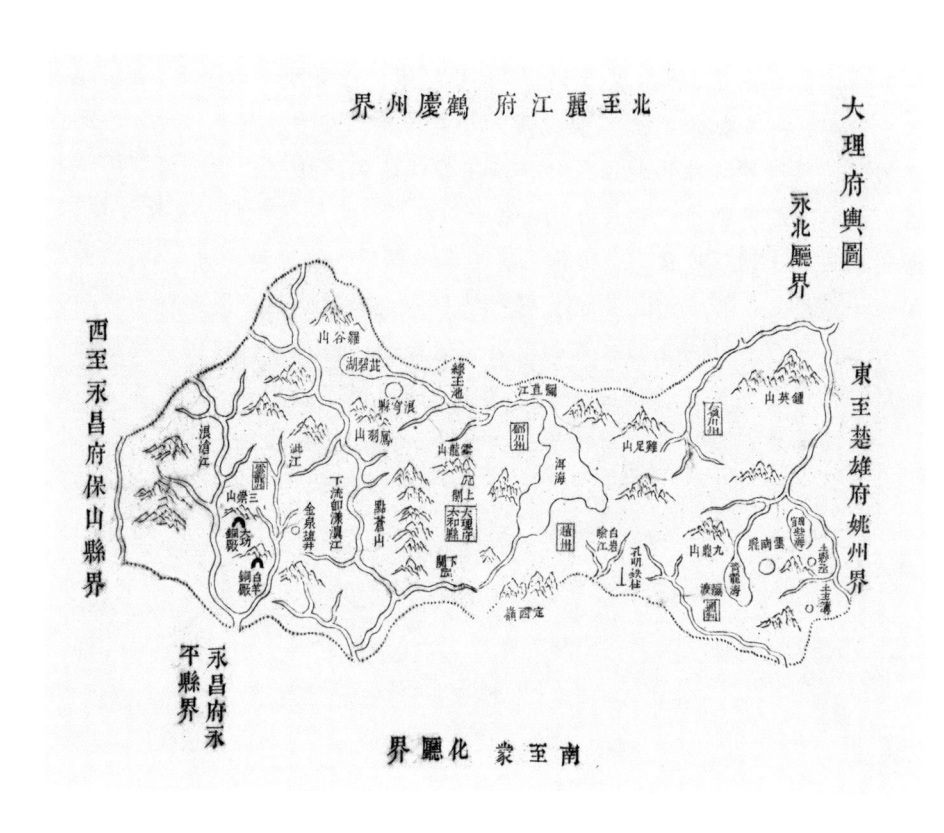

注 释

[1] 大理府舆图：徐氏《大理府舆图》与伯氏《大理府舆图》几乎一致，徐氏省略了东北界"金沙江"标注以及西界"潞江"标注。图中标注的矿厂有：大功铜厂、白羊铜厂，二厂地理位置位于云龙州城西南，沘江以西。伯麟《滇省舆地图说·大理府图说》载："云龙州……铜厂二，曰白羊、曰大功，岁办京铜数十万，知州理之。"

丽江府舆图[1]

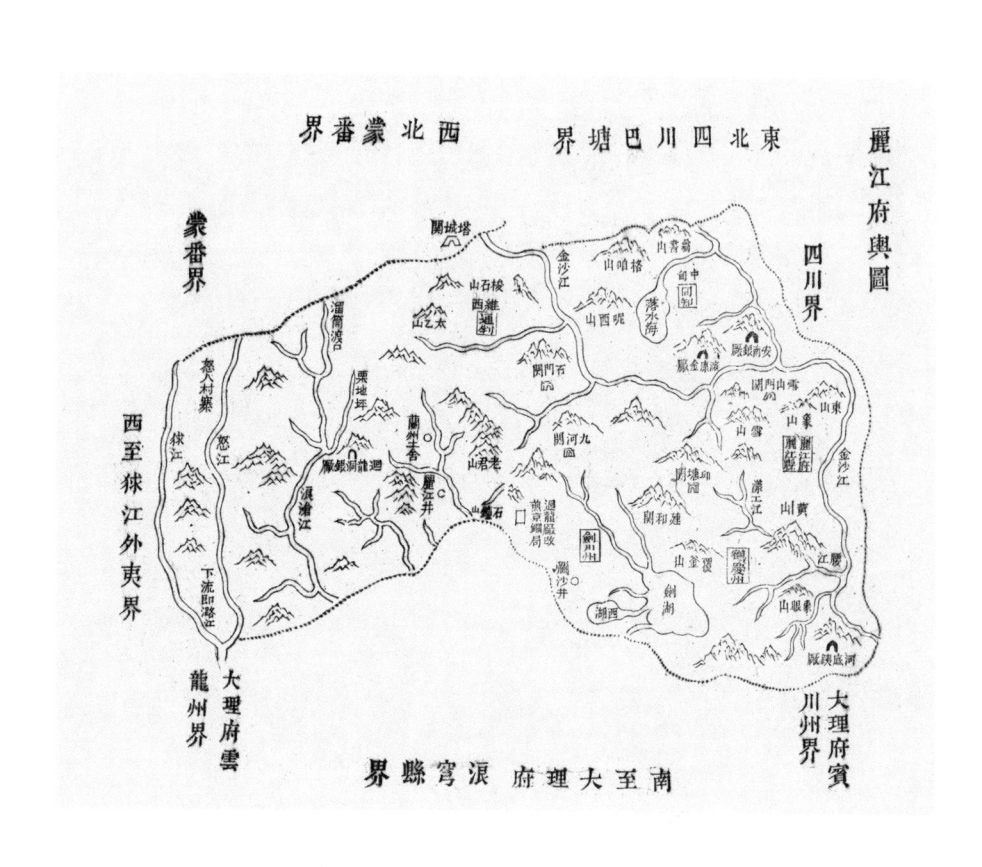

注 释

[1] 丽江府舆图：徐氏《丽江府舆图》与伯氏《丽江府舆图》几乎一致，惟徐氏省略了东界"东至永北厅界"文字标注。图中标注的矿厂有安南银厂、麻康金厂、河底铁厂、回龙铜银厂，伯麟《滇省舆地图说·大理府图说》载："丽江县……铜银厂一，曰回龙，知府理之。中甸厅，金厂一，曰麻姑；银厂一，曰安南，同知理之。鹤庆州……铁厂一，曰河底，知州理之。剑川州……回龙厂改煎金铜局在焉。"

永昌府舆图[1]

注 释

[1] 永昌府舆图：徐氏《永昌府舆图》与伯氏《永昌府舆图》几乎一致，惟徐氏省略了北部"龙川江""潞江"文字标注。图中标注的矿厂有：水箐铁厂、沙喇铁厂、阿幸铁厂、黄草坝金厂。伯麟《滇省舆地图说·大理府图说》载："腾越州……金厂一，曰黄草坝；铁厂三，曰阿幸、曰沙喇、曰水箐，皆知州理之。"

顺宁府舆图[1]

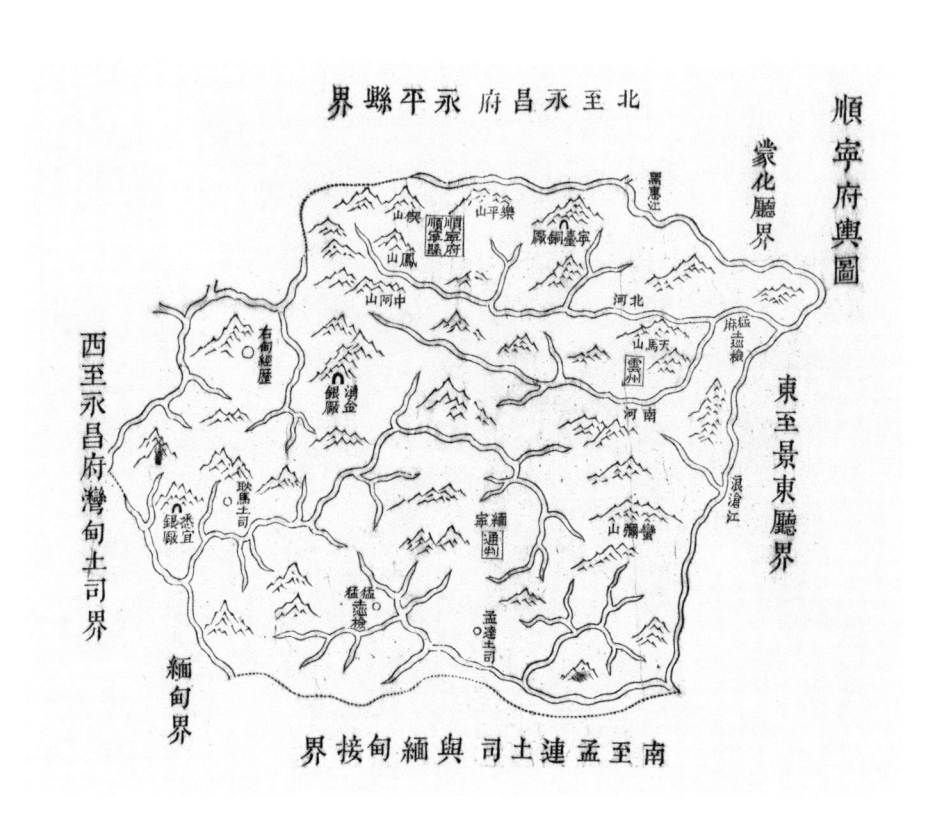

注 释

[1] 顺宁府舆图：徐氏《顺宁府舆图》与伯氏《顺宁府舆图》完全一致，图中标注的矿厂有：宁台铜厂、涌金银厂、悉宜银厂。伯麟《滇省舆地图说·顺宁府图说》载："顺宁县……银厂一，曰涌金，知县理之。铜厂一，曰宁台，知府理之，亦或别选员焉。……缅宁厅……又管悉宜银厂，纳岁课。"

楚雄府舆图[1]

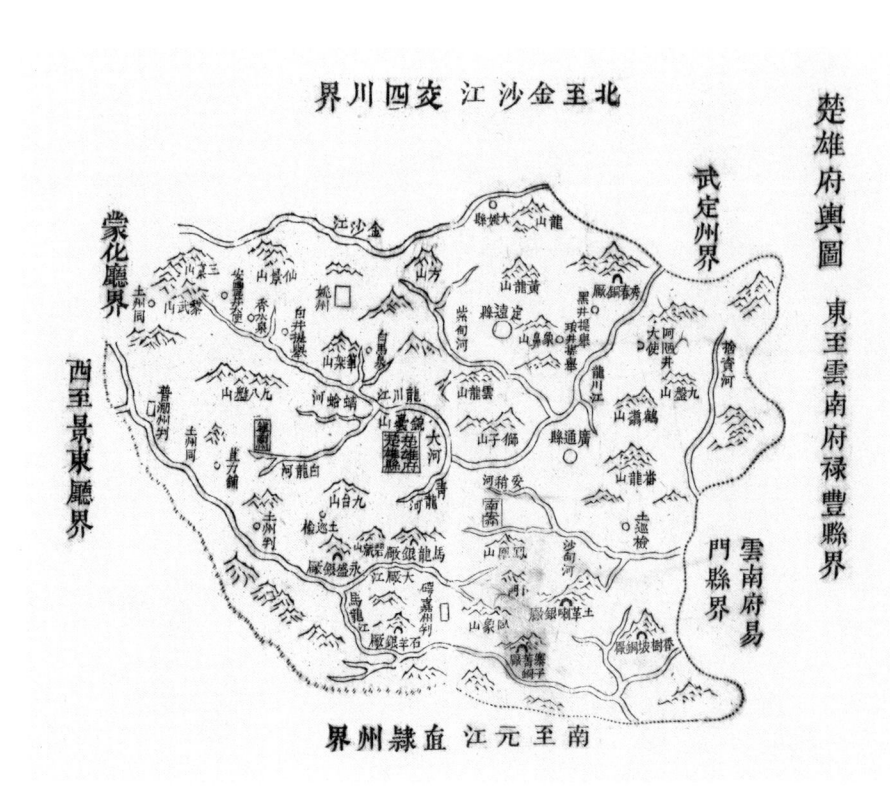

注 释

[1] 楚雄府舆图：徐氏《楚雄府舆图》与伯氏《楚雄府舆图》几乎一致，图中标注的矿厂有：秀春铜厂、香树坡铜厂、寨子菁铜厂（伯氏标为"寨子箐铜厂"）、土革喇银厂、石羊银厂、马龙银厂、永盛银厂。伯麟《滇省舆地图说·楚雄府图说》载："楚雄县……龙川江……南则碍嘉之大厂马龙。……银厂一，曰永盛，知府理之。……南安州……银厂二，曰石羊，曰土革啦，知州理之。又银襟铜厂，一曰马龙铜厂，二曰寨子箐，知府理之。其一在香树坡者，则为易门子厂，易门县知县理之。……定远县，……铜厂一，曰秀春，知县理之。"

永北厅舆图[1]

注 释

[1] 永北厅舆图：徐氏《永北厅舆图》与伯氏《永北厅舆图》几乎一致，惟徐氏舆图多标注出"东升银厂"位置，其余二厂为得宝坪铜厂、金沙江金厂，二图标注相同。伯麟《滇省舆地图说·永北厅图说》载："金厂一，曰金沙江，近已衰竭。铜厂一，曰得宝坪，岁办京铜数十万，同知理之。"

蒙化厅舆图[1]

注 释

[1] 蒙化厅舆图：徐氏《蒙化厅舆图》与伯氏《蒙化厅舆图》完全一致。

景东厅舆图[1]

注 释

[1] 景东厅舆图：徐氏《景东厅舆图》与伯氏《景东厅舆图》几乎一致，惟徐氏图中省略了东南界"鲁马河"标注。

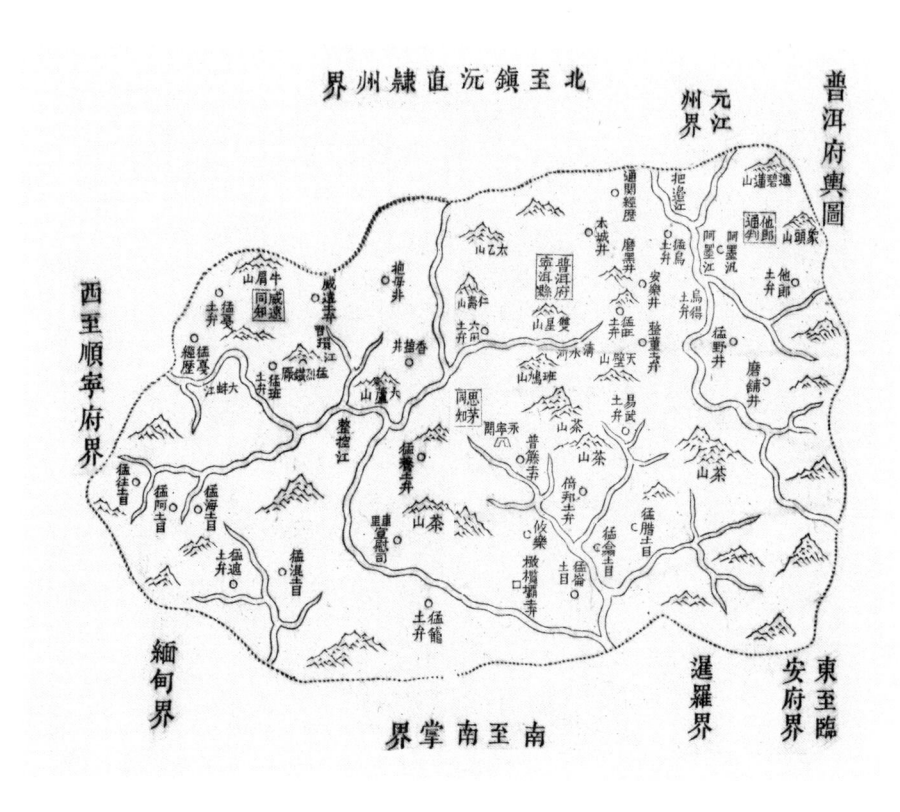

普洱府舆图[1]

注 释

[1] 普洱府舆图：徐氏《普洱府舆图》与伯氏《普洱府舆图》几乎一致，徐氏舆图省略了部分山、江的文字标注：太乙山东侧的"凤凰山"文字标示，磨铺井以南的"李仙江"文字标示，猛笼土弁东部的"九龙江"文字标示。另徐氏舆图东北边界文字标示为"元江州界"，伯氏标示为"云江界"。图中标注的矿厂有猛烈铁厂。

临安府舆图[1]

注 释

[1] 临安府舆图：徐氏《临安府舆图》与伯氏《临安府舆图》几乎一致，徐氏图中省略了部分矿厂、山、江河的文字标注。徐氏舆图中未标注的矿厂有位于府东北界华盖山以南，浣江东北侧山脉的"绿砆硐铜厂"文字标示，该矿厂南部山脉为"登楼山"；位于建水县城东南，焕文山东侧的"抹黑银厂"文字标示。徐氏舆图中省略的江河文字标注为府东北"广西粥弥勒县界"文字标示旁的"盘江"。另外，伯氏舆图中蒙自县个旧厂的文字标示分别为：靠北的为"个旧锡厂"，靠南部的为"个旧银厂"，而徐氏舆图中两厂均标注为"个旧锡厂"。

镇沅州舆图[1]

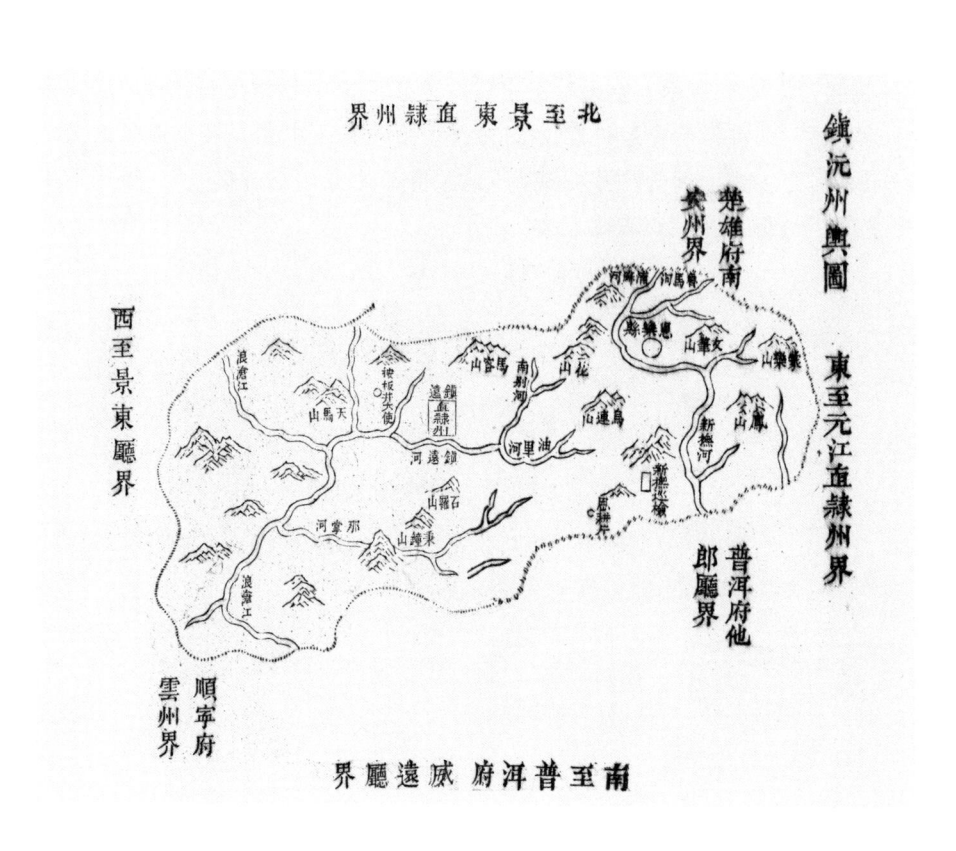

注　释

[1]　镇沅州舆图：徐氏《镇沅州舆图》与伯氏《镇沅州舆图》几乎一致，惟徐氏舆图省略了新抚河南部河流"把边江"文字标示，另外徐氏舆图中的"镇远河"，伯氏舆图中标注为"镇沅河"。

元江州舆图[1]

注 释

[1] 元江州舆图：徐氏《元江州舆图》与伯氏《元江州舆图》完全一致，图中标注的矿厂有二：青龙铜厂、太和银厂。

滇铜京运路线图[1]

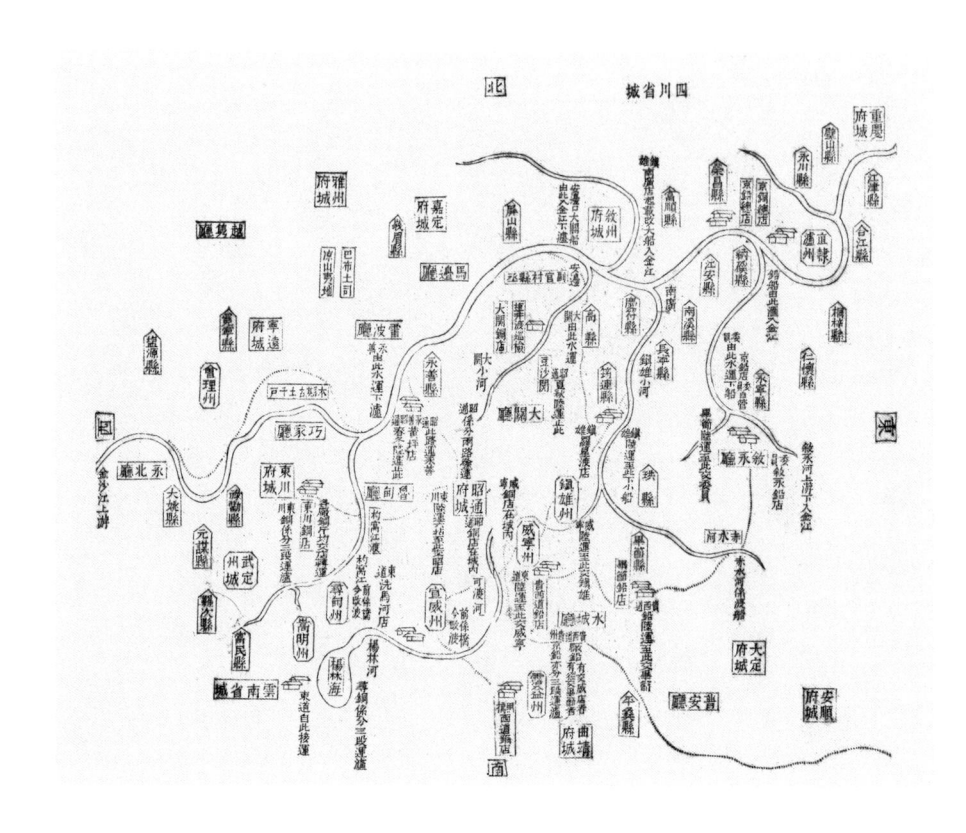

124

注 释

[1] 滇铜京运路线图：标题为注者添加。

滇矿图略下

有山川然后有形势，有形势然后宝藏兴焉。滇之宝，铜为巨，故首铜矿；铜之课以数百万计，银之课以数万计，故银矿次之；若金、若锡、若铅、若铁，皆有课，故金、锡、铅、铁矿次之。银以下，皆挟赀者采凿之，铜之工资于帑，故帑次之。帑由官而赋于民，防其上侵而下渔也，畀以俸糈逮及胥史，惠莫大焉，故惠次之。惠至矣，而工有良窳，吏有贤不肖，非严其考，无以集事，故考次之。恩均法立，地宝溢而转运上京，则圜法有不竭之府矣，故运次之。运必计其程，故程次之。程自滇而泸，舍负驮而资舟，故舟次之。舟车久，则必耗，故耗次之。物不可终耗，必受之以节，故节次之。能节者必赢，赢之伙者莫如铸，故滇铸次之。铸之列于邻封者，皆滇矿所生也，故以采买终焉。

铜厂第一

滇多矿，而铜为巨擘，岁供京、滇鼓铸及两粤、黔、楚之采办、额课九百余万，[1]而商贩不与焉。东则东川[2]，西则宁台[3]，其都会也。他府州皆有厂，或丰或歉，视东西之赢绌而补助之。厂惟一名，而附庸之嘈不胜纪，盈则私为之名，虚则朝凿而夕委耳。其封闭者，皆虚牝也。然消者长，长者消，数十年后或循环焉，故记铜厂。

定例各厂每办铜一百斤，抽课十斤，公、廉、捐、耗四斤二两，一成通商铜十斤，余铜七十五斤十四两给价收买，或免抽课铜，或免抽公、廉、捐、耗铜。或通商二成，额外多办，并准加为三成。[4]

一曰京铜厂，以供京运也；一曰局铜厂，以供本省鼓铸也；一曰采铜厂，以备各省采买也。[5]铜有紫板、蟹壳[6]之名，成分自八成、八五以至九成。年久矿衰，广开子厂以补不足。由州县经管者，该管知府督之。由知府、直隶州同知、通判经管者，该管道员督之。[7]

注　释

[1]　"滇多矿"至"九百余万"：滇省铜矿产量自雍正以后逐渐上升，至乾隆时期达到高峰。雍正初年，滇省铜产量即办铜量，不过一百万斤；至雍正二十一年，办铜量增至六百余万斤，二十三年又增至一千余万斤。乾隆初年稍有回落，但仍达七八百、八九百万斤。据唐与昆《制钱通考》卷二载："按：云南省各铜厂，当乾隆初年旺盛之时，约计每年可获铜九百余万斤。乾隆元年获铜七百五十九万八千有奇，二年获铜九百四十八万七千有奇，三年获铜一千四十五万七千有奇，四年获铜九百四十二万五百有奇，五年获铜八百四十三万四千有奇。按五年牵算。每年获铜九百余万斤。

后云南本省以及各省屡次添炉加铸，用铜至一千一百余万斤，以至铜不敷领。"乾隆十三至十六年间，云南办铜量再度增至一千万斤以上，之后又有所回落；乾隆四十年后，铜产量创历史最高，至乾隆五十六年，年办铜量达一千四百余万斤。王昶任云南布政使期间（乾隆五十一至五十三年），云南铜矿产量均突破一千万斤。乾隆五十年五月，云贵总督富纲、云南巡抚刘秉恬上《奏为汇核滇省各厂岁获铜数循例恭折奏闻事》（见《乾隆朝朱批奏折》）中言："四十九年份，各厂通共办获铜一千二百五万二百五十一斤零"；五十三年富纲再报："总计通省新旧各厂，共办获铜一千一百五十三万二千九十七斤五两"（见《内阁大库档案》乾隆五十四年七月，工部"移会稽察房云贵总督富纲奏滇省新旧大小各厂乾隆五十三年分办获铜斤数目"，编号：000143316）。

[2] 东川：指东川府境内汤丹等厂，该府产铜量居滇之首。据伯麟《滇省舆地图说·东川府舆图》载："铜厂五，曰汤丹、碌碌、大水沟、茂麓、大风岭，皆属知府管理。东川岁办京铜三百数十万，而各厂开采日久，衰旺不时，每资腋凑"；乾隆时任云贵总督的刘藻曾称：（东川府）"郡产铜，滇省所产之半；而铜之转运京师者，亦分任其半"（乾隆《东川府志·刘藻序》），仅东川一郡年运京铜额就曾高达600余万斤，"乾隆四年，承运每年正耗铜四百四十四万斤；乾隆六年，加运正耗铜一百八十九万一千四百四十斤，二共正、加额数，铜六百三十三万一千四百四十斤"（乾隆《东川府志·铜运》）。东川府各铜厂年课银高达万余两。据《钦定大清会典事例·户部四十七·钱法》载："云南会泽县汤丹铜厂各厂，年额共课银一万八百二十五两七钱九厘有奇。"东川府各铜厂中以汤丹厂铜产量为最高，据乾隆《云南通志·矿厂上》记："汤丹铜厂，坐落东川府地方，雍正四年总督鄂尔泰题开，年该课息银一千二百两。"

[3] 宁台：即顺宁府宁台铜厂。乾隆五十年六月，云南总督富纲、云南巡抚刘秉恬奏称："宁台厂岁办铜二百九十余万斤，大半专供京运，余为各省采买之需。滇省铜厂最大者除汤丹之外，即属宁台。"据王昶《云南铜政全书》载："宁台厂，在顺宁府顺宁县东北五百二十里。乾隆九年开采，年获铜八九万斤，后厂衰矿绝，于附近踩获水泄子厂，获铜如初。三十八年，踩获芦塘子厂，年藉获铜七十余万至三百余万不等。四十六年，定年

额铜二百九十万斤，内紫板铜九十万斤，拨外省采买；蟹壳铜二百万斤，专供京运。"

[4] "定例"至"三成"：滇省铜厂抽课、通商虽有定例，然不同铜厂，其抽课、通商、公廉捐耗又各不相同，且其定例亦随时间、局势变化而有所调整。

[5] "一曰"至"采买也"：《铜政便览》《云南铜志》列出云南铜厂38厂，其中，宁台厂、得宝坪厂、大功厂、香树坡厂、双龙厂、汤丹厂、碌碌厂、大水沟厂、茂麓厂、乐马厂、梅子沱厂、老人山厂、箭竹塘厂、长发坡厂、小岩坊厂，此15厂专供京运；凤凰坡厂、红石崖厂、大兴厂、红坡厂、发古厂、大风岭厂、紫牛坡厂、青龙厂，此8厂兼拨京运、局铸、采买；回龙厂、白羊厂、马龙厂、寨子菁厂、秀春厂、义都厂、万宝厂、大宝厂、大美厂、狮子尾厂、绿硔硐厂、鼎新厂、竜邑厂、者囊厂，此14厂及宁台、香树坡2厂之紫板铜专供局铸、采买；金钗厂低铜专拨采买。

[6] 紫板、蟹壳：紫板，即紫板铜；蟹壳，即蟹壳铜。二者皆是铜矿石煎炼成的优质铜，而蟹壳品质又高于紫板。据吴大勋《滇南见闻录·物部》载："米汤或泥浆或水浇熔液，熔液凝结一层，用钳揭出，投水中，便成铜饼，一炉可行六七饼，即紫板铜。""铜自矿中炼出，倾成圆饼，质坚实，黑色为下，高者紫色，名紫板。又加烧炼几次，质愈净，铜愈高，揭成圆片，甚薄而有边，红光灿烂，掷地金声，形色似煮熟蟹壳，故名。"

[7] "由"至"督之"：乾隆三十三年，云贵总督阿里衮、云南巡抚明德奏："滇省铜厂三十余处，向系粮道专管，布政司无稽核之则。金、银、铅厂二十九处，又系布政司专管，本地道府概不得过问，均属未协。请将各处金、银、铜、铅厂，如系州县管理者，责成本地知府专管，本道稽查；如系府、厅管理者，责成本道专管，统归布政司总理。"（《清实录·高宗纯皇帝实录》卷八百十八"乾隆三十三年九月乙未"条）又乾隆四十二年，云贵总督李侍尧、云南巡抚裴宗锡等奏："请嗣后铜厂厂务悉归地方经管，即繁剧地方，离厂较远，正印官不能照料，亦宜改委州县丞倅等官经理，各厂现委杂职概行撤退，酌量地方远近，厂分大小，分派各府、厅、州、县及试用、正印人员接手承办，实力采煎，如果办铜宽裕，奏请议叙，倘有短缺，即行参处。"（《清实录·高宗纯皇帝实录》卷一千四十一"乾隆四十二年九月"条）

云南府属

万宝厂[1]，在易门西北五十里，地名杂栗树，今名万宝山，其脉甚远。香树坡、义都皆过峡之山，聚结于此，[2]重峦叠嶂，环抱数十里。易门县知县理之。乾隆三十七年开。四十三年，定额铜三十万斤，闰加二万五千斤。每铜百斤，抽课十斤，通商十斤，余铜八十斤供省铸及采买，间拨京运，余铜每百斤价银六两九钱八分七厘。今实办课、余、底本额省铜二十七万一千五百斤。

大美厂[3]，在罗次[4]北三十里，发脉于观音山，以照璧山为案，有一溪曰冷水沟，为洗矿、开炉之所。罗次县知县理之。乾隆二十八年开。四十四年，定额铜二万四千斤，闰加一万五千斤。每铜百斤，抽课十斤，公、廉、捐、耗四斤二两，通商十斤，收买余铜七十五斤十四两，供省铸及采买，余铜每百斤价银六两九钱八分七厘。今实办课、余额省铜三万二千四百斤。子厂：老硐箐厂。

注 释

[1] 万宝厂：《铜政便览》《云南铜志》《铜政全书》等文献关于万宝厂开采时间、定额、价银的记录与本书记录有出入。《铜政便览·厂地下》载："万宝厂，坐落易门县地方，距省城六站，于乾隆三十六年开采。每年约出铜十五六万斤及二三十万斤不等，向未定额。……每办获铜百斤内，给与厂民通商铜十斤，抽收课铜十斤，官买余铜八十斤，每百斤照加价之例，给银七两六钱八分五厘。所收课、余等铜，备供本省局铸及各省采买之用。(乾隆)三十九年六月，停止加价，每余铜百斤，给价银六两九钱八分七厘。四十三年，奏定：年办额铜三十万斤，遇闰加办二万三千七百五十斤，每底本铜百斤，给价银六两二钱八分八厘三毫，并不抽课、通商，系另款造册报销。其官商铜斤，照旧通商、抽课，余铜给价收买，发运省局交收。"《云南铜志》关于此厂记载与《铜政便览》相同。又王昶《云南

铜政全书》载："万宝铜厂，在云南府易门县西北五十里，地名杂栗树，今为万宝山。乾隆三十六年，在附近之小黑山开采无效。三十七年，开采得铜。四十三年，定年额铜三十万斤，供本省铜，外省采买，间拨京铜。每铜百斤，价银六两九钱八分七厘。初专员管理。四十二年，归易门县管理。"清云南布政司《案册》记："遇闰办铜三十二万五千斤。每百斤抽课十斤，通商十斤，收买余铜八十斤。云南府专管，易门县经管。发运省局计程六站，每百斤给运脚银六钱，不支筐篓。"

[2] 聚结于此：据《滇省舆地图说·云南府舆图》所标，万宝厂位于易门县的西北部即今易门县西北铜厂彝族乡。

[3] 大美厂：《云南铜志》《铜政全书》关于大美厂之记录，于本书有所增补。戴瑞徵《云南铜志·厂地下》记载："大美厂，坐落罗次县地方，距省城三站半，于乾隆二十八年开采。每年约出铜一二万斤及四五万斤不等，并未定额、通商。照乾隆二十五年奏准之例，每办获铜百斤内，抽收课铜十斤，又抽公、廉、捐、耗铜四斤二两，官买余铜八十五斤十四两。每百斤给银六两。所收课、余、公、廉、捐、耗铜斤，备供本省局铸及各省采买之用。二十九年，奏准：每余铜百斤，加银九钱八分七厘。连原给例价，共合给银六两九钱八分七厘。自三十三年五月起，于例定价值之外，每百斤暂行加银六钱。连原给例价，合每余铜百斤，给银七两六钱八分五厘。三十八年，奏准通商。每办铜百斤内，给与厂民通商铜十斤。照前抽收课铜及公、廉、捐、耗铜斤，官买余铜七十五斤十四两。每百斤给银七两六钱七分五厘。三十九年六月，停止加价。每余铜百斤，照旧给价银六两九钱八分七厘。四十三年，奏定：年办额铜一万二千斤。四十五年，总督福、巡抚刘于四十四年《考成案》内题定，每年加办铜二万四千斤。连原定额铜，年共办铜三万六千斤，遇闰加办铜三千斤。照旧通商，抽收课、廉等铜，余铜给价收买，发运省局或云南府仓交收。"王昶《云南铜政全书》载："大美铜厂，在云南府罗次县北三十里，乾隆二十八年开采，四十三年，定年额铜一万二千斤。四十四年，增铜二万四千斤，分拨局铜，外省采买。每铜百斤，价银六两九钱八分七厘。"清云南布政司《案册》载："遇闰办铜三万九千斤。每百斤抽课十斤，抽公、廉、捐、耗四斤二两，通商十斤，收买余铜七十五斤十四两。云南府专管，罗次县经管。"

[4] 罗次：即罗次县，云南府属。据《元史》卷六十一《地理四·云南省》载："罗次，在州北，治压磨吕白村，本乌蛮罗部，地险俗悍。至元十二年，因罗部立罗次州，隶中庆路。二十四年，改州为县。二十七年，隶安宁州。"另据《明史》卷四十六《地理七·云南》载："罗次，府西北。旧属安宁州，弘治十三年八月改属府。西有星宿河，自武定府流入。又有沙摩溪，即安宁河。南有炼象关巡检司。"又《清史稿》卷七十四《地理二十一·云南》载："罗次县，府西北百三十里。……东北有苴么崀哀山，绵亘县西，两峰相望。易江北流入禄丰。金水河东北流，纳青龙山南、北二溪水，又折西北，汇碧城河水、东渠河水，折西亦入禄丰，名星宿江。"

武定州属

狮子尾厂[1]，在禄劝[2]北二百余里，地名元宝山，山如伏狮，厂在山尾，故名狮子厂。山本在金沙江外，此厂在江内局面稍小。东川府知府兼理之。前明时开，后停。乾隆三十七年复开。四十三年，定额铜二千四百斤。四十五年增为三千六百斤，闰加二千九百斤。每铜百斤，抽课十斤，通商十斤，余铜八十斤免抽公、廉、捐、耗，供省铸及采买，余铜每百斤价银六两九钱八分七厘。嗣以近东川小水沟，拨归东川府改办京铜。今实办课、余额京铜五千四百斤。

大宝山厂[3]，在州西一百二十里，近勒品甸土司[4]，地当元马河之东。武定直隶州知州理之。来脉甚短，亦无包拦。乾隆三十年开，曰大宝山，曰狮子山，曰四尖山，后移花箐山。四十三年，定额铜七千二百斤，闰加八百斤，供省铸及采买。每铜百斤价银六两。今实办课、余额省铜八千六百四十斤。子厂：亮子地厂、绿狮子厂、马英山厂。

注　释

[1]　狮子尾厂：王昶《铜政全书》关于狮子尾厂的记载与本文相似。另戴瑞徵《云南铜志·厂地下》载："狮子尾厂，坐落禄劝县地方，距省九站，于乾隆三十八年开采。每年约出铜一二万斤不等，并未定额。总督彰、巡抚李奏准：每办获铜一百斤内，给与厂民通商铜十斤，抽课十斤，官买余铜八十斤。照加价之例，给银七两六钱八分五厘。所收课、余铜斤，备供本省局铸及各省采买之用。三十九年六月，停止加价。每余铜一百斤，给银六两九钱八分七厘。四十三年，奏定：狮子尾厂年办额铜六千斤，遇闰加办铜五百斤。照旧通商、抽课，（余）铜照前给价收买。所收铜斤，系运省局或运府仓交收。"光绪《武定直隶州志·物产》："狮子尾厂在禄劝县北二百余里，开于明时，矿尽封闭。乾隆三十七年后开，地名元宝山。四十三年定额铜二千四百斤。四十五年增额三千六百斤。运交省局，每百领

价银六两九钱九分；外省采买，每百抽课十斤，通商十斤。禄劝县管理。"

[2] 禄劝：即禄劝县，武定直隶州属。

[3] 大宝山厂：又作大宝厂。戴瑞徵《云南铜志·厂地下》载："大宝厂，坐落武定州地方，距省城五站，于乾隆三十年开采。每年约出铜四五千斤及六七千斤不等，并未定额、通商。照乾隆二十五年奏准之例，每办获铜百斤内，抽收课铜十斤，又抽公、廉、捐、耗铜四斤二两，官买余铜八十五斤十四两。每百斤给价银六两。所收课、余、公、廉、捐、耗铜斤，备供本省局铸之用。自三十三年五月起，于例定价值之外，每百斤暂行加银六钱。连原给例价，合每余铜百斤，给价银六两六钱九分八厘。三十八年，奏准通商。每办铜百斤内，给与厂民通商铜十斤，照前抽收课铜及公、廉、捐、耗铜斤，官买余铜七十五斤十四西。每百斤给银六两六钱九分八厘。三十九年六月，停止加价。每余铜百斤，照旧给价银六两。四十三年，奏定：年办额铜九千六百斤，遇闰加办铜八百斤。照旧通商，抽收课、廉等铜，余铜给价收买，发省局供铸。"王昶《云南铜政全书》记载与本书相似。光绪《武定直隶州志·物产》："大宝厂，在州西一百二十里，乾隆三十年开，四十三年定额七千二百斤。运省局每百领价银六两，又亮地厂、马英山厂共定年额九千六百斤，遇闰照加。武定州理之。"

[4] 勒品甸土司：在今昆明市东川区汤丹镇菜园子。

东川府属

汤丹厂[1]，在巧家西北汤丹山，距郡一百六十里，背聚宝峰，面炭山坡，左为钻天坡，右为狮子坡，绵亘七十余里，高耸霄汉，鸟道千盘。《府志》云：大雪山[2]在向化里，产大矿石，名为矿王，汤丹厂在其下。东川府知府理之。前明时开。乾隆初，获铜极盛。四十四年，定额铜三百一十六万余斤。嘉庆七年，减定二百三十万斤，闰加十九万一千六百六十九斤。每铜百斤，抽课十斤，公、廉、捐、耗四斤二两，通商十斤，专供京运。余铜每百斤价银七两四钱五分二厘。今实办课、余、底本额京铜二百八万一千四百九十九斤十五两六钱。子厂[3]：九龙箐厂，乾隆十六年开；观音山厂，在西，乾隆二十三年开；聚宝山厂，在西，乾隆十八年开；裕源厂，乾隆四十七年开，后停；岔河厂。

碌碌厂[4]，在会泽西，距郡一百六十里，一名落雪。山极高，气候极寒，夏月衣棉，冬多雪。东川府知府理之。旧属四川，雍正四年，改隶云南时开。乾隆四十三年，定省额铜一百二十四万四十斤。四十六年，减定八十二万三千九百九十二斤。嘉庆七年，减定六十二万斤，闰加五万一千六百六十六斤，抽收事例、价银同汤丹，专供京运。今实办课、余、底本额京铜五十六万一千一百斤。子厂[5]：龙宝厂；兴隆厂，后停；多宝厂；小米山厂。

大水沟厂[6]，在巧家西南。东川府知府理之。雍正四年开。乾隆四十三年，定额铜五十一万斤。嘉庆七年，减定四十八万斤，闰加三万三千三百三十斤，抽收事例、价银同汤丹，专供京运。今实办课、余、底本额京铜三十六万一千七百九十九斤十五两。子厂：联兴厂[7]、聚源厂[8]。

大风岭厂[9]，在巧家西，金沙江外，山有风穴，每春月风极大。东川府知府理之。乾隆十五年开。四十三年，定额铜八万斤，闰加。抽收事例、价银同汤丹。原供东川局铸，局停，改供京运。今实办课、余额京铜七万二千斤。子厂：大寨厂，又名杉木箐[10]。

紫牛坡厂[11]，在巧家西。东川府知府理之。乾隆四十年开。四十三年，定额铜三万三千斤，闰加二千七百五十斤。抽收事例同汤丹，余铜每百斤价银六两九钱八分七厘,原供东川局铸,局停,改供京运。今实办课、余额京铜二万九千七百斤。

茂麓厂[12],在巧家西北,地临金沙江,气候极热,东川府知府理之。乾隆三十三年开。四十三年,定额铜二十八万斤,闰加二万三千三百三十斤,抽收事例、价银同汤丹,专供京运。今实办课、余、底本额京铜二十五万三千三百九十五斤十五两六钱。子厂:普腻山厂[13]。

注 释

[1] 汤丹厂:原名老厂,明代已开,旧属四川省,雍正四年改隶云南,因其冶炼揭铜之时,以米泔浸泼,铜为红色,故名汤丹,现仍有清代铜硐遗址,位于今昆明市东川区汤丹镇。关于该厂的地理位置,各文献记载有出入,本书记载为"在巧家西北汤丹山,距郡一百六十里";王昶《云南铜政全书》记载为"汤丹厂,在东川府城西南一百六十里会泽县境内,谨案今在巧家厅境内";乾隆《东川府志》仅记载该厂离府城二百余里,并未记录其方位。汤丹厂位于今汤丹镇境内,而汤丹镇则位于会泽城、巧家厅城西南,而非西北,故其位置应为府城西南,则王昶记录正确,本书记录有误。关于该厂的开厂时间、抽课,文献均有记录,乾隆《东川府志·厂课》载:"汤丹厂,离府城二百余里,其来已久。本朝自禄氏归土,康熙三十八年(雍正《东川府志》作三十六年)听民纳课开采,其时尚隶四川,如何管理、抽课,文卷无考。雍正四年,改属滇省,委道府总理,招集商民开采,先发工本,后收铜斤。题定每年额课银一千二百两:春季课银四百两,夏季课银二百五十两,秋季度课银二百两,冬季课银三百五十两。雍正五年,巡抚朱纲奏明:'每百斤抽课十斤,余铜九十斤,以六分一斤收买。'奉部覆准。乾隆五年,总督庆复奏明:'每铜百斤,抽课十斤,外收耗铜五斤,内以三斤归公,一斤为粮道养廉,一斤为铜运折耗。'九年,总督张允随奏明:'每毛铜三百五十斤,外收捐铜一斤。'十九年,题请每铜百斤,加增价银八钱四分八厘,部议不准,奉旨加恩,照请增之数给与一半。二十一年,奏明于东川新局加卯鼓铸,以所获余息,再加增铜价银四钱二分

四厘，合原奏六两之数，奉旨准行在案。计每毛铜百斤，抽课、捐、耗三项铜十四斤一两九钱四分三厘外，余铜八十五斤十四两五分七厘，每一斤给银六分九厘八毫六丝六忽九纤七尘二渺五漠收买，每年课银一千二百两，统于年终办获，余息银内汇总报解。"又王昶《云南铜政全书》载："汤丹厂，在东川府城西南一百六十里会泽县境内，谨案今在巧家厅境内。汤丹山绵亘七十余里。东川初隶四川，厂已开采。雍正四年，改隶云南，岁获铜数无考。雍正十一、二、三年，岁获铜二、三、四百万斤。乾隆元年至五年，岁获铜五六百万至七百五十余万斤，供京铜之外，尚给各省采买，称极盛。后出铜渐少，至二百余万斤。四十三年，定年额三百一十六万余斤，专供京局。每铜百斤抽课十斤，归公铜三斤，养廉铜一斤，耗铜一斤，通商铜十斤，三百五十斤捐铜一斤。东川府管理。"戴瑞徵《云南铜志·厂地上》增补了嘉庆年间汤丹厂相关内容："嘉庆四年，因该厂硔砂质薄，出铜短缩，前布政司陈奏请酌减铜八十六万五千七百二十斤。自七年起，每年只办额铜二百三十万斤。内应办底本铜一十一万四千九百九十九斤十五两六钱，遇闰加办铜九千五百八十三斤五两三钱；应办官商铜二百一十八万五千斤四钱，遇闰加办铜一十八万二千八十三斤五两四钱。每底本铜百斤，给价银六两四钱，并不抽课、通商，亦不抽收公、廉、捐、耗，系另款造册报销。其官商铜斤，照旧通商，抽收课、廉等铜，余铜给价收买，发运东川店转运。"

[2] 大雪山：或称雪山，该山山脉东抵小江，西达普渡河。乾隆《东川府志·山川》云："雪山，在城西三百里，向化里法嘎，接壤武定，积雪经年，又名凉山。上有五峰，其露觅峰最高，且能长，每长则雷击之，一名克勇山，又名雷打山。巅有四池，水澄碧如蓝。又有缩泉，《通志》载：'缩泉在云弄山腰，今考正在雪山。'然云弄山旧亦名雪山，或嫌名之误。其泉闻人声辄不流，产共命鸟，白麋鹿，银、铜诸硔。其下有山，产大硔石，名为硔王山。又下即汤丹厂，流泉为傥俸溪。"

[3] 子厂：关于汤丹厂子厂，各文献之记载略有不同。乾隆《东川府志·厂课》载："九龙箐厂，离汤丹厂四十里，委杂职管，今停，悉归汤丹厂官管；观音山厂，离汤丹厂三十里，归汤丹厂官管；聚宝厂，离汤丹厂三十里，归汤丹厂官管。"戴瑞徵《云南铜志·厂地上》载："九龙箐子厂，

于乾隆十五年开采。自厂至滥泥坪一站，滥泥坪至汤丹厂半站，共一站半。办获铜斤，运交老厂转运。每百斤给脚银一钱八分七厘。聚宝山子厂，于乾隆十八年开采，距汤丹厂一站。办获铜斤，运交老厂转运。每百斤给脚银一钱二分五厘。观音山子厂，于乾隆二十年开采，距汤丹厂一站。办获铜斤，运交老厂转运。每百斤给脚银一钱二分五厘。岔河子厂，于乾隆六十年开采。自厂至普毛村一站，普毛村至高梁地一站，高梁地至小海子一站，小海子至黄水箐一站，黄水箐至汤丹厂一站，共五站。办获铜斤，运交老厂转运。每百斤给脚银六钱二分五厘。每年准支书、巡工食，厂费等银三百一十一两八钱，遇闰加增，小建不除，均于厂务项下支销。大矸子厂，于嘉庆二年开采。自厂至糯米村一站，糯米村至牛泥塘一站，牛泥塘至法却村一站，法却村至白泥坡一站，白泥坡至菜子地一站，菜子地至汤丹厂半站，共五站半。办获铜斤，运交老厂转运。每百斤给脚银六钱八分七厘五毫。"

[4] 碌碌厂：又名大雪碌碌厂，今名落雪厂，现仍有矿业公司在此开采。据乾隆《东川府志·厂课》载："大雪碌碌厂，离府城一百六十里，本汤丹子厂，向前出铜无多，自十万至四五十万不等，通商、抽课。至乾隆元、二年间，议将洋铜铸本，陆续赴滇省采买，停止通商，厂硐日旺，过于汤丹，每年承办事例，与汤丹同。"另据王昶《云南铜政全书》："雍正四年，隶滇开采，岁获铜数十万至一二百万斤不等。乾隆四十三年，定年额铜一百二十四万四千斤。四十六年硐覆，减铜四十二万余斤，额办铜八十二万三千九百九十二斤，专供京局。每铜百斤，价银七两四钱五分二厘。余同汤丹。"又戴瑞徵《云南铜志·厂地上》载："每年约出铜八九十万斤及一百余万斤不等，并未定额、通商，亦未抽收公、廉、捐、耗。每办获铜百斤内，抽收课铜十斤，官买余铜九十斤。每百斤给银六两。所收课、余铜斤，备供本省局铸，及江、楚等省采买解京之用。雍正十二年，奏准：每办获铜百斤内，抽收课铜十斤，另抽公、廉、捐、耗铜四斤二两，官买余铜八十五斤十四两。每百斤给价银六两九钱八分七厘。乾隆二十七年，奏准：每余铜百斤，加给银四钱六分五厘。连原给例价，共合每余铜百斤给银七两四钱五分二厘。自三十三年五月起，于例定价值之外，每百斤暂行加银六钱。连原给例价，合每余铜百斤给银八两一钱五分一厘。三十八

年，奏准：每办铜百斤内，给与厂民通商铜十斤，照前抽收课铜及公、廉、捐、耗铜斤，官买余铜七十五斤十四两。每百斤给银八两一钱五分一厘。三十九年六月，停止加价，每余铜百斤，照旧给价银七两四钱五分二厘。四十三年，奏定：年办额铜一百二十四万四千斤。四十六年，因磏硐覆压，屡提无效。于四十九年，总督富、巡抚刘奏准：自四十六年起，酌减铜四十二万余斤，每年只办额铜八十二万三千九百九十二斤。嘉庆四年，因该厂硔砂质薄，出铜短缩。前布政使司陈奏请酌减铜二十万三千九百九十二斤。自七年起，每年少办额铜六十二万斤。内应办底板铜三万九百九十九斤十五两六钱，遇闰加办铜二千五百八十三（斤）五两三钱；应办官商铜五十八万九千斤四钱，遇闰加办铜四万九千八十三斤五两四钱。每底本铜百斤，给价银六两四钱，并不抽课、通商，亦不抽收公、廉、捐、耗，系另款造册报销。其官商铜斤，照旧通商、抽课，收廉等铜、余铜给价收买，发运东川店转运。"

[5] 子厂：碌碌厂之子厂，各书记录略有不同。乾隆《东川府志·厂课》载碌碌厂子厂有三：龙宝厂、兴隆厂、迤西厂，"龙宝厂，离碌碌厂三十里，归碌碌厂官管；兴隆厂，离碌碌厂三十里，归碌碌厂官管；迤西厂，离碌碌厂三十里，归碌碌厂官管。"戴瑞徵《云南铜志·厂地上》所载子厂较为详细，有四：兴隆厂、龙宝厂、多宝厂、小米山厂，"兴隆子厂，于乾隆十九年开采。自厂至碌碌老厂四十余里。办获铜斤，照老厂事例，径运东店，归老厂报销，不支运脚。每年准支书、巡工食，厂费等银二百四两，遇闰加增，小建不除，于厂务项下支销。龙宝子厂，于乾隆十九年开采。自厂至碌碌老厂四十余里。办获铜斤，照老厂事例，径运东店，归老厂报销，不支运脚。每年准支书、巡工食，厂费等银二百四两，遇闰加增，小建不除，于厂务项下支销。多宝子厂，于乾隆六十年开采。自厂至金江渡八站，金江渡至野牛坪一站，野牛坪至一家苗一站，一家苗至烟棚子一站，烟棚子至黄草坪一站，黄草坪至碌碌厂半站，共五站半。办获铜斤，应交老厂转运。每百斤给脚银六钱八分七厘五毫。每年准支书、巡工食，厂费等银二百二十一两二钱，遇闰加增，小建不除，于厂务项下支销。小米山子厂，于嘉庆二年开采。自厂至卑各村一站，卑各村至西卡多一站，西卡多至凉山箐一站，凉山箐至黄泥井一站，黄泥井至碌碌厂一站，共五站。

办获铜斤，运交老厂转运。每百斤给运脚银六钱六分五厘，于厂务项下支销，不支书、巡工食。其各子厂办获铜斤，悉照老厂事例，通商、抽课，给价收买，发运老厂交收，转运补额"。

[6] 大水沟厂：位于今昆明市东川区因民镇，现仍有铜业公司在此开采。戴瑞徵《云南铜志·厂地上》对该厂记录较为详细："大水沟厂，坐落会泽县地方，距东川府城三站半。原系四川省经管，雍正四年改归滇省采办。每年约出铜一二十万斤及四五十万斤不等，并未定额、通商，亦不抽收公、廉、捐、耗。每办获铜百斤内，抽（收课）铜十斤，官买余铜九十斤。每百斤给银六两。所收课、余铜斤，备供本省局铸，及江、楚等省采买解京之用。雍正十二年，奏准：每百斤内抽收课铜十斤，另抽公、廉、捐、耗铜四斤二两，官买余铜八十五斤十四两。每百斤给价银六两九钱八分七厘。乾隆二十七年，奏准：每余铜百斤，加给银四钱六分五厘。连原给例，共合每余铜百斤，给银七两四钱五分二厘。自三十三年五月起，于例定价值之外，每百斤暂行加银六钱。连原给例价，合每余铜百斤，给银八两一钱五分一厘。三十八年，奏准通商，每办铜百斤内，给与厂民通商铜十斤，照前抽收课铜及公、廉、捐、耗铜斤，官买余铜七十五斤十四两。每百斤给银八两一钱五分一厘。三十九年六月，停止加价，每百斤照旧给价银七两四钱五分二厘。四十三年，奏定：年办额铜五十一万斤。嘉庆四年，前布政使司陈奏请酌减铜十一万斤。自七年起，每年只办额铜四十万斤。内应办底本铜一万九千九百九十九斤十五两二钱，遇闰加办铜一千六百九十九斤九两九钱；应办官商铜三十八万斤八两，遇闰加办三万一千六百六十六斤十四两七钱。每底本铜百斤，给价银六两四钱，并不抽课、通商，亦不抽收公、廉、捐、耗，系另款造册报销。其官商铜斤，照旧通商，抽收课、廉等铜，余铜给价收买，发运东川店转运。"

[7] 联兴厂：联兴子厂的位置，文献中记载不详，不过从其运程推测，该厂运往大水沟厂运程之第一站为梅子箐，第二站为树结，梅子箐地名不可考，树结即今东川区拖布卡镇树桔村，位于金沙江边，由此推测大水沟厂应当位于金沙江对岸，四川省会理或会东县境内。

[8] 聚源厂：《云南铜志》《铜政全书》《铜政便览》《东川府志》、道光《云南通志》中均无该厂记载。

[9] 大风岭厂：在四川省会东县境内，又作大丰岭厂。据乾隆《东川府志·厂课》载："大风岭厂，离府城三百里，原系东川府管，后改专委杂职管理。"另据戴瑞徵《云南铜志·厂地下》载："大风岭厂，坐落会泽县地方，距东川府城六站，于乾隆十五年开采。每年约出铜二三万斤及十余万斤不等，并未定额、通商。照汤丹等厂奏准之例，每办获铜百斤内，抽收课铜十斤，又抽公、廉、捐、耗铜四斤二两，官买余铜八十五斤十四两。每百斤给价银六两九钱八分七厘。所收课、余、公、廉、捐、耗铜斤，备供京运及东川局鼓铸之用。二十七年，奏准：每余铜百斤，加给银四钱六分五厘。连原给例价，共合每余铜百斤，给银七两四钱五分二厘。自三十三年五月起，于例定价值之外，每百斤暂行加银六钱。连原给例价，合每余铜百斤，给银八两一钱五分一厘。三十八年，奏准通商，每办铜百斤内，给与厂民通商铜十斤。照前抽收课铜及公、廉、捐、耗铜斤，官买余铜七十五斤十四两。每百斤给价银八两一钱五分一厘。三十九年六月，停止加价，每余铜百斤，照旧给价银七两四钱五分二厘。四十三年，奏定：年办额铜八万斤，遇闰加办铜六千六百六十六斤。照旧通商，抽收课、廉等铜，余铜给价收买，发运东川店转运，或东川局交收。"又王昶《云南铜政全书》所记定额铜时间为乾隆四十二年："大风岭铜厂，在东川府会泽县境内，乾隆十五年开采。每年获铜数十万斤或数万斤不等。四十二年，定年额铜八万。"

[10] 杉木箐：本文及王昶《云南铜政全书》将大寨子厂与杉木箐厂记为同一厂。而戴瑞徵《云南铜志·厂地下》则将大寨厂、杉木箐记载为二子厂："杉木箐子厂，于乾隆三十四年开采。自厂至大风岭老厂二十余里。办获铜斤，照老厂事例，径运东店，归老厂报销，不支运脚。每年准支书、巡工食，厂费等银二百二十八两，遇闰加增，小建不除。大寨子厂，于乾隆三十九年开采。自厂至者那一站，者那至臭水井一站，臭水井至大风岭厂一站，共三站。办获铜斤，悉照老厂事例收买，运交老厂，转运补额。每百斤给运脚银三钱七分五厘，均于厂务项下支销，不支书、巡工食。"

[11] 紫牛坡厂：在今昆明市东川区铜都镇紫牛坡。戴瑞徵《云南铜志·厂地下》载："紫牛坡厂，坐落会泽县地方，距东川店二站半，于乾隆四十年开采。每年约出铜六七万斤及十万余斤不等，并未定额。每办获铜

百斤内，给与厂民通商铜十斤，抽收课铜十斤，又抽公、廉、捐、耗铜四斤二两，官买余铜七十五斤十四两。每百斤给价银六两九钱八分七厘。所收课、余、公、廉、捐、耗铜斤，备供京运及东川局鼓铸之用。四十三年，奏定：年办额铜三万三千斤，遇闰加办铜二千七百五十斤。照旧通商，抽收课、廉等铜，余铜给价收买，发运东川店转运，或东川局交收。"

[12] 茂麓厂：在今昆明市东川区舍块乡金沙江畔茂麓山，现茂麓山脚、山腰仍保存有清代炼铜炉遗址三座，工棚基址数处，山腰遍地铺满炼铜渣㬹。戴瑞徵《云南铜志·厂地上》载："茂麓厂，坐落会泽县地方，距东川府城七站半，于乾隆三十三年开采。每年约出铜八九万斤及十余万斤不等，并未定额、通商。照汤丹等厂奏准之例，每办获铜百斤内，抽收课铜十斤，又抽公、廉、捐、耗银四斤二两，官买余铜八十五斤十四两。每百斤照加价之例，给银八两一钱五分一厘。所收课、余、公、廉、捐、耗铜斤，备供京运之用。三十八年，奏准通商，每办铜百斤内，给与厂民通商铜十斤，照前抽收课铜及公、廉、捐、耗铜斤，官买余铜七十五斤十四两。每百斤给价银八两一钱五分一厘。三十九年六月，停止加价。每余铜百斤，照旧给价银七两四钱五分二厘。四十三年，奏定：年办额铜二十八万斤。内应办底本铜一万三千九百九十九斤十二两八钱，遇闰加办铜一千一百六十六斤十两四钱；应办官商铜二十六万六千斤三两二钱，遇闰加办铜二万二千一百六十六斤十两九钱。每办底本铜百斤，给银六两四钱，并不抽课、通商，亦不抽收公、廉、捐、耗，系另款造册报销。其官商铜斤，照旧抽收课、廉等铜，余铜给价收买，发运东川店转运。"

[13] 普腻山厂：地理位置无详细记载。据戴瑞徵《云南铜志·厂地上》载："普腻子厂，于嘉庆三年开采。自厂至鲁得村一站，鲁得村至磨盘卡一站，磨盘卡至竹里箐一站，竹里箐至青龙凹一站，青龙凹至茂麓厂半站，共四站半。办获铜斤，悉照老厂事例收买，运交老厂，转运补额。每百斤给脚银五钱六分一厘五毫，均于厂务项下支销，不支书、巡工食。"鲁得村、磨盘卡位于今会泽县大桥乡，由此推测，普腻山厂当距离大桥乡不远。

昭通府属

人老山厂[1]，在大关西北四百九十里，发源于镇雄之长发坡，奇峰峻岭，迴环参错。大关厅同知理之。乾隆十七年开。四十三年，定额铜四千二百斤，闰加三百五十斤，专供京运，每铜百斤价银六两。今实办课、余额京铜三千七百八十斤。

箭竹塘厂，在大关西北二百三十里，地名丁木树，又名八里乡，发脉于承善之金沙厂，广袤六七里，拱卫不甚。联属大关厅同知理之。乾隆十九年开。四十三年，定额铜四千二百斤，闰加三百五十五斤，专供京运，每铜百斤，价银六两。今实办课、余额京铜三千七百八十斤。

乐马厂[2]，在鲁甸龙头山西，本系银厂，矿夹铜气，银罩所出冰臕加以煅炼，因而成铜。鲁甸厅通判理之。乾隆四十三年，定额铜三万六千斤。嘉庆十二年，减定一万斤，闰加八百三十三斤，专供京运，每铜百斤，价银六两。今实办课、余额京铜九千斤。

梅子沱厂[3]，在永善东南。昭通府知府理之。收运金沙银厂银矿冰臕煅煎成铜。乾隆四十三年，定额铜四万斤。嘉庆十二年，减定二万斤，闰加一千六百六十六斤，专供京运，每铜百斤价银六两九钱八分七厘。今实办课、余额京铜一万八千斤。

长发坡厂[4]，在镇雄西北，地名戈魁[5]，河东[6]有林口、红岩、五墩坡、响水、白木坝、阿塔林，南有花桥、发绿河、山羊、拉巴、大鱼井；北有木冲沟、二道林、铜厂沟、麻姑箐、巴茅坡，长发坡其总名也。镇雄州知州理之。乾隆十年开。四十三年，定额铜一万三千斤，闰加一千八十三斤，专供京运，每铜百斤价银六两。今实办课、余额京铜一万一千七百斤。

小岩坊厂[7]，在永善北四百余里，一名细沙溪。永善县知县理之。乾隆二十五年开。四十三年，定额铜二万二千斤，闰加一千八百三十三斤，专供京运，每铜百斤价银六两九钱八分七厘。今实办课、余额京铜一万九千八百斤。

注 释

[1] 人老山厂：位于今昭通市大关县境内。据王昶《云南铜政全书》载："人老山铜厂，在昭通府大关厅西北四百九十里，乾隆十七年开采。四十三年，定年额铜四千二百斤，专供京运。每铜百斤价银六两。旁邱家湾、临江溪两处俱有礁硐，为人老山子厂，然附近老厂获铜，归并汇报。"又戴瑞徵《云南铜志·厂地上》载："人老山厂，坐落大关同知地方，距泸州店水、陆九站半，于乾隆十七年间开采。每年约出铜二三千斤及四五千斤不等，并未定额、通商。照雍正十二年奏准之例，每办获铜一百斤内，抽收课铜十斤，又抽收公、廉、捐、耗铜四斤二两，官买余铜八十五斤十四两。每百斤给价银六两。所收课、余、公、廉、捐、耗铜斤，备供京运之用。自三十三年五月八日起，于例定价值之外，每百斤暂行加银六钱。连原给例价，合每余铜百斤，给价银六两六钱九分八厘。三十八年，奏准通商。每办铜百斤内，给与厂民通商铜十斤，照前抽收课铜及公、廉、捐、耗铜斤，官买余铜七十五斤十四两。每百斤给银六两六钱九分八厘。三十九年六月，停止加价。每余铜百斤，照旧给价银六两。四十三年，奏定：年办额铜四千二百斤，遇闰加办铜三百五十斤。照旧通商，抽收课、廉等铜，余铜给价收买，发运泸州店交收。"

[2] 乐马厂：位于今昭通市鲁甸县南部金沙江边，原为著名银厂"乐马厂"，后因银矿中含铜矿，又从银中掣铜，故铜厂又有"乐马厂"，实银、铜厂同为一厂。戴瑞徵《云南铜志·厂地上》对此厂有更为详细的记载："乐马厂……于乾隆十八年办铜，该厂原系银厂，因碎内夹有铜气，于炼银冰燥内复行煎炼。每年约出铜五六千及二三万斤不等，并未定额、通商。照雍正十一年奏准之例，每办获铜百斤内，抽收课铜十斤，又抽收公、廉、捐、耗铜四斤二两，官买余铜八十五斤十四两，每百斤给价银六两。所收课、余、公、廉、捐、耗铜斤，备供京运之用。自三十三年五月起，于例定价值之外，每百斤暂行加银六钱。连原给例价，合每余铜百斤，给价银六两六钱九分八厘。三十八年，奏准通商，办铜百斤内，给与厂民通商铜十斤，照前抽收课铜及公、廉、捐、耗铜斤，官买余铜七十五斤十四两。每百斤给银六两六钱九分八厘。三十九年六月，停止加价，每余铜斤，照旧给价银六两。四十三年，奏定：年办额铜三万六千斤。嘉庆十二年，因该厂冰燥短缩，兼署巡抚伯于

《考成册》内题请酌减铜二万六千斤,每年只办额铜一万斤,遇闰加办铜八百三十三斤,照旧通商,抽收课、廉等铜,余铜给价收买,发运昭通店转运。"

[3] 梅子沱厂:位于今昭通市永善县金沙江旁,以收运金沙银厂冰煤煎铜,其地本无铜矿山、矿硐。据王昶《云南铜政全书》载:"梅子沱铜厂,在昭通府永善县境内,无磝硐,乾隆三十六年,收买永善县金沙厂银矿冰煤,运至梅子沱煎铜。"又戴瑞徵《云南铜志·厂地上》载梅子沱厂"每年约出铜三四万斤不等,并未定额、通商。照雍正十二年奏准之例,每办获铜百斤内,抽课铜十斤。又抽公、廉、捐、耗铜四斤二两,官买余铜八十五斤十四两。每百斤照加价之例,给价银八两一钱五分一厘。所收课、余、公、廉、捐、耗铜斤,备供京运之用。三十八年,奏准通商。每办铜斤内,给与厂民通商铜十斤。照前抽收(课)铜及公、廉、捐、耗铜斤,官买余铜八十五斤十四两。每百斤给银八两一钱五分一厘。三十九年六月,停止加价。每余铜百斤,照旧给银七两四钱五分二厘。四十二年,奉部行令,按照中厂之例价,每余铜百斤,给价银六两九钱八分七厘。四十三年,奏定:年办额铜四万斤。嘉庆十二年,因金沙厂炼银冰煤渐少,兼署巡抚伯于《考成册》内,题请酌减铜二万斤。每年只办额铜二万斤,遇闰加办铜一千六百六十六斤十两七钱,照旧通商,抽收课、廉等铜,余铜给价收买,发运泸州店交收"。另据嘉庆《永善县志·厂课》载:"绍感溪、梅子沱厂,皆在县属副官村之□,每年额办铜□两,系知县兼管,乾隆五十七年皆归本府招商督运交泸,委县丞就近给发工本,随时查催。"

[4] 长发坡厂:位于今昭通市彝良县角奎乡境内。据乾隆《镇雄州志·课程》载:"长发坡铜厂,在州西里二甲,每年抽税课铜一万二千斤不等,运赴泸店兑运。"光绪《镇雄州志·课程》载:"长发坡铜厂,每年额解铜一万一千六百四十一斤十二两七钱,应领工本银五百九十一两八钱二分五厘,脚费银九十六两一钱七分,遇闰加办铜九百七十斤,工本脚费照数加领。其后该厂无人采办,所有年办铜斤,均系在泸店采贾补额,每运泸店铜二千九百一十斤,填连三照票一张,交罗渡兑收,取实收申缴布政使衙,仍按月照额摊数,造册申报。咸丰三年,奉文停发工本,经前署州崔绍中禀请,免造月册,奉文批准,嗣厂废停办。自同治四年,州城陷后,各厂卷宗遗失无存。"又王昶《云南铜政全书》载:"长发坡在昭通府镇雄州

境内，地名戈魁河，乾隆十年开采。"戴瑞徵《云南铜志·厂地上》载："距罗星渡七站，于乾隆十年开采。每年约出铜八九千斤及一万一二千斤不等，并未定额、通商。照雍正十二年奏准之例，每办获铜百斤内，抽收课铜十斤，又抽公、廉、捐、耗铜四斤二两，官买余铜八十五斤十四两。每百斤给价银六两。所收课、余、公、廉、捐、耗铜斤，备供京运之用。自三十三年五月起，于例定价值之外，每百斤暂行加银六钱。连原给例价，合每余铜百斤，给银六两六钱九分八厘。三十八年，奏准通商。每办铜百斤内，给与厂民通商铜十斤。照前抽收课铜及公、廉、捐、耗铜斤，官买余铜七十五斤十四两。每百斤给银六两六钱九分八厘。三十九年六月，停止加价。每余铜百斤，照旧给价银六两。四十三年，奏定：年办额铜一万三千斤，遇闰加办铜一千八十三斤。照旧通商，抽收课、廉等铜，余铜给价收买，发运泸州店交收。"

[5]　戈魁：据乾隆《镇雄州志·疆域》记载，该州下西升平里第二甲，有村名为"戈魁罗"，即本文所称"戈魁"。民国二年（1913），镇雄州撤州设县，并将其所辖17甲划出，设立彝良县。戈魁，又名"葛魁"，今名角奎。

[6]　河东：即角魁河之东。

[7]　小岩坊厂：位于今昭通市永善县北部细沙乡境内。据戴瑞徵《云南铜志·厂地上》载小岩坊厂"距泸州店水路八站半，于乾隆二十四年开采。每年约出铜一万二三千斤及二万余斤不等，并未定额、通商。照雍正十二年奏准之例，每办获铜百斤内，抽（收）课铜十斤，又抽收公、廉、捐、耗铜四斤二两，官买余铜八十五斤十四两。每百斤给价银六两九钱八分七厘。所收课、余、公、廉、捐、耗铜斤，备供京运之用。自三十三年五月起，于例定价值之外，每百斤暂行加银六钱。连原给例价，合每余铜百斤，给价银七两六钱八分五厘。三十八年，奏准通商。每办铜百斤内，给与厂民通商铜十斤，照前抽收铜课及公、廉、捐、耗铜斤，官买余铜七十五斤十四两。每百斤给价银七两六钱八分五厘。三十九年六月，停止加价。每余铜百斤，照旧给价银六两九钱八分七厘。四十三年，奏定：年办额铜二万二千斤，遇闰加办铜一千八百三十三斤，照旧通商，抽收课、廉等铜，余铜给价收买，发运泸州店交收"。嘉庆《永善县志略·厂课》载："小岩坊铜厂，在县西北六百余里，系知县专管。每年约收课铜八千有零，今则额定每年采办铜一万九千余斤。"

澄江府属

凤凰坡厂[1]，在路南，距城六十里。路南州[2]知州理之。乾隆六年复开。四十三年，定额铜一万二千斤，闰加一千斤，每铜百斤，抽课十斤，公、廉、捐、耗四斤二两，通商十斤，余铜七十五斤十四两，供省铜及采买，间拨京运，余铜每百斤价银六两。今实办课、余额京铜一万八百斤。

红石岩厂[3]，在路南东六十里，暮卜山[4]之旁，旧名龙宝厂。路南州知州理之。乾隆六年复开，改今名。四十三年，定额铜一万二千斤，闰加一千斤，供省铸及采买，间拨京运，每铜百斤价银六两。今实办课、余额京铜一万八百斤。

红坡厂[5]，在路南东十五里。路南州知州理之。乾隆二十五年开。四十三年，定额铜四万八千斤，闰加四千斤，供省铸及采买，间拨京铜，每铜百斤价银六两九钱八分七厘。今实办课、余额京、局铜四万三千二百斤。

大兴厂[6]，在路南，距城三十里。路南州知州理之。乾隆二十三年开。四十三年，定额铜四万八千斤，闰加四千斤，供省铸及采买，间拨京运，每铜百斤价银六两九钱八分七厘。今实办课、余额京、局铜四万三千二百斤。子厂：腾紫箐厂[7]，停。

发古厂[8]，在路南，地名教厂坝、发古山，又名柜桿山。路南州知州理之。乾隆三十七年开。四十三年，定额铜四万八千斤，闰加四千斤，供省铸及采买，间拨京运，每铜百斤价银六两九钱八分七厘。今实办课、余额京、局铜四万三千二百斤。

注 释

[1] 凤凰坡厂：位于今石林县境内。据王昶《云南铜政全书》载："凤凰坡厂，在路南州境内，距城六十里，明时开采。乾隆六年复开。四十三年，定年额铜一万二千斤，拨本省局铜，外省采买，间亦拨京铜。每铜百斤，价银六两。"另据戴瑞徵《云南铜志·厂地下》载："距省三站，于乾隆六年开

采。每年约出铜七八千斤及一万一二千斤不等，并未定额、通商，亦不抽收公、廉、捐、耗。每办获铜百斤内，抽收课铜二十斤，官买余铜八十斤。每百斤给价银五两。所收课、余铜斤，备供京运及本省局铸、外省采买之用。二十五年，奏准：每办获铜百斤，原抽课铜二十斤改为抽课十斤，另抽公、廉、捐、耗铜四斤二两，官买余铜八十五斤十四两。每百斤给价银六两。自三十三年五月起，于例定价值之外，每百斤暂行加银六钱。连原给例价，合每余铜百斤，给价银六两六钱九分八厘。三十八年，奏准通商。每办铜百斤内，给与厂民通商铜十斤。照前抽收课铜及公、廉、捐、耗铜斤，官买余（铜）七十五斤十四两。每百斤给银六两六钱九分八厘。三十九年六月，停止加价。每余铜百斤，照旧给银六两。四十三年，奏定：年办额铜一万二千斤，遇闰加办铜一千斤。照旧通商，抽收课、廉等铜，余铜给价收买。"

[2] 路南州：清澄江府属，元代设立，明、清袭之。清代，该地盛产铜矿，有凤凰坡等大小厂数十厂，道光以后逐渐废弃。据伯麟《滇省舆地图说·澄江府舆图》载："路南州……铜厂五，曰凤凰坡、曰红石岩、曰大兴、曰红坡、曰发古，知州理之。"另据光绪《路南州乡土志·第九编·实业》"物产·矿物"条："路南矿产，先惟产铜，熙、雍、乾、嘉间颇旺盛，南方三十里之宝山乡一带皆厂地。有所谓宝源厂、青土厂、泰来厂、象牙厂、小老厂、狮子厂、莫卜厂者，于道光间因其不盛，封闭未开。"

[3] 红石岩厂：据雍正《云南通志·厂课》载："龙宝等铜厂，坐落路南州地方。……康熙四十四年，总督贝和诺题开。"此龙宝厂即后来的红石岩厂。另据王昶《云南铜政全书》载："红石岩厂，在路南州六十里。明时，于附近之暮卜山开采，年获铜数百万斤。万历间重修西岳庙，碑犹记其略。今厂在暮卜山之旁，名龙宝厂。"关于该厂抽课，《铜政便览·厂地下》有详细记载："乾隆二十五年，奏准：每办百斤改为抽课十斤，另抽公、廉、捐、耗铜四斤二两，官买余铜八十五斤十四两，每百斤给价银六两。三十三年，每百斤加银六钱，连原价共给银六两六钱九分八厘。三十八年，奏准通商，每百斤给厂民通商铜十斤，照前抽收课铜及公、廉、捐、耗，官买余铜七十五斤十四两，每百斤给银六两六钱九分八厘。三十九年，停止加价，每余铜百斤，照旧给价银六两。四十三年，奏定：止办额铜一万二千斤，遇闰加增一千斤，照旧通商，抽收课、廉等铜，余铜给价收买。"

[4] 暮卜山：又作"莫卜山"，民国《路南县志·山川》："莫卜山，在州南九十里，又南为太来山。《通志》：'在治南九十里，三峰屏列，与上两山（宝源山、莫卜山）相连，向出铜矿'。"

[5] 红坡厂：关于红坡厂铜产量、抽课，《铜政便览·厂地下》有详细记载："本厂每年出铜七八千、一万余斤不等，向未定额、通商。每办百斤，抽课十斤，公、廉、捐、耗铜四斤二两，官买余铜八十五斤十四两，每百斤给银七两六钱八分五厘，所收课、余、公、廉、捐、耗等铜，备供京运、局铸、采买。乾隆三十八年，奏准通商，每百斤给厂民通商铜十斤，照前抽收课铜及公、廉、捐、耗，官买余铜七十五斤十四两，每百斤给银七两六钱八分五厘。三十九年，停止加价，每余铜百斤，照旧给价银六两九钱八分七厘。四十三年，奏定：年办额铜四万八千斤，遇闰加办四千斤，照旧通商，抽收课、廉等铜，余铜给价收买。"

[6] 大兴厂：据乾隆《路南州志·物产》载："路南亦产铜矿。近今四五十年，硐老山空，难以攻采。所有红石岩、宝源等，不过淘荒洗末，以办月铜末敷。至新出大兴厂，现今孥水，尚未成效。"另据戴瑞徵《云南铜志·厂地下》载该厂"每年约出铜八九十万斤及一百余万斤不等，并未定额、通商。照雍正十二年奏准之例，每办获铜百斤内，抽收课铜十斤。又抽公、廉、捐、耗铜四斤二两，官买余铜八十五斤十四两。每百斤给价六两九钱八分七厘。所收课、余、公、廉、捐、耗铜斤，备供京运及本省局铸、各省采买之用。自三十三年五月起，于例定价值之外，每百斤暂行加银六钱。连原给例价，合每余铜百斤，给价银七两六钱八分五厘。三十八年，奏准通商。每办铜百斤内。给与厂民通商铜十斤。照前抽收课铜及公、廉、捐、耗铜斤，官买余铜七十五斤十四两。每百斤给银七两六钱八分五厘。三十九年六月，停止加价。每余铜百斤，照旧给价银六两九钱八分七厘。四十三年，奏定：年办额铜四万八千斤，遇闰加办铜四千斤。照旧通商，抽收课、廉等铜，余铜给价收买。"

[7] 腾紫箐厂：据王昶《铜政全书》载："腾紫箐子厂，在路南州东三十五里，开于乾隆五十一年，作为大兴子厂。"

[8] 发古厂：《云南铜政全书》《云南铜志》均将发古厂之地理位置记作"寻甸州"境内。伯麟《滇省舆地图说·澄江府舆图》文字记载："路南州，铜厂……曰发古，知州理之。"其舆图中发古厂位于澄江府路南州的北部。

149

曲靖府属

双龙厂[1]，在寻甸北九十五里，距府城二百四十五里。曲靖府知府理之。乾隆四十六年开。四十八年，定额铜一万三千五百斤，闰加一千一百二十五斤。每铜百斤，抽课十斤，照不拘一成例，通商二十斤，余铜七十斤供京运或拨省铸，余铜每百斤价银六两九钱八分七厘。今实办课、余额京铜一万八百斤。子厂：茨营厂[2]。

注　释

[1]　双龙厂：伯麟《滇省舆地图说·曲靖府舆图》标记："铜厂一，曰双龙，知府理之。铜厂岁办京铜万数千斤，矿砂薄劣，薪炭倍费。"据该书《曲靖府舆图》标示，双龙厂位于清水海西北、东川与寻甸交界处，今寻甸县联合乡境内。

[2]　茨营厂：文献中无记载。茨营即今曲靖市麒麟区次营镇。

顺宁府属

宁台厂[1],在顺宁东北五百二十里。初为小厂,继获水泄厂,铜渐旺,又获芦塘厂,发脉于永昌府之宝台山,左狮右象,众山屏列,溪水绕流,产矿特盛,仍以宁台名,委员理之。乾隆四十六年,定额铜二百九十万斤,闰加二十四万斤,紫板铜九十万斤,供省铸及采买,抽课、公、廉、捐、耗一成,通商如例,余铜每百斤价银五两一钱五分二厘。蟹壳铜二百万斤,专供京运,不抽公、廉、捐、耗,每百斤价银六两九钱八分七厘。今实办课、余、底本额京铜二百九十万斤,课、余、底本额省铜五十八万九千五百三十七斤七两。子厂:水泄厂、底马库厂[2]、荃麻岭厂、罗汉山厂。

注 释

[1] 宁台厂:清代滇省著名铜厂,与汤丹厂齐名,素有"东则汤丹,西则宁台"之称。据王昶《铜政全书》载:"宁台厂,在顺宁府顺宁县东北五百二十里。乾隆九年开采,年获铜八九万斤,后厂衰矿绝,于附近踩获水泄子厂,获铜如初。三十八年,踩获芦塘子厂,年藉获铜七十余万至三百余万不等。四十六年,定年额铜二百九十万斤,内紫板铜九十万斤,拨外省采买;蟹壳铜二百万斤,专供京运。除课、耗、公、廉、捐、铜及一分通商外,每紫板铜百斤,价银五两一钱五分二厘,蟹壳铜照大功厂例,不抽公、廉、耗铜,每百斤价银六两九钱八分七厘。先系专员管理,五十一年,归顺宁县管理。"另据檀萃《厂记》(见师范《滇系》卷八之四)载:"宁台、芦塘、水泄洞铜厂,俱在顺宁东木龙里,介乎澜沧、黑惠之间,三厂相距不过数十里,然因山势之一上一下计之,其里数有然。若自巅平视,相距不过数里。芦塘为稍远,距郡三百五十里,在东木龙里七甲,有芦塘寨。宁台较近,距郡三百里,有东木龙村、大厂村、小厂村。水泄洞又近,距府二百五十里。宁台开自乾隆五年,宁台衰,而十三年开芦塘,十九年开水泄,俱为宁台之子厂,子实母虚,全归于芦塘,而宁台之名,卒不易。

然木里铜厂，在澜沧江之瞳音里木里箐，与三厂隔江相望，而办铜较少，考前志，不过曰岁可办铜二十万、二十四万、三十四万而已。气候滇南各厂俱衰，所资以充京运与各省采买，尽归于东川、顺宁。顺宁额增遂至二百九十万，而又于正额之外，加办百万，其盛如此。"

[2] 底马库厂：据戴瑞徵《云南铜志·厂地上》载："底马库子厂，于乾隆五十一年开采。自厂至栗树坪一站，栗树坪至蛮长河一站，蛮长河至宁台厂一站，共计三站。办获铜斤，运老厂转运，每百斤给运脚银三钱。每年准支厂费等银三百三十五两，遇闰加增，小建不除。"

永北厅

得宝坪厂[1]，在永北[2]，南临草海，北负西山关。永北直隶厅同知理之。乾隆五十八年开。嘉庆三年，定额铜一百二十万斤。道光十四年，减为六十万斤。现减定三十万斤，闰加二万五千斤。每铜百斤，抽课十斤，通商十斤，余铜八十斤，专供京运，余铜每百斤价银六两九钱八分七厘。今实办课、余额京铜二十七万斤。

注 释

[1] 得宝坪厂：位于今丽江市永胜县宝坪村。据清云南布政司《案册》载："得宝坪铜厂，坐落永北厅地方，年办铜一十三万二千斤。嘉庆三年，增至一百二十万斤。十六年，减为年办铜六十万斤，闰月加办五万斤。今年办额铜三十万斤，遇闰办铜三十二万五千斤。每铜百斤，抽课十斤，通商十斤，收买余铜八十斤。每百斤给价银六两九钱八分七厘。迤西道专管，永北直隶同知经管。"另据光绪《永北直隶厅志·课程》载："得宝坪铜厂，向归永北厅管理，赴司请领工本转发炉户具领采办，其在嘉庆年间及道光初年出矿丰旺，每年除办解正款京铜二十七万斤外，尚有抽课、通商二三万斤不等。至咸丰年来，山空硐老，虽出回龙、复隆子厂，铜数不及早年十之三四。"

[2] 永北：永北直隶厅，即今丽江市永胜县。据《清史稿》卷七十四《地理二十一·云南》载："永北直隶厅，隶迤西道。明（设）北胜州，隶鹤庆府，与澜沧卫同治。（清）康熙五年，降为属州，隶大理（府）……三十七年，升永北府，以永宁土府隶之……乾隆三十五年，改直隶厅。"1913年废厅，改永北直隶厅为永北、华坪二县，隶属滇西道；1932年改永北为永胜县。

大理府属

白羊厂[1]，在云龙西北二百七十里白羊山。龙从龙头山来，左抱黄松山，右小水箐，山朝拱者白菜园山，回环颇逊于大功，而来龙亦高厚、绵远。原系银厂，罩出冰腺煅煎成铜。云龙州知州理之。乾隆三十五年开。四十三年，定额铜十万八千斤，闰加九千斤。每铜百斤，抽课、公、廉、捐、耗如例，供采买，余铜每百斤价银六两。今实办课、余额省铜九万七千二百斤。

大功厂[2]，在云龙大功山，右曰象山，面曰小竿场山，其形如椅，来脉绵延、包拦周密。乾隆三十八年开。四十三年，定额铜四十万斤，闰加三万三千三百三十三斤。每铜百斤，抽课通商如例，免公、廉、捐、耗，供京运、省铸及采买，余铜每百斤价银六两九钱八分七厘。今实办课、余、底本额京铜三十六万一千九百九十九斤十五两七钱。子厂[3]：乐依山可者甸厂、蛮浪山厂、核桃坪厂、沙河厂。

注　释

[1] 白羊厂：在今大理白族自治州云龙县西北，距大工厂较近。据戴瑞徵《云南铜志·厂地下》载："每年约出铜八九万斤至十万余斤不等，并未定额、通商。照乾隆二十五年奏准之例，每办获铜百斤内，抽课铜十斤，又抽公、廉、捐、耗铜四斤二两，官买余铜八十五斤十四两。每百斤照加价之例，给银六两六钱九分八厘。所收课、余、公、廉、捐、耗铜斤，备供本省局铸、各省采买之用。三十八年，奏准：每办铜百斤内，给与厂民通商铜十斤。照前抽收课铜及公、廉、捐、耗铜斤，官买余铜七十五斤十四两。每百斤给银六两六钱九分八厘。三十九年六月，停止加价。每余铜百斤，照旧给银六两。四十三年，奏定：年办额铜十万八千斤，遇闰加办铜九千斤。照旧通商，抽收课、廉等铜，余铜给价收买，发运下关店交收。"

[2] 大功厂：位于大理州云龙县西北龙马山麓，今地名为大工厂。据

戴瑞徵《云南铜志·厂地上》载："大功厂,坐落云龙州地方,距下关店十二站半。于乾隆三十八年开采。每年约出铜八十余万斤及一百余万斤不等,并未定额。总督彰、巡抚李奏准:办获铜百斤内,给与厂民通商铜十斤,抽收课铜十斤,官买余铜八十斤。每百斤照加价之例,给银七两六钱八分五厘。所收课、余铜斤,备供京运及各省采买之用。三十九年六月,停止加价。每余铜百斤,给价银六两九钱八分七厘。四十三年,总督李奏定:年办额铜四十万斤。内应办底铜一万九千七百九十九斤十二两九钱,遇闰加办铜一千六百六十六斤十两四钱;应办官商铜三十八万斤三两一钱,遇闰加办铜三万一千六百六十六斤十两九钱。每底本铜百斤,给价银六两二钱八分八厘三毫,并不抽课、通商,系另款造册报销。其官商铜斤,照旧通商、抽课,余铜给价收买,发运下关店交收转运。"

[3] 子厂:大功厂子厂详见于文献者仅乐依山、蛮浪山二厂。据戴瑞徵《云南铜志·厂地上》载:"乐依山子厂,于乾隆五十三年开采。自厂至神登半站,神登至日溪井一站,日溪井至炭山一站,炭山至大功厂一站,共三站半。办获铜斤,应交老厂转运,每百斤给运脚银四钱三分七厘五毫。蛮浪山子厂,于乾隆五十八年开采。自厂至八转底一站,八转底至景谷一站,景谷至乾海塘一站,乾海塘至磨外一站,磨外至猛统一站,猛统至雀山哨一站,雀山哨至大功厂半站,共七站半。每百斤给运脚银九钱三分七厘五毫。该二子厂运脚,均于厂务项下支销,不支书、巡工食。办获铜斤,悉照老厂事例,通商、抽课,给价收买,运交老厂补额。"

楚雄府属

寨水箐厂[1]，在南安东北三百余里。楚雄府知府理之。乾隆三十六年开，初在羊九塘，后移于五台山，磲硐在山梁下，东曰照壁山，南曰响水山，西曰麻海山，北曰三尖山，拱护完固。四十三年，定额铜一万一千二百斤，遇闰加铜九百三十三斤，供省铸及采买。今实办课、余额省铜一万八十斤。

马龙厂[2]，在南安西南二百五十余里，银厂冰臊煅煎出铜。楚雄府知府理之。雍正七年开。乾隆四十三年，定额铜四千四百斤，闰加三百六十六斤，供省铸及采买，每铜百斤价银六两。今实办课、余额省铜三千九百六十斤。

香树坡厂[3]，在南安东南二百一十五里，旧厂名凤凰山，即今厂之面山。康熙年间，以矿尽移于今所开采，其地有三家村，因名三家厂，未几亦停。乾隆九年复获矿，始以香树坡名。发脉于点苍山，由妥甸蜿蜒起伏而下，山势崇隆，以老厂山为案，以万宝、义都两厂后山为翼，大木江回环于前，颇擅形胜。易门县知县兼理之。乾隆四十八年，定额铜七千二百斤，闰加六百斤，抽课、通商如例，供省铸，每铜百斤价银六两。五十二年，加供京铜十万斤，抽课如例，每铜百斤价银六两九钱八分七厘。今实办课、余额京铜十万五百斤，课、余额省铜二万四千二百四十斤九两六钱。

秀春厂[4]，又名安丰子厂，在定远南一百三十里，山下有溪曰猛冈河。定远县知县理之。乾隆四十六年开。五十年，定额铜四千五百斤，闰加三百七十五斤，抽课如例，通商二成，余铜七十斤供省铸及采买，余铜每百斤价银六两九钱八分七厘。今实办课、余额省铜三千六百斤。

注　释

[1]　寨水箐厂：王昶《铜政全书》作"寨子箐厂"。据伯麟《滇省舆地图说·楚雄府舆图》所标注，寨子箐厂位于南安州的南部，即今楚雄州

双柏县南部。另据王昶《云南铜政全书》载："寨子箐铜厂，在楚雄府南安州东北三百里。乾隆三十六年开采。四十三年，定年额铜一万一千二百斤，拨本省局铜，外省采买，南安州管理。"

[2] 马龙厂：位于楚雄府南安州西南，今楚雄州双柏县妥甸镇西部有村名为"马龙厂村"，该村即得名于马龙铜厂，也就是说该厂就位于今马龙厂村周边。据戴瑞徵《云南铜志·厂地下》载："马龙厂，坐落南安州地方，距省城十一站，于雍正七年开采。原系银厂，因碛内夹有铜气，将炼银冰燥复行煎炼。每年约出铜一万二三千斤及二万余斤不等，并未定额、通商，亦不抽收课铜及公、廉、捐、耗铜斤。每办获铜百斤，给炭价银三两四钱五分二厘。所收铜斤，备供本省局铸及各省采买之用。乾隆二十五年，奏准：每办铜百斤内，抽收课铜十斤，又抽公、廉、捐、耗铜四斤二两，官买余铜八十五斤十四两，每百斤给银六两。自三十三年五月起，于例定价值之外，每百斤暂行加银六钱，连原给例价，合每余铜百斤，给价银六两六钱九分八厘。三十八年，奏准通商，每办铜百斤内，给与厂民通商铜十斤，照前抽收课铜及抽公、廉、捐、耗铜斤，官买余铜七十五斤十四两，每百斤给银六两六钱九分八厘。三十九年六月，停止加价，每余铜百斤，照旧给价银六两。四十三年，奏定：年办额铜四千四百斤，遇闰加办三百六十六斤，照旧通商，抽收课、廉等铜，余铜给价收买，发运省局或云南府仓交收。"

[3] 香树坡厂：位于南安州的东南部，与易门县义都、万宝两厂毗邻，即今楚雄州双柏县东南部法脿镇境内禄汁江河畔。据王昶《云南铜政全书》载："香树坡厂，在楚雄府南安州东南二百一十五里。相传开自明时，旋开旋闭，原名凤凰山，在今厂之面山。康熙间，以矿尽移今三家村，因名三家厂，未几，亦封闭。乾隆九年，复开采。四十八年，定年额铜七千二百斤，供本省鼓铸。五十二年，改拨京铜，又令运供京铜十万斤，每铜百斤价银六两，京铜改煎，照大功、宁台之例，每百斤给银六两九钱八分七厘。初系专员管理，后改碍嘉州判管理。"另据戴瑞徵《云南铜志·厂地上》载："于乾隆九年开采。每年约出铜一千七八百斤及二千四五百斤不等，并未定额、通商，亦不抽收公、廉、捐、耗。每办获铜百斤内，抽收课铜二十斤，官买余铜八十斤，每百斤给价银五两。所收课、余铜斤，备供本省局铸之

用。二十五年，奏准：每办铜百斤，原抽课铜二十斤改为抽课十斤，另抽公、廉、捐、耗铜四斤二两，官买余铜八十五斤十四两。每百斤给银六两。自三十三年五月起，于例定价值之外，每百斤暂行加银六两（应为六钱），连原给例价，合每余铜百斤，给价银六两六钱九分八厘。三十八年，奏准通商，每办铜百斤内，给与厂民通商铜十斤，照前抽收课铜及公、廉、捐、耗铜斤，官买余铜七十五斤十四两，每百斤给银六两六钱九分八厘。三十九年六月，停止加价，每余铜百斤，照旧给价银六两。四十三年，奏定：年办额铜七千四百斤。五十三年，该厂获砿丰旺，巡抚谭照宁台厂改煎蟹壳铜之例，奏准于原办紫板额铜七千四百斤之外，每年煎办蟹壳铜十万斤，遇闰加办铜八千三百三十三斤。每百斤于紫板项下，准销镕炼折耗铜十七斤八两。每蟹壳铜一百斤，抽课十斤，官买余铜九十斤，每百斤给价银六两九钱八分七厘。其通商铜斤，于紫板铜内发给。所收蟹壳课、余铜斤，发运寻甸店交收转运。"

[4] 秀春厂：戴瑞徵《云南铜志·厂地下》载："秀春厂，坐落定远县地方，距省城十站，于乾隆四十三年开采。每年约出铜一二千斤及三千余斤不等，并未定额。遵照钦奉恩旨不拘一成通商例，每办获铜百斤内，给与厂民通商铜二十斤，抽收课铜十斤，官买余铜七十斤。每百斤给价银六两九钱八分七厘。所收课、余铜斤，备供本省局铸及各省采买之用。总督富、巡抚谭题定：年办额铜四千五百斤，遇闰加办铜三百七十五斤。照旧通商，抽收课铜，余铜给价收买，发运省局交收。"

丽江府属

回龙厂[1]，在丽江西三百余里，地名回龙山。发脉于大雪山，至厂峰峦岔峙，后曰老山、团山，面曰光山，左右护卫曰辉山、黑山，悬岩峭壁，四面围绕。丽江府知府理之。乾隆三十八年开。四十五年，定额铜七万斤，闰加五千八百三十三斤。每铜百斤，抽课、通商如例，免抽公、廉、捐、耗。近年增供京运二万斤，每紫板铜百斤价银六两，每蟹壳铜百斤价银六两九钱八分七厘。今实办课、余额省铜六万三千斤，课、余未定额京铜二万斤。子厂：扎朱厂，在西南一百五十里；来龙厂，在东南一百二十里，并停；[2] 唧哆山厂，试采。

注　释

[1]　回龙厂：据王昶《云南铜政全书》载："回龙铜厂，在丽江府丽江县西三百余里，乾隆三十八年，于河西、日甸二银厂之中踩得铜矿。四十二年获铜。四十三年，定年额五万二千斤。四十五年，增额一万八千斤，拨采买及本省局铜，每铜百斤，抽课十斤，通商十斤，不收公、廉、耗、捐各铜，每铜百斤价银六两。初系丽江府管理，旋改中甸同知管理。五十二年，仍归丽江府管理。"另据戴瑞徵《云南铜志·厂地下》载："于乾隆四十二年开采，原系铜、银兼出，每年约出铜五六万斤不等，并未定额。照乾隆三十八年奏准通商之例，每办获铜百斤内，给与厂民通商铜十斤，抽收课铜十斤，官买余铜八十斤。每百斤给价银六两，所收课、余铜斤，备供本省局及各省采买之用。四十三年，奏定：年办额铜七万斤，遇闰加办铜五千八百三十三斤。照旧通商、抽课，余铜给价收买，发运下关店交收。"

[2]　"扎朱厂"至"并停"：王昶《云南铜政全书》载："扎朱子厂，在回龙厂西南一百五十里，乾隆二十九年开采，获铜归入回龙厂。来龙子厂，在回龙厂东南一百二十里，乾隆四十八年开，尚无成效，零铜归回龙厂。"

临安府属

义都厂[1]，在嶍峨西一百五十里，东北距易门一百里，崇陵环抱，大山无名。易门县知县兼理之。乾隆二十三年开。四十三年，定额铜八万斤，闰加六千六百六十六斤，矿劣铜低，每铜百斤抽课、公、廉、捐、耗、通商如例，余铜七十五斤十四两，供省铸及采买，间拨京运，余铜每百斤价银六两九钱八分七厘。此厂初获铜至百五六十万，寻止获数万斤，或云峭壁削陷，兼带破势，过于险峻，未能悠久。今实办课、余额省铜七万二千斤。

金钗厂[2]，在蒙自西南九十里。蒙自县知县理之。康熙四十四年开。乾隆四十年，定额铜九十万斤，闰加七万斤，免抽课及公、廉、捐、耗，一成通商。铜中夹铅，色暗称低铜，专供采买，余铜每百斤价银四两六钱。铅有银气，带抽小课一钱。今实办无课余采铜四十五万斤。子厂：老硐坪厂，建水猛喇掌寨地，道光十三年开，抽课通商如例，供京运，今实办课、余京铜四十万斤。

绿矿硐厂[3]，在宁州北。宁州知州理之。嘉庆十一年开。十三年，定额铜一万二千斤，闰加一千斤，每铜百斤，抽课如例，通商二成，余铜七十斤供省铸，余铜每百斤价银六两九钱八分七厘。今实办课、余额省铜九千七百斤。

注释

[1] 义都厂：位于易门、嶍峨交界之地，故本书将其地理位置归于"嶍峨"境内，而其他文献则将其位置标注为"易门县"境内。据伯麟《滇省舆地图说·云南府舆图》所标注，义都厂位于易门县的东南部，即今易门县西南部禄汁镇，今名"易都厂"或"一都厂"。另据王昶《云南铜政全书》载："义都铜厂，在云南府易门县西南一百里，地属临安府之嶍峨县，东距城一百五十里，山大，无名。乾隆二十三年开采，岁获铜自十数万至一百

五六十万不等，山势险峻，未能悠远。四十三年，定年额铜八万斤，供本省局铸，各省采买，间拨京铜。矿劣铜低，每铜百斤，价银六两九钱八分七厘。二十四年，归嶍峨县管理。二十五年以后，专员管理。四十二年，归易门县管理。"又云南布政司《案册》记："遇闰办铜八万六千六百六十六斤，每百斤抽课十斤，抽公、廉、捐、耗四斤二两，通商十斤，收买余铜七十五斤十四两。"戴瑞徵《云南铜志·厂地下》含有关抽课的记载："每办获铜百斤内，抽收课铜二十斤，官买余铜八十斤。每百斤给价银五两，所收课、余铜斤，备供本省鼓铸及各省采买之用。二十五年，奏准：每百斤原抽课铜二十斤改为抽收课铜十斤，另抽公、廉、捐、耗铜四斤二两，官买余铜八十五斤十四两，每百斤给银六两。二十九年，巡抚刘奏准：义都、大美二厂，自二十九年五月起，每余铜百斤加价银九钱八分七厘，连原给例价，共合给银六两九钱八分七厘。自三十三年五月起，于例定价值之外，每百斤暂行加银六钱，连原给例价，合每余铜百斤，给银七两六钱八分五厘。三十八年，奏准通商，每办铜百斤内，给与厂民通商铜十斤，照前抽收课铜及公、廉、捐、耗铜斤，官买余铜七十五斤十四两，每百斤给银七两六钱八分五厘。三十九年六月，停止加价。每余铜百斤，照旧给价银六两九钱八分七厘。"

[2] 金钗厂：王昶《云南铜政全书》载："金钗厂，在临安府蒙自县西南九十里，年获铜一二十万至一百六十万。四十三年，定年额铜九十万斤。铜中夹铅，色黯，称低铜，止供各省采买，一成通商，不抽课。因矿内夹有银气，每铜百斤价银四两六钱，内抽小课银一钱。"另据戴瑞徵《云南铜志·厂地下》载，金钗厂"自何时开采无案可稽。惟查雍正年间《奏销册》造，每年获铜二三十万斤，并未定额、通商，亦不抽课及公、廉、捐、耗铜斤。因该厂采获砯内，微有银气，每百斤只给价银四两，内抽收小课银一钱。雍正十三年《奏销册》内声明，因开采年久，硐老山空，详每百斤加价银六钱，连原给例价，共合给银四两六钱。内抽小课银一钱，实给价银四两五钱。所收铜斤，原供本省鼓铸之用。乾隆五年，总督庆奏准：该厂铜斤，每百斤加耗二十三斤，即可配铸青钱，每百斤卖银九两，较洋铜之价减省。委员赍解样铜、样钱，赴湖北、江、浙等省试铸，与样钱相仿。自后该厂所出铜斤，即供各省采买，并本省鼓铸。自三十三年五

月起,于例定价值之外,每百斤暂行加银六钱,连原给例价,合每铜百斤,给银五两二钱。三十八年,奏准通商,每办铜百斤内,给与厂民通商铜十斤,官买无课余铜九十斤,每百斤给银五两二钱,照前每官商铜百斤,抽收小课银一钱。三十九年六月,停止加价,每余铜百斤,给银四两六钱,内抽收小课银一钱。四十三年,奏定:年办额铜九十万,遇闰加办铜七万五千斤,照前通商,抽收小课,余铜给价收买,发运蒙自县店存贮,兑给各省采买"。又乾隆《蒙自县志·厂务》载:"金钗厂设书记一名,课长四名,巡役六名,练役二名。年额办铜九十万斤,每百斤价银四两六钱,内通商十斤,年需工本银四万一千四百两,又每百斤抽小课一钱,年终汇解司库。"

[3] 绿矿硐厂:道光《云南通志·食货志·矿厂三·铜厂下》记载与本文相似:"绿矿硐铜厂,坐落宁州地方,嘉庆十一年开采,十三年定额铜一万二千斤,遇闰加铜一千斤,每百斤抽课十斤,通商二十斤,收买余铜七十斤,每百斤价银六两九钱八分七厘。临安府专管,宁州经管。"

元江州属

青龙厂[1]，在元江东北七十里，发脉于新平之磨盘山。元江直隶州知州理之。康熙年间开。乾隆四十三年，定额铜六万斤，闰加五千斤，供省铸及采买，每铜百斤价银六两。今实办课、余额省铜五万四千斤。子厂：猛仰厂。

凡京运厂额铜七百六十四万五千六百五十余斤。
凡省铸、采买厂额铜一百七十万七百一十余斤。
共厂额铜九百三十四万六千三百七十余斤。

注　释

[1] 青龙厂：位于今玉溪市元江县北部的青龙厂镇，今地名与铜厂名同。据乾隆《云南通志·食货志·铜厂下》载："青龙铜厂，坐落元江府地方。康熙四十四年，总督贝和诺题开。四十九年，各厂收获课息银九千六百二十五万七钱九厘三毫零，后为每年定额。每铜一百斤，抽收课铜二十斤，外收小铜九斤。"王昶《云南铜政全书》云："青龙厂，在元江直隶州东北七十里。乾隆元年以前，获铜无考。四十三年，定年额铜六万斤，拨本省局铜，外省采买，每铜百斤价银六两。"又，戴瑞徵《云南铜志·厂地下》载："青龙厂，坐落元江州地方，距省城六站，于康熙三十七年开采。每年约出铜二三万斤及六七万斤不等，并未定额、通商，亦不抽收公、廉、捐、耗，每办铜百斤内，抽收课铜二十斤，官买余铜八十斤，每百斤给价银五两。所办课、余铜斤，备供本省局铸之用，亦间拨京运。乾隆二十五年，奏准：每办铜百斤，原抽课铜二十斤改为抽课十斤，另抽公、廉、捐、耗铜四斤二两，官买余铜八十五斤十四两，每百斤给银六两。自三十三年五月起，于例定价值之外，每百斤暂行加银六钱，连原给例价，合每余铜百斤，给价银六两六钱九分八厘。三十八年，奏准通商，每办铜百斤，内给与厂民通商

铜十斤，照前抽收课铜及公、廉、捐、耗铜斤，官买余铜七十五斤十四两，每百斤给银六两六钱九分八厘。三十九年六月，停止加价，每余铜百斤，照旧给价银六两。四十三年，奏定：年办额铜六万斤，遇闰加办铜五千斤，照旧通商，抽收课、廉等铜，余铜给价收买，发运省局供铸。"

附

四川宁远府[1]经管乌坡厂[2],每年所产铜斤,除采供该省鼓铸外,如有余铜尽数听滇省收买,协供京运。[3]滇省遇有厂额不敷,准令本管厂员赍银买凑充本厂正额,价银备文解交宁远府转解赴厂,仍由川省遴委明干佐杂一员,同滇省派来买铜之人,妥为照料。买铜若干,填票发交驻厂员,照数点交领运。滇省亦委员驻黄草坪,帮同永善县收铜、收票,以杜影射,并由永善县将印票截角缴回宁远府存察。[4]宁远府暨永善县,各将铜数按月报明,川、滇两省院、司稽核,每铜百斤定价银九两二钱。自厂运至黄草坪,计陆路四百一十五里半,每百斤给背夫价银一两四钱七分五厘,价脚银两统归滇省承办之员领销。自黄草坪运至泸州店,每百斤给水脚、杂费银九钱七分三厘零,归永善县领销。自厂至坪店,人夫背负与骡马驮载不同,每百斤免其搭运铜五斤。自坪店至泸店,仍行搭运,每百斤准耗铜半斤。[5]

滇省派驻坪店委员,每月给月费银十两,纸笔、杂费银二两;书纪一名,饭食银二两;巡役四名,每名工食银一两五钱,均在原定水脚银九钱七分三厘零数内支用。至应给收贮银、铜房租,并买备筐绳、纸张、银朱、牛胶等项价值,以及在厂、在坪照料书巡,沿途押差食费,委员往来稽察盘费,均以厂、坪余头,无论多寡,随数贴补,倘有不敷,自行捐贴。[6]

暇阅《云南通志》及《铜政全书》二十一府、厅、州地方,无不出过铜厂,此衰彼旺,固地不爱宝,以供鼓铸之岁用也。广袤五千余里,间山势回环,水法紧密,必有宝藏兴焉,则招徕硐民,广觅子厂,为今滇之要务也。

注　释

[1]　宁远府:清代《宁远府志·建置沿革志》载:"《禹贡》梁州南裔,汉初为邛都国,元鼎六年开置越嶲郡,属灵关道。王莽改郡曰集嶲,东汉

复故。晋亦曰越巂郡，徙治会五县，大安二年改属宁州，成康八年仍属益州。刘宋还治邛都。齐时县废，止曰越巂獠郡。梁时开置巂州。后周天和二年置西宁州，又改严州。隋开皇三年后复曰西宁州，开皇十八年置巂州，大业初复曰越巂郡。唐武德元年复曰巂州，三年置总管府，改为中都督府，属剑南道。至德二载没于吐蕃，贞元十三年收复。太和五年复为蛮寇所陷，移沿台登（今冕宁县）。咸通三年，为蒙诏所据，改城曰建昌。府宗时羁縻属于大理。元应宗时内附，至元十二年置建昌路，分其地置总管府，治建安州，设罗罗宣慰司以统之，属四川行省，寻改属云南行省。明武间，罢宣慰司，置建昌府属四川布政司，寻改为卫，置行都司领之，并增置前卫军民指挥使司，二十七年又置四川行都指挥使司。成化二年，设建昌兵备道。万历三年，省前卫。皇清康熙八年，仍曰建昌卫，属建昌监理厅，仍设建昌分巡道，并置总兵管辖十二营。雍正六年，裁卫置宁远府，领厅一、州一、县三。"该府盛产白、红铜，有紫古唎铜厂、迆北厂、金狮厂、黎溪厂、金牛厂、篾丝罗厂、龙门溪等铜厂。

[2] 乌坡厂：位于当时四川省宁远府西昌县境内。民国《西昌县志·食货志·铜政》载："清代宁远知府兼理铜政税务，办乌坡等厂铜斤，解四川省宝川局，以供铸钱。"

[3] "每年"至"京运"：《钦定大清会典事例·户部六十四·钱法》载嘉庆二十五年题准："四川乌坡铜厂，每出铜百斤，抽课铜十斤，耗铜三斤。所抽课铜，解省供铸；耗铜作价，以充厂费。余铜以八成归滇采买，协供京运，其余二成，听商自卖。"

[4] "滇省遇有厂额不敷"至"存察"：《钦定大清会典事例·户部六十四·钱法》载嘉庆十三年奏准："滇省采买四川乌坡厂铜，应由四川省宁远府遴委明干佐杂一员，督同滇省派来买铜之人，妥为照料。凡滇省买铜若干，由宁远府填票发交驻厂委员，照数点交领运。滇省亦派委员驻扎黄草坪，帮同永善县收铜、收票，以杜影射，并由永善县将印票截角，缴回宁远府存查。仍令宁远府暨永善县，将收发铜数，按月报明川、滇两省督抚、藩司，俾有稽查。"

[5] "宁远府"至"半斤"：《钦定大清会典事例·户部六十四·钱法》载嘉庆二十四年奏准："滇省采买四川乌坡厂铜，价值每百斤定以九两二钱。

凡滇省买铜若干，应由厂员备文，将铜价银两，解交四川宁远府，由该府转解赴厂，银、铜两交，毋得延欠。""滇省采买四川乌坡厂铜，自厂运至滇省黄草坪，每百斤给背夫价银一两四钱七分五厘。自黄草坪运至四川泸店，每百斤给水脚、杂费银九钱七分三厘零。内有雇获客船长运泸店铜斤节省水脚，并锅圈岩、大汉漕二站节省食米等项，仍照永善县运年额京铜，按年解缴额外节省银两事例，核数起解。"

[6] "滇省派驻"至"捐贴"：《钦定大清会典事例·户部六十四·钱法》载道光元年议准："滇省派驻黄草坪收铜、收票委官一员，每月给月费银十两，纸笔、杂费银二两；书记一名，月给饭食银二两；巡役四名，每名月给工食银一两五钱；均在原定水脚银九钱七分三厘零数内支用，不准另行动拨。""又议准：滇省采买川铜，应给收存银、铜房租，并发运铜斤、买备筐绳、纸张、银朱、牛胶等项价值，以及在厂、在坪照料书巡，沿途押差口食费用，委员往来稽察盘费，均以厂秤余头，无论多寡，随数贴补。倘遇不敷，由委员自行捐赔，不准另行动拨。"

银厂第二

通都阛阓[1]，有银卝乎，则白昼而攫矣。族居大姓，有银卝乎，则苑山而据矣。瘴疠蛇虺之窟，人迹不至，造物之所库也。千百年一发其藏，盖有数焉，骛者足茧万山，或遇或不遇。而流人冒死而不返者，以宝藏为桓司马之椁耳。不著其地，乌知其险阻艰难，故记银厂。

注 释

[1] 阛阓：阛（chuán），环绕市区的墙。阓（huì），市区的门。阛阓指市区。

临安府属

摸黑厂[1]，在建水猛梭寨。建水县知县理之。乾隆七年开，每银一两，抽课银一钱五分，撒散三分，额课银五十一两余。

个旧厂[2]，在蒙自，南近越南界。蒙自县知县理之。康熙四十六年开，每银一两抽课银一钱五分，撒散三分，额课银二千三百六两余。子厂：龙树厂[3]，底息银七十余两，无定额。

注 释

[1] 摸黑厂：在今红河州建水县境内。《钦定大清会典事例·户部九十二·杂赋》载："乾隆四十二年，奏准：建水县摸黑厂照例抽课，尽收尽解。"道光《云南通志·食货志·银厂》载："今按：云南新、旧各厂，建水县摸黑厂等，每年额课银六万二千五百八十九两九钱五分。"《新修户部则例》："建水县个旧子厂、抹黑厂，尽收尽解。又云南各银厂，抹黑等十五厂，以二万四千一百一十四两零作为每年抽收总额，如有亏短，著落经管厂员及该管上司分别赔补。遇有赢余，尽数尽解。"《案册》："建水县经管抹黑厂，道光九年分报解课银五十一两一钱一分三厘。""咸丰五年，巡抚舒兴阿题销摸黑厂四年分报解课银五十一两一钱一分三厘""军兴课停，自同治十三年起，试采有效，照例抽课，尽数报解"。

[2] 个旧厂：据乾隆《蒙自县志·厂务》载："蒙自有宝山，个旧称最，其地形势环抱如带，发源极长，聚天地之英华结而为铜、为银、为锡，四方之人多开采于斯，统名之为个旧厂。"又"个旧在县西六十里，五洞口，有银、锡炉房二十座，凡耗子厂等处矿土皆于此煎炼，设立厂，委抽课。"也就是说，个旧实际上是个旧乡各铜、银、锡矿冶炼之地，个旧厂乃个旧乡各银、铜、锡厂之并称。清代，个旧为蒙自一乡，盛产银、锡、铜矿，清末该地锡矿产量超过银矿，个旧亦由乡升制为厅，民国后改为个旧县，即今红河州个旧市。个旧厂银，据乾隆《蒙自县志·厂务》载："康熙四十

六年，督宪贝为题明事：'个旧银课每两抽课一钱五分，撒散三分，每年该课银三万三千六百两有零'……康熙六十年，抚宪杨为题明事：'厂有兴衰不一，难以额定，奏请自后改为尽收尽解。'乾隆三十八年，抚宪李以每年抽报逐渐短少，饬令照三十七年例抽报，今（乾隆五十七年）按年抽解银课一千九百六十九两八钱五分二厘，每季解银四百九十二两四钱六分三厘，按季批解高炉课十二两解本府。"又载："个旧无洞口，有银、锡炉房十座，凡耗子、黄茂等处矿砂，皆于此煎炼，前（明）系厂委管理，今改归地方官兼理、抽课。乾隆五十七年归本府管理。"另据《钦定大清会典事例·户部九十二·杂赋》载："临安府属个旧银厂，额课银三万六千六百十三两七钱八分，遇闰加银三十八两。又康熙五十七年，提准云南临安府个旧等厂征收不足，照地丁杂项银例题参。又，乾隆十七年，复准：云南临安府属个旧厂，课银不能敷额，嗣后准据实造报，毋庸另叙额课。又，四十二年，奏准：云南省蒙自县个旧厂，照例抽课，尽收尽解。又，今按云南新、旧各厂，临安府属个旧厂等，每年额课银六万二千五百八十九两九钱五分。"《案册》："蒙自县经管个旧厂，道光九年分，报解课银二千三百六两一钱四分二厘。""咸丰五年，题销四年分个旧厂报解课银二千三百六两一钱四分二厘。""军兴课停，自同治十三年起，个旧银厂照例抽课，尽数报解。"

[3] 龙树厂：乾隆《蒙自县志·厂务》："龙树一带，旧系荒山，并无村落，初因方连硐兴旺，四方来采者，不下数万人，楚居其七，江右居其三，山、陕次之，别省又次之。然硐口繁多，匪类易藏，每遇一事，众口哓哓，非鸣锣聚即结党行凶，打架之风时时恒有，司厂务者亦三令五申，谆谆劝谕，严加责惩，示以刑威，而愚顽之人尚有，不知警者总由丛杂之故。况居舍数千家，尽茅屋，难以瓦盖，每遇冬春之交，雨少风烈，易于大火，人皆束手无策。设立厂，委以抽课；设立练役，以巡警。""龙树硐口繁多，开采丛杂，虽地外之井口，不皆相连，而硐内之窝路常常相通，上下皆硐，或彼硐通于此硐，此硐通于彼硐，无论获矿藏于硐内者，间被邻盗去；即未获矿之硐，微有引线而邻闻之，往往抄兴夺底，哓哓不休不宁。惟是硐口亟需莫甚于风，无风即硐内有矿，亦不能连于硐外，是以有借风之说。窃见某硐借风某硐，写立合同以为确证，迨后某硐获矿，而通风之某硐见矿盛，计而需索，因而阻风，遂至彼此评告争讼无已。更有甚

者，开采年久，硐中大丰空虚，镶本不坚，一经大雨，下浸，或弟兄伏死于硐中，或将弟兄压伤待毙，如遇阻风夺兴，而无知镶头诬借人命，妄捏有矿之旺硐，致令锅头不得撒手。或旧日废硐，久不开挖，或有新人采取，一经获矿而厂棍恃强冒认，旧时锅头勒令米分品矿，以致屡控，见行严控。或别硐窝路久已废弃，于相连之某硐，某硐毫无干涉，间有某硐需此废落礶荒，又有某硐亦需此废路礶荒，然彼此皆认为已废之窝路，往往借风生波，捏假为真，诬陷邻洞礶荒堆塞自己窝路，遂至争讼。"又"龙树脚在县南七十里，原有银洞四十五，银炉三十二座，设立厂，委抽课"，"龙树银厂，设课长一名，课书二名，巡役四名，银炉一座"。

东川府属

棉华地厂[1]，在巧家西北金沙江外，接四川界。东川府知府理之。乾隆五十九年开，每银一两抽课银一钱五分，撒散三分，额课银五千一百六两余。

金牛厂[2]，在会泽西南。会泽县知县理之。乾隆六十年开，每银一两抽课银一钱五分，撒散三分，额课银二百八十九两余。

注　释

[1]　棉华地厂：又作"棉花地厂"，位于今巧家县白鹤滩镇棉花地。据道光《云南通志·食货志·矿厂一·银厂》载："《案册》：'棉华地银厂，坐落东川府地方，嘉庆三年，巡抚江兰奏开。卖矿一两，抽课银一钱五分，撒散三分。烘火一盘，抽银一两二钱；燥火一盘，抽银九钱。尽收尽解。'"《钦定大清会典事例·户部九十二·杂赋》载："嘉庆三年，奏准：云南乐马银厂额课短缩，附近棉花地出有银矿，勘以试采，作为乐马子厂以补缺额。又，今按：云南新、旧各厂，新抚司属棉华地厂等，每年额课银六万二千五百八十九两九钱五分。"《新修户部则例》载："云南各银厂，棉花地等十五厂，以二万四千一百一十四两零，作为每年抽收总额。如有亏短，著经管厂员及该管上司分别赔补；遇有赢余，尽数报解。"《案册》："东川府经管棉华地厂，道光九年报解课银五千一百六两三钱五分九厘""咸丰五年，巡抚舒兴阿题销棉华地四年分报解课银五千一百六两三钱五分九厘"。

[2]　金牛厂：位于今会泽县待补镇金牛村。据道光《云南通志·食货志·矿厂一·银厂》载："《案册》：'金牛银厂，坐落会泽县地方，嘉庆三年，巡抚江兰题开。矿价银一两，抽课银一钱五分，撒散三分。烘火一盘，抽银一两二钱；燥火一盘，抽银九钱。尽收尽解。'"《钦定大清会典事例·户部九十二·杂赋》："嘉庆三年，奏准：云南乐马银厂额课短缩，附近金牛

箐出有银矿，勘以试采，作为乐马子厂以补缺额。又，今按：云南新、旧各厂，会泽县金牛厂等，每年额课银六万二千五百八十九两九钱五分。"《新修户部则例》："云南各银厂，金牛等十五厂，以二万四千一百一十四两零，作为每年抽收总额。如有亏短，著经管厂员及该管上司分别赔补，遇有赢余，尽数报解。"《案册》："会泽县经管金牛厂，道光九年分报解课银二百八十两八钱一分四厘""咸丰五年，巡抚舒兴阿题销四年分金牛厂报解课银二百八十九两八钱一分四厘""军兴课停，未开"。

昭通府属

乐马厂[1]，在鲁甸南八十里龙头山，西近牛栏江。鲁甸厅通判理之。乾隆七年开，每银一两抽课银一钱五分，撒散三分，额课银六千三百五十三两余。银罩冰臊出铜，见上。

金沙厂[2]，在永善西南，近金沙江。永善县知县理之，南即乐马厂。乾隆七年开，每银一两抽课银一钱五分，撒散三分，额课银一千一百九十九两余。

铜厂坡厂[3]，在镇雄西三百余里，牛街西南，介长发坡、老彝良铜、铅厂之中。镇雄州知州理之。乾隆五十九年开，每银一两抽课银一钱五分，撒散三分，额课银一千一百一十九两余。

注　释

[1]　乐马厂：位于今昭通市鲁甸县龙头山镇八宝村，自西汉以来文献中所称"朱提山"即清代乐马厂所在之龙头山，距牛栏江 15 里，距县城 75 里。据道光《云南通志·食货志·矿厂一·银厂》载："《案册》：'乐马银厂，坐落鲁甸厅地方，乾隆七年开采，卖矿价银一两，抽课银一钱五分，撒散二分五厘。烘火一盘，抽银一两二钱；燥火一盘，抽银九钱。年征课银四万二千五百三十一两七钱五分五厘。'《会典事例》：'昭通府属乐马厂附近天财、开泰、裕丰、元龙礁硐四口，试采有效，照例抽课。又，四十二年，奏准：昭通府乐马厂，照例抽课，尽收尽解。'《新修户部则例》：'是年议定：管理乐马厂委员一年抽收课银，自八千两以上至一万五千两以上、二万两以上、二万五千两以上者，俱由户部核明，岁收各银数咨送吏部，照例分别给予加级记录。'"《钦定大清会典事例·户部九十二·杂赋》："及嘉庆三年，奏准：云南乐马银厂额课短缩，附近金牛箐、棉华地出有银矿，堪以试采，作为乐马子厂，以补缺额。又，今按：云南新、旧各厂，昭通府属乐马厂等，每年额课银六万二千五百八十九两九钱五分。"《新修户部

则例》:"昭通府个旧子厂乐马厂,每银一两,抽正课银一钱五分,撒散银三分,尽收尽解。又,云南各银厂,乐马等十五厂,以二万四千一百一十四两零,作为每年抽收总额,如有亏短,著落经管厂员及该管上司分别赔补,遇有赢余,尽数报解。"《案册》:"鲁甸厅经管乐马厂,道光九年分,报解课银四千六百七十三两八钱五分一厘""咸丰五年,巡抚舒兴阿题销四年分乐马厂报解课银六千三百五十三两五钱二分四厘""军兴课停,自同治十三年起,乐马厂试采有效,照例抽课,尽数报解"。

[2] 金沙厂:《案册》:"年征课银五千余两。"《大清会典事例·户部九十二·杂赋》载:"乾隆四十二年,奏准:昭通府金沙厂,照例抽课,尽收尽解。又,今按:云南新、旧各厂,永善县属金沙厂等,每年额课银六万二千五百八十九两九钱五分。"《新修户部则例》:"昭通府个旧子厂金沙厂,尽收尽解。又,云南各银厂,个旧子厂,金沙等十五厂,以二万四千一百一十四两零为每年抽收总额,如有亏短,著经管厂员及该管上司分别赔补,遇有赢余,尽数报解。"《案册》:"永善县经管金沙厂,道光九年分,报解课银六百八十六两九钱七分三厘""咸丰五年,巡抚舒兴阿题销四年分金沙厂报解课银一千一百九十九两六钱三分二厘""军兴课停,自同治十三年起,金沙厂试采有效,照例抽课,尽数报解"。嘉庆《永善县志·厂课》:"金沙厂银厂,在县西南六十里,新旧磧硐三十余口,向系委员管理,每年额收课银五千有奇,即由厂员经解。巡道衙门于乾隆三十八年详归本县知县专管。又该厂炉户煎炼硔砂,其浮而上者为冰腺,沉而下者为底母,详蒙题定,准令商民等收买炼铜,运泸。其卖运渣底母,每百斤抽税二钱,随课批解。"

[3] 铜厂坡厂:据道光《云南通志·食货志·矿厂一·银厂》载:"《案册》:'铜厂坡银厂,坐落镇雄州地方,嘉庆五年开采。卖矿银一两,抽课银一钱五分,撒散三分。烘火一盘,抽银一两二钱;燥火一盘,抽银九钱。尽收尽解。'"《大清会典事例·户部九十二·杂赋》:"嘉庆六年,奏准:云南铜厂坡厂等银矿,拨补乐马、永盛二厂缺额,一并报销。又,今按:云南新、旧各厂,铜厂坡厂等,每年额课云南六万二千五百八十九两九钱五分。"《新修户部则例》:"云南各银厂,铜厂坡等十五厂,以二万四千一百一十四两零为每年抽收总额,如有亏短,著经管厂员及该管上司分别赔补,

遇有赢余，尽数报解。"《案册》："镇雄州经管铜厂坡厂，道光九年分报解课银一千一百一十九两三钱九分八厘""咸丰五年，巡抚舒兴阿题销四年分报解课银一千一百一十九两三钱九分八厘""军兴课停，自同治十三年起，试采有效，照例抽课，尽数报解"。另据光绪《镇雄州志·课程》载："州属铜厂坡银厂，自乾隆五十九年开采，至嘉庆五年，详报定额，每年额解生熟底母黄丹课银一千一百一十九两三钱九分八厘，每月按额摊数，造册申报。此厂久废。"

丽江府属

回龙厂[1]，在丽江西，近沧浪江，又外即怒江。丽江府知府理之。乾隆四十一年开，每银一两抽课银一钱五分，撒散三分，额课银三千八百九十四两余。

安南厂[2]，即古学旧厂，在中甸东南。中甸厅同知理之。乾隆十六年开，每银一两抽课银一钱五分，撒散三分，额课银二千五百二十二两余。

注 释

[1] 回龙厂：据清云南布政司《案册》载："坐落丽江府地方，乾隆四十一年开采，出银一两，抽课一钱五分，撒散三分，征课银八千四百两。"《新修户部则例》载："四十二年，议定：广利回龙银厂委员，一年抽收课银自八千两以上至一万五千两以上，并二万两以上、二万五千两以上者，由户部核明岁收各银数，咨送吏部，照例分别给予加级记录。""云南各银厂，回龙等十五厂，以二万四千一百一十四两零作为每年抽收总额。如有亏短，著落经管厂员及该管上司分别赔补，遇有赢余，尽数报解。"《案册》："丽江府经管回龙厂，道光九年分报解课银三千四百一两二钱二分九厘""咸丰五年，巡抚舒兴阿题销四年分回龙厂报解课银三千八百九十四两八钱五分九厘""军兴课停，自同治十三年起，试采有效，照例抽课，尽数报解"。

[2] 安南厂：又名古学厂。据乾隆《云南通志·食货志·矿厂一·银厂》载："古学银厂，坐落中甸地方，雍正三年，巡抚杨名时奏开。"《钦定大清会典事例·户部九十二·杂赋》载："雍正三年，复准：开采云南古学银厂。"道光《云南通志·食货志·矿厂一·银厂》载："《案册》：'古学银厂，乾隆十七年封闭。安南银厂，乾隆十六年，巡抚爱必达题开，出银一两，抽课一钱五分，撒散三分。'《会典事例》：'中甸属古学银厂，额课银五百六十八两五钱三分六厘三毫，遇闰不加。'《新修户部则例》：'云南各银厂，安南等十五厂，以二万四千一百一十四两零作为每年抽收总额，如有亏短，著落经管厂员即该管上司分别赔补，遇有赢余，尽数报解。'"《案册》："中甸厅经管安南古厂，道光九年分报解课银一千二百六十二两三钱一分""咸丰五年，巡抚舒兴阿题销四年分安南厂报解课银二千五百二十二两零""军兴课停，自同治十三年起，安南银厂照例抽课，尽数报解"。

永昌府属

三道沟厂[1],在永平境。永平县知县理之。乾隆七年开,每朱砂百斤,抽课十斤,照市变价,额课四十两。

注　释

[1] 三道沟厂:《钦定大清会典事例·户部九十二·杂赋》载:"乾隆四十二年,奏准:三道沟子厂照例抽课,尽收尽解。"《新修户部则例》载:"个旧子厂,三道沟厂,每银一两,抽正课银一钱五分,撒散三分,尽收尽解。又,云南各银厂,三道沟等十五厂,以二万四千一百一十四两零作为每年抽收总额,如有亏短,著落经管厂员即该管上司分别赔补,遇有赢余,尽数报解。"《案册》:"永平县经管三道沟厂,道光九年分报解课银四两八钱七分九厘""咸丰五年,巡抚舒兴阿题销三道沟厂四年分报解课银四两八钱七分九厘""军兴课停,自同治十三年起,试采有效,照例抽课,尽数报解"。

顺宁府属

涌金厂[1]，即立思基旧厂，在顺宁西南。顺宁县知县理之。乾隆四十六年开，每银一两抽课银一钱五分，撒散三分，额课银五百六十两。

注 释

[1] 涌金厂：据清云南布政司《案册》载："涌金银厂，坐落顺宁县地方，嘉庆五年开采，出银一两，抽课一钱五分，撒散三分，尽收尽解。"《钦定大清会典事例·户部九十二·杂赋》："嘉庆六年，奏准：云南涌金等银矿，拨补乐马、永盛二厂缺额，一并报销。"《新修户部则例》："云南各银厂，涌金等十五厂，以二万四千一百一十四两零作为每年抽收总额。如有亏短，著落经管厂员及该管上司分别赔补，遇有赢余，尽数报解。"《案册》："顺宁县经管涌金厂，道光九年分报解课银二百九十八两一钱九分八厘。"另据檀萃《厂记》载："涌金厂者，故为立思基银厂也。立思基为岬度吾里第四甲，地在郡之西南，而宁台在郡东北，相距五六程。其厂旧矣，而衰微甚，课犹不足于供。有自迤东来者，谓罗汉向之误者，凿其背宜不得堂，乃转而破其腹而堂见，银之出不赀。管宁台曹君湛也，遣人问询，而立思基历归县，县家人怙其厂，不礼于宁台之使。使怒，归告于曹，曹亦怒，念有以报之。会李节相巡边迤西，曹乃往见之，言银厂开，人趋办银，而铜厂必无人，铜必大缺，为此语以劫持，幸封其厂以泄愤然。李虽阳然其说，而心内利之，俟至五六日，竟无关通者。李亦心怒，乃命文武大员封其厂而逐其人。先是孙君芝桂为顺宁令，以运铜北上差回，补山方伯，谓顺宁苦，将移之弥勒。孙微闻厂已旺，愿回顺宁；回未几而厂遭封，又无几而以越狱皇议，时岁之己亥。明年而潜山熊生至，乃合江、楚、川三省之走厂者，谋于白石生，改名涌金山，闻于台请开。诸公多为熊生事垂就，而曹力阻之，且状熊生自厂起，远至镇远五千里间邮亭、街市，无不粘贴，以绝厂民之从。熊生台议，以待新顺宁令至，即行，熊生亦能已

要新守,兄弟、宾客无不乐从。而曹更奇出,直迎新守居其馆,朝夕密言。新守行,其兄弟、宾客争喜,以为即开。而厂客迎熊生,且三日程,其推以为三省都管事,盖厂例以管事为极尊也。而新守密禀如曹指,虽其兄弟、宾客亦不知符下,惟有长叹,而厂复封。辛丑,曹乃兼管顺宁,而厂乃开,顾磠之矿已尽变,时熊生已往乐马,同好招之,至顺宁留数月,仍东回。而曹亦厌厌失志,不似从前之兴高采烈,旋卒于顺宁。熊生亦旅殂于蒙自杨公署,杨乃熊亲也,熊名锡衮,祖会玠,镇江守,父世来,朝城令。呜呼!熊生竟止于兹,亦可惜也。孙君字郤,与予为同年,尝问以前事真否?孙曰:'何尝不真。'今虽封之,然攻采者尚多,不能禁,彼亦不过藉此以泄愤耳。然曹之阻留以自为,旋得顺宁,许台年例以五万而厂再开,开遂变。故老言:凡厂正盛时不可封,封则矿尽走,故厂中禁'封'字,书封为'丰'。"

楚雄府属

永盛厂[1]，在楚雄九台山南。楚雄府知府理之。康熙四十六年开，每矿三桶抽课一桶，煎炼成色定值，变价起解，额课银二百一十七两余。子厂：新隆厂[2]，每银一两抽课银一钱八分，抵补缺额。

土革喇厂[3]，在碍嘉州判东。南安州知州理之。康熙四十四年开，每银一两抽课银一钱八分，额课银二十两余。

石羊厂[4]，在碍嘉州判西。南安州知州理之。康熙二十四年开，每银一两抽正课二钱，又铀渣煎炼，每银一两抽课一钱，额课银五两余。

马龙厂[5]，在南安西南竹园塘。楚雄府知府理之。康熙四十六年开，每矿一石抽课二斗二升，矿土十箕抽课二箕二合，煎验成分定值，变价起解，额课银五百一十六两余。

以上十五厂，嘉庆十六年定年额课银二万四千一百一十四两三钱。

注 释

[1] 永盛厂：据《钦定大清会典事例·户部九十二·杂赋》载："楚雄县属永盛银厂，额课银三千三百七十五两九钱六分，遇闰不加。又，今按云南新、旧各厂，楚雄府属永盛厂等，每年额课银六万二千五百八十九两九钱五分。"《新修户部则例》载："云南各银厂，永盛等十五厂，以二万四千一百一十四两零作为每年抽收总额。如有亏短，著落经管厂员及该管上司分别赔补，遇有赢余，尽数报解。"清云南布政司《案册》："楚雄府经管永盛厂，道光九年分报解课银二百十七两三钱三分一厘。"

[2] 新隆厂：即兴隆厂，乾隆二十四年已经封闭。《钦定大清会典事例·户部九十二·杂赋》载："云南府属兴隆银厂，额课银三千一百三十二两六钱五厘有奇，遇闰不加。又，乾隆二十四年，提准：云南府属兴隆银厂，准其封闭。"

[3] 土革喇厂：《钦定大清会典事例·户部九十二·杂赋》载："南安州土革喇银厂，额课银六十两八钱四分有奇，遇闰不加。又，今按云南新、旧各厂，南安州属土革喇厂等，每年额课银六万二千五百八十九两九钱五分。"《新修户部则例》："云南各银厂，涌金等十五厂，以二万四千一百一十四两零作为每年抽收总额。如有亏短，著落经管厂员及该管上司分别赔补，遇有赢余，尽数报解。"《案册》："南安州经管土革喇厂，道光九年分报解课银二十两四钱六分二厘""咸丰五年，巡抚舒兴阿题销四年分，土革喇厂报解课银二十两四钱六分二厘"。

[4] 石羊厂：在今楚雄州双柏县西。据乾隆《碍嘉志书草本·石羊厂》载："石羊厂系古厂，康熙二十四年，总督蔡毓荣题定，年征额课银二十七两四钱四分，遇闰加银二两二钱八分六厘六毫六丝六忽六微六纤六尘六渺七漠。至康熙三十四五年间大旺，总督差人经管。至四十四年，总督贝和诺题归有司，每银一两抽课二钱，撒散二分，遂定额年解银二万二千三百九十三两三钱二分。春节该课五千二百九十四两零九分；夏季该课四千六百五十二两一钱二分；秋季该课六千一百九十一两零二分；冬季该课六千二百五十六两零九分，遇闰照加旧例，抽收不足，饬令该馆厂官赔补。至康熙六十年间，蒙总督蒋廷锡提准：自本年闰六月十九日起，尽收尽解。"又乾隆《碍嘉志书草本·课程》载："征石羊厂额课银二十七两四钱四分，遇闰照加银二两二钱八分七厘，于折放撒散银内按月照数存分，至次年用，连批解布政司交纳。"另据《谨陈石羊厂情形请发工本接济详文》（见乾隆《碍嘉志书草本·艺文》）载："查石羊厂，昔时为滇省诸厂之冠，今衰敝已极，反比诸厂不及。卑职接奉委牌，当即巡堪各硐情形。采矿之硐共十六口……乃自十二月初一日接管起，至本月底止，除撒散外，仅有课银一百二两零。合之郭令移交十、十一两月份课银二十二两一钱三分零，冬季三个月仅解课银一百二十五两零，不惟与从前之课远隔霄壤，即近较八、九两年冬季，亦仅及一半，不胜惶悚。询据课长、硐头人等佥称：'石羊厂当年旺时，厂上人以数万计，合班之硐数十口，每口下夫一二百名至六七百名不等。硐广夫多，兼之彼时准将课银存压一季起解，为接济工本之需，所以硐头攻采有资，人夫猛勇开凿，得获大矿，课项月计数千寻。后获利者渐归，攻采之人渐少，以致年不如年，日渐衰敝。雍正六七年间，尚有藩宪大老爷库银五百两，碍嘉存仓米三百石，在厂接济，民力稍舒。继蒙

收解之后，供应缺乏，不能招养人夫。'……硐穴幽深，卑职实不能下视，但现据各硐口日逐下夫，均有采矿，既非硐老山空，则增硐增夫，自必增矿增课，此则理之显然者。矧石羊山势宽厚，查前后山萝葡地等处，虽弃硐颇多，皆在上盘，其中下山场，尚未开挖。倘得接济工本，广招硐头，多下人夫，尽力攻采，仰赖宪台洪福，或将来挖获大矿，厂地复旺如前，亦未可定。抑卑职再查，石羊乃碍嘉所属，碍嘉地方荒僻，村寨零散，并无街市，所赖惟石羊一厂。外来货物，聚集于厂，本地薪米，负卖于厂。若厂废，则交易无所，一邑汉、夷人等，生计尽阻，每年钱粮亦将无从借办。且厂废，则自楚雄进碍嘉一带路径，崇山邃谷，往来无人，势必藏匿奸匪，愈致难行，是山厂衰旺更与碍嘉相为表里。卑职分防碍嘉，兼司厂务，今急欲调剂山厂，即正所以调剂地方。查勘山厂情形，较其前后收课数目，凛遵宪檄，悉心调剂。窃谓调剂之法，非接济工本食米不可，相应援照前人贾牧、梁令、钱牧旧例，详请宪台俯赐，借动银五百两，发厂接济。再查厂仓，现存米约有二百石，原以备接济厂民之用。并祈宪台檄行南安州，移交卑职动用接济厂民口食，俟秋成买补还仓。源源接济，银、米既备，以备出示招徕硐头、人夫，使未来者闻风趋赴，先在者踊跃鼓舞。卑职自当查其果系诚实攻采之人，看其下夫多（寡），出矿高下，酌量散发，纳课收还，收放轮流，不敢滥散。观前借工本，既已分毫皆万，料后借工本，断不虑其亏少。倘万一或有催收不足，卑职既为请领，自干赔补。"《案册》："咸丰五年，巡抚舒兴阿题销四年分石羊厂报解课银五两五钱四分六厘""军兴课停，自同治十三年起，年征额课银五两五钱四分六厘"。

[5] 马龙厂：位于今楚雄州双柏县南。《钦定大清会典事例·户部九十二·杂赋》载："南安州属马龙银厂，额课银六百九十八两五钱二分有奇，遇闰不加。又，今按：云南新、旧各厂，楚雄府属马龙厂等，每年额课银六万二千五百八十九两九钱五分。"《新修户部则例》载："南安州马龙厂，每矿一石，抽课二斗二升；每矿土十箕，抽课二箕二合，煎验成分，定其价值多少，变卖起解。又，云南各银厂，马龙等十五厂，以二万四千一百一十四两零作为每年抽课总额。如有亏短，著落经管厂员及该管上司分别赔补，遇有赢余，尽数报解。"《案册》："咸丰五年，巡抚舒兴阿题销四年分马龙厂报解课银五百一十六两一钱三分四厘""军兴课停，自光绪十二年起，马龙银厂照例抽课，尽征尽解"。

大理府属

白羊厂[1]，在云龙境。云龙州知州理之。乾隆三十八年开，每银一两抽课银一钱五分，撒散三分。

注　释

[1]　白羊厂：《钦定大清会典事例·户部九十二·杂赋》载："嘉庆六年，奏准：白羊等银矿，拨补乐马、永盛二厂缺额，一并报销。又，今按：云南新、旧各厂，白羊等，每年额课银六万二千五百八十九两九钱五分。"清云南布政司《案册》："云龙州经管白羊厂，道光九年分报解课银三百八十二两四钱三分""咸丰五年，巡抚舒兴阿题销尽征尽解项下，太和、白羊、角麟三厂共报解课银五百九十四两四钱一分九厘""军兴课停，自同治十三年起，试采有效，照例抽课，尽数报解"。

元江州属

太和厂[1],在新平西南。新平县知县理之。嘉庆十七年开,每银一两抽课银一钱五分,撒散三分。

注 释

[1] 太和厂:位于新平县,据云南布政司《案册》载:"太和银厂……嘉庆十三年开采。"又《新修户部则例》载:"云南各银厂,太和厂,准其尽收尽解。"《案册》:"新平县经管太和厂,道光九年分,报解课银四十二两九钱二分四厘""咸丰五年,巡抚舒兴阿题销尽征尽解项下,太和、白羊、角麟三厂共报解课银五百九十四两四钱一分九厘""军兴课停,自同治十三年起,试采有效,照例抽课,尽数报解"。另据道光《新平县志·厂课》载:"太和银厂,开自前明,屡开屡闭。乾隆五十年又报开采,后又以迄无成效禁止。嘉庆十一年,知县田兴梅重报开采,尽收尽解,无定额,今又日渐衰歇,课无所出,行将详请封闭矣。"

东川府属

角麟厂[1]，在会泽东，近威宁州界。会泽县知县理之。乾隆六十年开，每银一两抽课银一钱五分，撒散三分。

以上三厂年解课银计五六百两，无定额。

注　释

[1]　角麟厂：清云南布政司《案册》载："角麟银厂，坐落东川府地方，嘉庆九年开采。卖矿价银一两，抽课银一钱五分，撒散三分；烘火一盘，抽银一两二钱；燥火一盘，抽银九钱，尽收尽解，年征课银一百二十两。"另据《新修户部则例》载："云南各银厂，角麟厂，准其尽收尽解。"《案册》："会泽县经管角麟厂，道光九年分报解课银一百二十一两一钱八厘""咸丰五年，巡抚舒兴阿题销角麟厂四年分报解课银五百九十四两四钱一分九厘""军兴课停，自同治十三年起，试采有效，照例抽课，尽数报解"。

顺宁府属土司银厂

悉宜厂[1]，在耿马[2]境。耿马土司理之。乾隆四十八年开，岁课银八百两，闰加六十六两余。

注 释

[1] 悉宜厂：《钦定大清会典事例·户部九十二·杂赋》载："乾隆四十九年，奏准：云南顺宁府悉宜银厂，照募乃厂之例，令耿马土司就近管理，年纳课银，令顺宁府管解完纳。又，今按：云南新、旧各厂，耿马土司所属悉宜厂等，每年额课银六万二千五百八十九两九钱五分。"《新修户部则例》载："云南顺宁府属耿马地方悉宜厂，年额课银八百两，遇闰加增，系耿马土司集丁开挖，按年纳课。"悉宜厂位于滇省边境之地，厂旺，招徕缅使，檀萃《厂记》记载了其详细情况："悉宜厂，在耿马土司地，曰大黑山，亦银厂也。乾隆五十年，全保以云南府丁忧回京，已而来守曲靖。有常德者，乘其未至，以顺宁易曲靖，竟夺之。全保至，不知伊何，乃往顺宁。而悉宜厂忽大旺，适缅酋有内附意，藉其里招致之。永昌拔贡陈令宪客于耿马土司罕氏，罕甚信任，以使于缅。入其境，道颇平，其畜无鸡、猪、鹅、鸭，多狗，见汉服者，争吠逐吠，人更缅服乃已。食亦米饭非糯也，但软白可口。不嗜荤腥，水多鱼，不甚取。食大费，或击一牛，俵分之，然不恒击也。有官职者，得服丝帛，庶人尽布服，不敢衣丝绸。王甚辩口，折之以理，亦即服。杨公重英羁彼二十年，住于塔下，卧一石板，毡尽敝，缅不礼之，日卖草方自给。缅和尚甚敬杨公，称为大老爷，供至，即乎其徒请杨大老爷食，或他出必留供以待之，其供，盖国人所轮流以具者，终不乏也。时省符令贡使由顺宁入，他符令贡使由永昌入，王要定于一，因返一之，再往而始定。始以百人往，不损一人。后往半之，而没者十余。不见有瘴气，而实受瘴也。夫以顺宁易曲靖，乃冥冥中使全守成此大功。若使常德来厂，未必出，即出而彼顾其私不肯为盛事，大功何由成？

全守成大功，功究不以之居，且又夺其顺宁厂，亦渐就衰。全守资于厂，因罕土司以招缅甸，缅甸来台昵，常德终不悦全保，且怒其招缅人，悾怯不敢奏。缅使留耿马弥年，不得已，始已闻。荣宠及于诸人，而全保不得与，即罕土司之所以招徕，与陈令宪之再使缅，亦皆没之，不复见也。惜哉！居久之，始移全保于普洱，又移之元江，不得意，以瘴没。呜呼！数十年前，倾天下之力，不能奈一小彝何？至是远人之来，由于一守臣能招致，此其大功，为何如而抑之、摧之？俾其以瘴死，亦独何心也。杨公羁蛮，节同苏武，负天下之疑谤，令子被禁且二十年，幸而入关，行次耿马，俄以不起。闻耿马人传，颇有异论，此二事言之，能不动天地而泣鬼神哉？嗟乎！募隆败而召边祸，悉宜旺而招远人。故详论之，以厂之所关系于边方至重也。"清云南布政司《案册》："咸丰五年，巡抚舒兴阿题销耿马土司京广悉宜厂四年分应解减半课银四百三十三两三钱三分四厘""军兴课停，自同治十三年起，悉宜厂试采有效，抽课如例，尽收尽解"。

[2] 耿马：耿马土司，清代属顺宁府辖地，即今临沧市耿马自治县。

子 厂

永北厅东升厂[1]，在浪蕖土舍[2]地方。永北厅同知理之。道光十一年开，每银一两抽课银一钱三分五厘，以铜、银兼出。十五年，咨部归入得宝坪铜厂。

东川府矿山厂[3]，在会泽东，者海铅厂北，其西即角麟厂。东川府知府理之。嘉庆二十四年开，每钱一千文抽课钱一百八十文，易银起解。道光十五年，咨部拨补棉华地缺额。

元江白达母厂，在新平地方。新平县知县理之。道光十二年开，每银一两抽课银一钱五分，撒散三分。道光十五年，咨部归入太和厂。

兴隆厂，在镇沅境。镇沅厅同知理之。道光十七年试开，每银一两抽课一钱三分五厘。

白马厂，在鹤庆境。鹤庆州知州理之。嘉庆二十年试开，每银一两抽课一钱四分四厘。

兴裕厂，在文山境。文山县知县理之。道光二十一年试开，每银一两抽课一钱。

鸿兴厂，在南安境。委员理之。道光二十四年试开，每银一两抽课银一钱五分，撒散三分。

以上七厂尽收尽解，抵补各厂缺额。

注 释

[1] 东升厂：光绪《永北直隶厅志·课程》："东升银厂，系礁尖、炉户自本采办。道光十一年，由永北厅吴兆棠详准开办管理，应抽课款原无定额，随抽报解。当矿砂丰旺时，每日煎矿五六池，出银五六十两，至少不下十两。其后开办年久，出矿渐少，矿数、池、银数均就减色。"

[2] 浪蕖土舍：光绪《永北直隶厅志·沿革》载："菠蕖州，治罗共赕，在丽江之东，郡治之北，与永宁毗连，原罗落、麽些三种种蛮世居之。

宪宗三年征大理。至元九年内附，十六年改罗共赕为蒗蕖州，明正统中属于澜沧卫。国朝康熙二十六年，裁卫入州，康熙三十七年，升州为府，即以蒗蕖之地属，马府北蒗蕖州汛即其地也，今仍之。"

[3] 矿山厂：《钦定大清会典事例·户部九十二·杂赋》载："嘉庆二十四年，开采云南省永北矿山厂银厂。"此处所载矿山厂，厂名、开采时间与本文所载"矿山厂"同，然矿厂所在地则为"永北"。查光绪《永北直隶厅志·课程》所载永北厅属银厂中，无"矿山厂"之记载。

金锡铅铁厂第三

丽水[1]之金，三代有之矣。金之课始于元，[2]至一百八十余锭。明以银八千余两折买金一千两，曰例金[3]。其后增耗金而减价银，后又加贡一千两，未行复加贡三千两，巡抚沈儆炌一疏仁人之言，其利溥哉。[4]

我朝初课金七十余两，递减至二十八两余[5]，深仁厚泽。迥迈前古，若锡、若铅、若铁皆有额课，余利及于民者博矣。故记金、锡、铅、铁厂附白铜。

注 释

[1] 丽水：即金沙江。《禹贡论·禹贡山川地理图》载："其谓丽水者，绰（唐樊绰）指其水正为黑水，而逻些城北有山即三危山也，臣案此之丽水下流经骠（缅甸）入海。"《韩非子》："丽水之中出金。"宋应星《天工开物》："水金多者出云南金沙江（古名丽水），此水源出吐蕃，流绕丽江府，至于北胜州，回环五百余里，出金者有数截。"

[2] 金之课始于元：《元史》卷九十四《食货二》："初，金课之兴，自世祖始……在云南者，至元十四年，诸路总纳金一百五锭""天历元年，岁课之数：金课，……云南省，一百八十四锭一两九钱"。

[3] 例金：《明会典·户部二十四·课程六·金银诸课》："弘治十五年，令云南每年该征差发银八千八百九两五分，定为常例。自弘治十六年为始，每年折买金一千两，足色二分，九成色三分，八成色五分。与每年额办金六十六两六钱七分，并余剩银两，一同解部，转送承运库交纳""嘉靖七年，提准：云南年例金一千两，遵照原行勘合，将每年该征差发银，照依时估，两平收买"。

[4]　其利溥哉：《明会典·户部二十四·课程六·金银诸课》："万历十年，加贡金一千两，巡抚刘世曾、巡按董裕奏罢之。又，二十二年，复加贡金三千两，后因巡抚沈㵯炌奏请（《请蠲贡金疏》），仍照旧额。"

[5]　二十八两余：乾隆《云南通志·矿厂》："雍正十年，金厂年该额征课金七十四两八分，遇闰加金三两六钱一分。"清云南布政司《案册》："道光九年，金厂年该额征课金二十八两八钱六分五厘三毫。"

金厂四

嘉庆十五年，定额课金二十八两八钱六分五厘三毫，闰加一两四钱六分二厘九毫。附，次年颜料贡带，解赴户部交纳。

麻姑厂[1]，在文山西南，近越南及临安界。开化府知府理之。雍正八年开，每金床一张，月纳课金一钱三分，腊底、新正减半抽收，额课金十两零一分，闰加九钱一分。

金沙江厂[2]，在永北西南，金沙江边，接宾川界。永北厅同知理之。康熙二十四年开，每金床一张，月纳课金一钱，额课金七两二钱六分，遇闰不加。

麻康厂[3]，在中甸南，其东则安南银厂。中甸厅同知理之。乾隆十九年开，每金一两抽课金二钱，额课金十一两二钱，闰加五钱。

黄草坝厂[4]，在腾越西，又西则大盈江贡达土司地。腾越厅同知理之。嘉庆五年开，按上、中、下三号塘口抽收，上沟抽课金一钱五分，中沟抽课金八分，下沟抽课金四分。额课金三钱九分五厘三毫，闰加三分二厘九毫。

注　释

[1]　麻姑厂：光绪《云南通志》卷七十三《食货志·矿厂一·金厂》："《案册》：'麻姑金厂，坐落开化府地方，乾隆十五年开采，每年额征课金十两一分，遇闰加征九钱一分。'"《钦定大清会典事例·户部九十二·杂赋》：开化府属麻姑厂……等金厂，尽收尽解，不定年额。"《案册》："咸丰五年，题销四年分麻姑厂课金十两九钱二分""军兴停课，现亦未开"。

[2]　金沙江厂：《钦定大清会典事例·户部九十二·杂赋》："云南永北府属金沙江金矿，每年额课金七两二钱六分，遇闰加金一两二钱一分。"檀萃《农部琐录》："金出金沙江岸土，照耀，洗之得金。汤郎江心有石，水潆成涡，时获麸金，不用淘汰，然时有时无，惟值采者之运，不可恒也。胜国贡金之客，惟滇大累。巡抚陈用宾疏云：'金矿，臣等未之前闻，即贡

金亦买自他省。'沈懋烨疏云：'买金之价尤不忍言，或取之汰军，或取之搜括，或取之闾阎，或取之商民之赔累，吮血摧肤，呼天抢地，上不得而知也。'甚哉！金之为地方害如此，古人贱金而重五谷，良有以哉。"又，光绪《永北直隶厅志·课程》："额征金课十四两五钱二分，遇闰应加金一两二钱一分。乾隆六年，经翰林院编修刘慥以金江现在产金稀少，夷民赔累，奏请豁免。奉旨饬查，经知府钱恒查明：永郡金厂自康熙二十四年题定每淘金船一张，月课一钱，遂定前额。现今产金稀少，于乾隆三年摊入江岸东、西居民办课。今江内并非全无出产，若金行豁免，禁止私淘，未免农隙之时反失自然之利，请将正课十四两五钱二分减去一半，定征金课金七两二钱六分，其闰月课金并请咨豁免，详奉奏准。"光绪《云南通志》卷七十三《食货志·矿厂一·金厂》："金沙江厂，旧《云南通志》：'金沙江厂，坐落永北府地方。康熙二十四年，总督蔡毓荣于谨陈筹滇第四疏为亟议理财以佐边饷事，每金床一张（金床以木板为之，淘金之器），月抽课金一钱，年该课金一十四两五钱二分，遇闰加金一两二钱一分。'《案册》：'乾隆六年，巡抚张允随奏请减半完纳，年征课金七两二钱六分。'（山西布政使永北刘慥奏免金课疏：'奏为恭恳天恩，俯免荒课以广皇仁事钦，惟我皇上如天好生德同尧舜。数年以来，恩输叠沛，并率土无徵不照，无弊不除，部屋茅檐感激欢呼，乃更有请者。窃惟云南永北府地界金沙江，旧传明季本有淘金人户，每户金床一架，额征金一钱五分，年约征金十四两五钱零。添平二两，知府规礼三两，通共征金一十九两五钱零。迩来金渐不产，从前淘金人户久已散亡。今间有淘金之人，俱系四方穷民藉此糊口，去来无常，或一日得一二分，或三四日竟无分厘，是以额征之数不能依例上纳。倘课头紧淘金者，即遣散他方，有司以正课不敢虚悬，督课头以淘金人尽散，无可著落，只得将江东、江西两岸之夷猓按户催征以完国课。间有逃亡一户，又将一户之课摊入一村，相仍积弊，苦累无穷。况二村夷猓并不淘金，乃至卖妻鬻子，赔纳金课。嗟此夷民情何以堪？臣生长永北，知之最悉，近奉特旨豁免丽江之夷丁课，鹤庆之站丁课，六诏编氓，恩同再造，永北荒金赔累更苦于夷丁、站丁，臣躬逢尧舜，小民疾苦不敢壅于上闻，为此据实冒昧渎陈，伏祈圣主一视同仁，俯赐蠲免，则沿江两岸夷民永戴皇仁于生生世世矣！'）……"《案册》："咸丰五年，巡抚舒兴阿题销四年分金江厂报解课金七两二钱六分。钦奉上谕滇省各厂课金嗣后搭解户部交纳，不必留于该地方变价，钦此""军兴停课，自光绪二年，年仍征额课七两二钱六分"。

[3] 麻康厂：光绪《云南通志》卷七十三《食货志·矿厂一·金厂》："《案册》：'麻康厂，坐落中甸厅地方，乾隆十九年开采，作为慢梭子厂。嘉庆十五年，慢梭厂封闭，始行报解，奉部尽收尽解，是年报解课金一十一两二钱。'"清云南布政司《案册》："咸丰五年，题销四年分麻康厂课十一两七钱""军兴课停，现亦未开。"

[4] 黄草坝厂：《大清会典事例·户部九十二·杂赋》："嘉庆六年，奏准开采云南腾越州属黄草坝金厂，现未定年额，准其尽收尽解。"光绪《云南通志》卷七十三《食货志·矿厂一·金厂》："《案册》：'腾越厅黄草坝金厂，道光九年分，报解课金三钱九分五厘三毫''咸丰五年，题销四年分黄草坝厂课金四钱二分八厘二毫''军兴课停。光绪十年起，年征额课金价银九两三钱六分'。"

锡厂一

个旧厂[1],在蒙自猛梭寨。蒙自县知县理之。康熙四十六年开,每锡百斤抽课十斤,每百斤例价银四两三分六厘一毫,额锡价银四千两。布政司发给商票,每课锡九十斤为一块,二十四块为一合,每合纳课银四两五钱,税银三两五钱七分八厘,额课税银三千一百八十六两。

注 释

[1] 个旧厂:清云南布政司《案册》:"年额锡价银四千两""咸丰五年,巡抚舒兴阿题销四年分尽收课税银五千六百四十九两零。同治五年,总督劳崇光奏请招商采办,个旧厂锡斤照章抽厘,以济军饷"。又,"同治十三年,个旧锡厂改照盐法章程,照例抽课,尽征尽解"。又,"光绪元年,布政使潘鼎新详,个旧厂免抽锡块,每炉户出锡二千二百十余斤为一票,课银八两。商贾卖锡一票收厘金银十二两,拨充军饷。票费银十两,作各署办公之资。膏火银一两六钱,发临安府属生童月课"。又,"六年议定个旧厂原征课银八两加银三两厘金,仍旧尽收尽解"。

凡铅厂四

　　有白铅，俗称倭铅，烧铅以瓦罐炉为四墙，矿、煤相和入于罐洼，其中排炉内仍用煤围之，以鞴[1]鼓风，每二罐或四罐称为一乔，为炉大小，视乔多寡。有黑铅，俗称底母，炉与银厂同，定例每百斤抽课十斤，充公五斤，通商十斤。通商铅每百斤仍抽课十斤，充公五斤。课铅变价充饷，公铅变价充公，以支廉食，自一两八钱二分至二两余。铅每百斤工本银：白铅自一两二钱八分至二两，黑铅自一两四钱五分至一两六钱八分四厘。每工本银一百两，扣余平银一两五钱，亦充公，按年分册造报。

　　卑浙厂，在罗平境；块泽厂，在平彝[2]境，均平彝县知县理之。[3]雍正七年开，今实办供省局白铅二十一万九千七百六十九斤零。课铅变解银三百九十九两九钱八分，公铅变解银一百九十九两九钱二厘，余平扣解银六十七两八钱八分六厘。通商课铅变解银一百三十五两七钱七分二厘，公铅变解银六十七两八钱八分六厘，闰加铅一万九千一百一十四斤。课、公、变价，余平银，并加办供省局黑铅三万三千四百一十五斤，课、公铅变解银六十四两五钱。

　　者海厂[4]，在会泽东南，铅矿出于矿山，银厂移矿就炭至者海烧炉，因名。会泽县知县理之。乾隆二年开办，供东川局铸，以裁局停。嘉庆八年复开，代建水县普马厂办供省局白铅二十一万九千七百六十九斤，抽课、充公、加闰与卑、块二厂同，惟变价每百斤银二两。二十二年，东局复开，兼办供东局白铅一十五万六千九百七十七斤零，闰加一万三千八十斤，课、公、变价与省局同。

　　阿那多厂[5]，会泽县知县理之。办供东局黑铅一万一千九百三十三斤零，每百斤抽正课铅十斤，闰加九百九十四斤零，课铅、变价同白铅。

　　妥妥厂[6]，在寻甸西北，又西为双龙铜厂。寻甸州知州理之。乾隆十三年开，铅运省店销售，获息充饷。今实办供省局黑铅三万三千四百一十五斤零，每百斤价脚银二两一钱，遇闰加增，额办省操铅二万斤。

注 释

[1] 鞴（bèi）：古代鼓风吹火器。

[2] 平彝：即今曲靖市富源县。

[3] "卑浙"至"理之"：乾隆《云南通志·铅厂》："卑浙倭铅厂，坐落罗平州地方；块泽倭铅厂，坐落平彝县地方。雍正七年，总督鄂尔泰、巡抚沈廷正题开。八年题报：抽收课铅每年变价四五千两不等，无定额。"《钦定大清会典事例·户部九十三·杂赋》："八年复准：云南罗平州之卑浙、块泽二厂，产在深山，凡米粮什物器具，较之他厂甚贵，又二厂每铅百斤约费工本一两七钱九分，交官得价银二两。若照例二八收课，每百斤只得八十斤之价，亏本一钱九分，人必畏阻，恐于鼓铸有妨。请仍照例议，每百斤抽课十斤，如遇矿厂兴旺，商民云集之日，仍照旧例行。又，乾隆五年，题准：云南罗平州属卑浙、块泽二厂，自停止官收以来，外省铅价日贱，既无客贩来厂收买，炉户运销变售殊难，暂行封闭。"《文献通考》："（乾隆）六年，准开滇省卑浙、块泽二厂，户部复准：'云南巡抚张允随奏称"滇省存厂运局铅斤应预为筹画，请将曲靖府属之卑浙、块泽二厂准其照旧开采，所出铅斤按例抽课"，得旨：'如议行'。"《钦定大清会典事例·户部九十三·杂赋》："（乾隆）十六年，议准：云南省卑浙、块泽二厂煎出倭铅，每百斤抽正课十斤，报部充饷。又抽余课十斤，以五斤给为管厂官役廉、食，以五斤变价解司充公"。《案册》："年额办省局铅二十一万九千七百六十九斤二两八钱一分二厘。领工本银三千五百九十九两八钱一分六厘。每百两抽收余平银一两五钱，共收余平银五十三两九钱九分八厘。每百斤抽正课铅十斤余尾零，免课外共抽正课铅二万一钱九百七十六斤十四两六钱。每百斤变价银一两八钱二分，该课银三百九十九两九钱八分，报部充饷，有闰照加""同治十三年试办，照例抽课，尽收尽解"。

[4] 者海厂：《清朝续文献通考》："乾隆六年，试开东川地方者海铅厂。户部覆准：'署云贵总督（云南巡抚）张允随奏称"东川府所属之者海地方亦产有铅矿，距东局路止二站"，应令该署督张允随将前项铅矿查明，作速采试'，得旨：'如议行'。"《钦定大清会典事例·户部九十三·杂赋》："（乾隆）二十四年，题准：云南东川府所属者海铅厂，采办铅斤每百斤抽

正课十斤，外收余铅五斤为管厂官役廉、食之用。"清云南布政司《案册》："五十九年，裁东川钱局，者海厂暂闭。奉部照旧开采，所出之铅先尽官为收买，余无论本省、邻省准其通商。嘉庆八年，建水普马厂不能供省局鼓铸，改令者海厂供省局鼓铸铅一十八万八千八十三斤四两三钱八分。令普马厂自运铅五万斤，合省局旧额二十三万八千余斤之数。十三年，普马厂矿砂无出，令者海厂全数代办局铅，有闰之年二十三万八千八十三斤四两三钱八分，无闰之年二十一万九千七百六十九斤二两八钱一分二厘。照普马厂例，每百斤抽课十斤，变价银二钱，解司充饷。又抽公、廉铅五斤，以为官役廉、食之需。又抽充公铅五斤，变价银一钱，归入司库，间款项下报销。其动发工本亦准此。二十二年，东川钱局复开，加办鼓铸白铅十五万六千九百七十七斤十五两七钱二分四厘，有闰加办白铅十七万五十九斤七两七钱一厘，工本、余平、课铅等俱铜上""同治十三年，试办，照例抽课，尽收尽解"。

[5] 阿那多厂：《钦定大清会典事例·户部九十三·杂赋》："乾隆十九年，议准：云南阿那多黑铅厂准其开采。"《案册》："阿那多厂，坐落东川府地方，向供东川局鼓铸。乾隆五十九年，东川钱局停止，阿那多厂封闭。嘉庆二十二年十月初一日，东局复行鼓铸，阿那多厂仍旧开采，年办东川局正课充公铅一万一千九百三十三斤十五两九钱七分九厘，内正黑铅一万三百七十七斤六两二钱四分三厘，课黑铅一千三十七斤十一两八钱二分四厘三毫，充公铅五百一十八斤十三两九钱一分二厘。每百斤厂价银一两六钱八分四厘，课铅、充公铅共变价银二十六两二钱一分三厘，解司充饷，遇闰照加""咸丰初停"。

[6] 妥妥厂：《钦定大清会典事例》："乾隆十八年，提准：云南禄劝等州县既出黑铅，应准其开采，每百斤收课二十斤，以十斤变价充饷，五斤变价解司，充公五斤为管厂官役食廉、工食。其收买价值，妥妥厂每百斤给银一两八钱。"《案册》："妥妥黑铅厂，坐落寻甸州地方，年办黑铅一万斤。嘉庆十八年，加办黑铅一万斤，抽正课铅二千斤，余课铅二千斤，每百斤变价银三两。除工本、官役廉、食外，实获余息银九十五两五钱""咸丰初停"。

凡铁厂十有四

有闰之年共课银二百九十两一钱五分八厘，无闰之年共课银二百八十一两五钱三分。

石羊厂[1]，南安州知州理之。

鹅赶厂[2]，镇南州知州理之。

三山厂[3]，陆凉州知州理之。

红路口厂[4]，马龙州知州理之。

龙明里上下铁厂[5]，石屏州知州理之。

小水井厂[6]，路南州知州理之。

河底厂[7]，鹤庆州知州理之。

阿幸厂[8]、沙喇箐厂、水箐厂[9]，均腾越厅同知理之。

滥泥箐厂[10]，䃲嘉州判理之。

椒子坝厂[11]，大关同知理之。

老吾山厂[12]，易门县知县理之。

猛烈乡厂[13]，威远同知理之。

凡白铜，省店每一百一十斤抽课一斤，变价银三钱。

凡商运四川立马河厂[14]白铜到省出售者，按例抽课折征银两，尽收尽解原开茂密[15]、祭牛二厂矿砂久衰，向以抽收商贩造报，嗣将二厂名目删除，据实入册，作收造报。

凡商运定远大茂岭厂[16]课白铜到省出售者，抽课变价银与川厂同道光二十三年，办价银四百二十两零。大茂岭厂，在定远县，在厂扯炉，抽小课，每斤变价同是年，变价银一十七两七钱。

凡商运四川立马河厂白铜到元谋县马街，每码收税银七钱，尽收尽解。[17]

凡商发川厂白铜到会泽县，领过四川宁远府税票者，每百斤收税银一两。无票者每一百一十斤抽课十斤，每斤折价银三钱道光二十二年分计白铜四千八百九十九斤，收税银四十八两九钱九分。

注 释

[1] 石羊厂：清云南布政司《案册》："石羊铁厂，坐落南安州地方，年征课银二十七两四钱四分，遇闰加银二两二钱八分七厘。谨按：开采年分无考""咸丰初，军兴课停。自光绪八年照例抽课，尽收尽解"。

[2] 鹅赶厂：道光《云南通志·食货志·矿厂二·铁厂》："鹅赶铁厂，坐落镇南州地方，年该课银一十二两一钱一分，遇闰加银一两九厘一毫零。"《案册》："咸丰初年，军兴课停。自光绪八年照例抽课，尽收尽解。"

[3] 三山厂：道光《云南通志·食货志·矿厂二·铁厂》："三山铁厂，坐落陆凉州地方，年该课银一十两七钱一分，遇闰加银八钱九分二厘五毫。"《案册》："咸丰初，军兴课停。自光绪八年照例抽课，尽收尽解。"

[4] 红路口厂：道光《云南通志·食货志·矿厂二·铁厂》："红路口铁厂，坐落马龙州地方，年该课银一十一两五钱二分，遇闰加银九钱六分。"《案册》："咸丰初，军兴课停。自光绪八年照例抽课，尽收尽解。"

[5] 龙明里上下铁厂：道光《云南通志·食货志·矿厂二·铁厂》记载为"龙朋里上下铁厂"，并载"坐落石屏州地方，年该课银一十两七钱九分，遇闰加银八钱九分九厘一毫零"。《案册》："咸丰初，军兴课停。自光绪八年照例抽课，尽收尽解。"

[6] 小水井厂：道光《云南通志·食货志·矿厂二·铁厂》："路南小水井铁厂，坐落石屏州地方，年课银七两二钱。"《案册》："咸丰初，军兴课停。自光绪八年照例抽课，尽收尽解。"

[7] 河底厂：《新修户部则例》："鹤庆州河底铁厂，额征银八两。"《案册》："咸丰初，军兴课停。自光绪八年照例抽课，尽收尽解。"

[8] 阿幸厂：道光《云南通志·食货志·矿厂二·铁厂》："阿幸铁厂，坐落腾越州地方。雍正六年，总督鄂尔泰题报：年该溢额归公银四两，遇闰加银三钱三分四厘。"《新修户部则例》："阿幸厂，额征银五十两。"《案册》："道光九年分收盈余银五十两。谨按：《徐霞客游记》纪，阿幸开炉之所则铅明已有，且大旺，所产或有铜、银等矿，不止铁矿也""咸丰初，军兴课停。自光绪八年照例抽课，尽收尽解"。

[9] 水箐厂：《新修户部则例》："腾越州沙喇箐、水箐二铁厂，额征银

各四两，遇闰加银三钱三分三厘，盈余银五十两。"《案册》："咸丰初，军兴课停。自光绪八年照例抽课，尽收尽解。"光绪《腾越厅志·课程》："沙喇箐铁厂，亦雍正间开，额征银四两，遇闰加银三钱三厘，后加盈余银五十两，又秤头解费银共七两六钱二分，现仍纳课""水箐铁厂，开征、封闭与阿幸厂同"。

[10] 滥泥箐厂：《新修户部则例》："碍嘉州判滥泥箐铁厂，额征银八两。《案册》："咸丰初，军兴课停。自光绪八年照例抽课，尽收尽解。"乾隆《碍嘉志·课税》："碍嘉境内铁厂，每年征银八两，由碍嘉征解。亦于乾隆四十二年，铜、银课一并详归南安州征收起解。"

[11] 椒子坝厂：《新修户部则例》："大关同知椒子坝铁厂，额征银一十二两。"

[12] 老吾山厂：《新修户部则例》："易门县老吾山铁厂，额征银八两五钱六分，遇闰加银七钱一分三厘有奇。"《案册》："咸丰初，军兴课停。自光绪八年照例抽课，尽收尽解。"

[13] 猛烈乡厂：《案册》："猛烈乡铁厂，坐落威远同知地方，额征银七两二钱""咸丰初，军兴课停。自光绪八年照例抽课，尽收尽解"。

[14] 立马河厂：道光《云南通志·白铜厂》："此厂白铜运至省城白铜店，一百一十斤抽课十斤，每年收获变价银二三百两不等。"

[15] 茂密：即茂密厂。乾隆《云南通志·白铜厂》："新开大姚县茂密白铜子厂，发红铜到厂，卖给硐民，点出白铜。每一百一十斤抽收十斤，照定价每斤三钱，变价以充正课外，所获余息尽数归公，无定额。炉多寡不一，每炉每日抽白铜二两六钱五分。"《钦定大清会典事例·户部九十三·杂赋》载，乾隆十九年"又复准：云南茂密白铜厂，每炉每月抽课铜二斤八两，每铜一斤折收银三钱"。

[16] 大茂岭厂：《案册》："大茂岭白铜厂，坐落定远县地方，开采年分无考。收炉墩小课白铜，每百斤折收银三钱，年解司库银一十九两二钱。"道光《云南通志·食货志·矿厂三·白铜厂》："此厂商民以其铜运省，省城白铜店按以一百一十斤抽课十斤，年解变价银自四五百两至一千一二百两不等。"

[17] "凡商运"至"尽解"：《案册》："元谋县抽收四川立马河厂商民运滇省白铜，每一百七十斤收税课银三钱，年解司库银四五十两、六七十两不等。"

帑[1]第四

滇民峇窳，不商不贾，章贡挟重资者皆走荒。徼外奇珍则翡翠、宝石，民用则木棉、药物，利倍而易售。矿厂惟产银者，或千金一掷如博枭。而铜矿率无籍游民奔走，博果腹耳。官界以资而役其力，有获则以价买之，物揭而书之。

滇课铜九百余万，百斤价率六两有奇，以六五计之，糜银六十万余，而运费不与焉。通商者什一或什二，[2]课不足亦增直而购之。农部与滇库先二岁而预筹其帑，数十厂、数十万众待以生，而九府虚实恃此以酌剂，所关甚钜，故记帑。

凡滇省办运京铜，岁拨帑银一百万两。内户、工二部正额铜，批饭食银六万四千四百五十五两二钱；户部加办铜，批饭食银二千三百一两八钱四分四厘。天津道库剥费银二千八百两，坐粮厅库正额铜斤，车脚、吊载银四千九百七十两一钱八分，加办铜斤车脚、吊载银一百七十九两九钱八分四厘；各运帮费银八千四百两，均由直隶司库分别拨解。自汉口至仪征，水脚银一万四百三十四两，由湖北司库拨支；自仪征至通州，水脚银一万六千二百六两，由江苏司库拨支。停止沿途借支增给经费银一万三千两道光八年，奏案分给正运四起，加运二起，支领正运每起该银二千五百两，加运每起该银一千五百两。由湖北、江宁二省司库，各半拨支直隶、湖北、江宁三省动拨帮费、经费银两。[3]滇省仍于筹存各本款内，按年照数提入铜本项下，其余银八十三万七千二百五十二两七钱九分二厘该省题拨铜本时，再查明司库铜息并积存杂项银两，除留存备用外，余俱尽数拨抵铜本之用，不敷银两再行协拨供支，令协拨省分委员解交云南，铜本于前二年赶办，如丙年工本，滇省于甲年具题部中，即行核拨，于乙年夏季到滇，俾得及时采办，以免挪借嘉庆十八年，减银四万两。道光十九年复故。

凡滇厂采办已逾十年，硐穴深远，准豫借两月底本银两，每厂民办交铜百斤，带交余铜五斤，定限四十个月，扣交清楚。如炉户中有亏欠者，即著落经放厂员赔补归款。[4]

凡滇厂距省远近不一，赴司请领工本，往返需时。迤东道库贮银八万两，迤西道库贮银四万两。凡所属铜厂需本接济，由道亲往查明发给现无分贮一款。迤南道所辖厂地，距道比省更远，仍由藩司酌发。粮道专辖厂地，移明藩库转发。此项接济银两，即于请领月额工本内，按季分扣，年清年款。倘道员滥行多发，致有欠本，即令道员赔偿。如系知府专管之厂，转禀请发，即著道府分赔。如藩司额外多发，以致厂员滥放无著，一律参赔，并将接季通报之厂欠有无未完，分晰声造，按照盐课未完分数事例察参。

凡铜厂工本，上月发本，下月即须收铜。若三月后不缴，该管道府勒令厂员陆续扣销，或将家产追变。统以一年为断，逾期不完，即著令厂员赔缴，将厂民审明定罪。倘事隔数年，忽有炉欠，即将厂员以侵亏科断，该管上司，照徇隐例议处。倘有炉户逃亡事故，令厂员随时通报，该管道府详查，如果属实，准以市平拨抵各厂借领工本银，每百两扣市平银一两，存贮司库，以为抵补厂欠之用。若再有不敷，即令经放之员赔补，毋许以厂欠推卸砂丁，藉为搪抵，并责成厂员慎选殷实之人充当。倘并无家产，任听滥充，如有欠缺，惟该员是问。

凡铜厂无著厂欠银两，如实在厂衰矿薄，炉户故绝无追者，取具道府等印结，奏明办理。倘不应豁免者，督抚以下摊赔计督抚合赔一股，藩司分赔一股。如系知府、直隶州经管之厂，该管巡道分赔二股；如系州县经管之厂，该管知府、直隶州分赔二股。厂员均分赔六股。[5]

注　释

[1]　帑：即办铜之资本，此处特指滇省办铜之政府资本。清代滇省办铜，一开始是由商民出资"听民开采"，蔡毓荣在"筹滇十疏"中指出："臣愚以为，虽有地利，必资人力，若令官开官采，所费不赀，当此兵饷不继之时，安从取给。且已经开挖，或以矿脉衰微，旋作旋辍，则工本半归乌有"，然民间商人资本必然以追逐利润最大化为目的，投资采铜之利不及开

采金、银之类贵金属，致使云南铜业发展资本不足。正如雍正元年总督高其倬所言："云南各银厂皆系客民自筹工本，煎炼完课，铜、银均系矿厂，工本何以官私各别。细查乃银煎矿炼铜用炭过于银厂，件件皆须购买，惟银砂可以随煎随使，铜虽煎成，必须买出银两，方能济用。况俱产于深山穷谷之中，商贩多在城市贩卖，不肯到厂，必雇脚运至省会并通衢之处，方能陆续销售。若遇铜缺乏时，半年一载即可卖出，若至铜滞难销，堆积在店，迟至二三年不等。硐民无富商大贾，不能预为垫出一二年工本脚价，是以自行开采抽课者寥寥。"高其倬提出解决滇省办铜资本缺乏方案，即由政府"放本收铜"，"从前曾经部议，着多发工本，委贤能职大官员专管开息，息银可以多得等。因奉旨依议遵行在案。此官发工本招募人夫开采之所由来也"。政府"放本收铜"政策早在康熙四十四年已经提出，不过其正式实行并制度化，则是到了乾隆年间才实现。《大清会典事例·户部六十四·钱法》(乾隆三年复准)："汤丹等厂，每年约办铜七八百万斤，每斤需工本银九分二厘，共需工本厂费等银五六十万两，又脚价、官役、盘费，约需银十余万两，又每年应解司库余息银二十余万两。嗣后每年预拨银一百万两，解存司库，按年支销。如有剩余，归于余息项下充公。再有剩余，留作下年工本脚价，每年于铜务并运铜案内报销。"

[2] "滇课"至"什二"：《新修户部则例》："滇省年久铜厂，矿砂衰少，令其多觅子厂，广为开采，准其以子厂之有余补母厂之不足。除照额交官外，余俱听其通商自售，不拘一成之例。""滇省各铜厂采办铜斤，除余额交足之外，有额外多办，准于原定一成通商者，加为二成，二成通商者，加为三成。"

[3] "自汉口"至"银两"：《钦定大清会典事例·户部六十四·钱法》载："(乾隆)二十六年，议准：运铜委员，每正运一起，在云南应领自泸州至汉口水脚银二千四十二两四钱，沿途杂费银一千六十五两；湖北司库应领自汉口至仪征水脚银一千七百三十九两；仪征县库应领仪征至通州水脚银二千七百一两。每运应需水脚银两，每年于协拨铜本银内，以一万四百三十四两，划解湖北武昌司库；以一万六千二百六两，划解江南仪征县库收存，按运支领应用。其加运铜斤，每起在云南请领自泸州至汉口水脚银二千六百一十两一钱八分七厘有奇，沿途杂费银一千四百两；自湖北至

京派拨站船装运，不准支给运脚。"

[4]"凡滇厂"至"归款"：《新修户部则例》："云南省大小各厂，如采办已逾十年，碟硐深远，准预借两月底本银两。每厂民交铜百斤，带交余铜五斤，定限四十个月扣缴清楚，如炉户中少有亏欠，不能扣完者，即著落经放厂员照数赔补归款。"

[5]"凡铜厂"至"六股"：《新修户部则例》："云南各铜厂无著厂欠银两，如有实在厂衰矿薄，炉户故绝无追者，取具道府、藩司加印切结，临时奏明请旨办理。倘不应豁免，著落分赔，按督抚、藩司、道府、直隶州分作十股摊计。督抚合赔一股，藩司分赔一股。如系知府、直隶州经管之厂，该管巡道分赔二股；如系州县经管之厂，该管知府、直隶州分赔二股。厂员均分赔六股。"

惠第五

自汰官铜店之剥朘,而砂丁得实利矣。又防官吏之侵渔,凡在厂、在店之员及吏胥,皆给以薪食,于获铜内酌定额焉。廉者为之,无染于商丁,而俯仰皆足,国家之惠深矣,故记惠。

东川府经管汤丹厂,月支薪食银二十一两,各役工食银五十四两六钱。[1]大水沟厂,薪食银七两,各役工食银四十三两四钱。[2]茂麓厂,薪食银十两,各役工食银四十一两。[3]大风岭厂,薪食银十两,各役工食银五十二两。[4]

大关厅经管人老山、箭竹塘二厂,不支薪食,月支各役工食银各五两。[5]

宁台厂,委员月支薪食银十五两,各役工食银一百四十八两二钱。[6]

云龙州经管大功厂,月支薪食银十五两,各役工食银四十八两。[7]

永北厅经管得宝坪厂,月支薪食银三两七钱五分,各役工食银一十三两八钱五分。[8]

易门县经管香树坡厂,月支薪食银十五两,各役工食银五十五两四钱。[9]

路南州经管凤凰坡、红石岩二厂,不支薪食,每厂给各役工食银五两七钱。大兴、红坡二厂,不支薪食,每厂给各役工食银一十三两三钱。发古厂月支薪食银十两,各役工食银十三两。[10]

余办京铜各小厂,如回龙、乐马、双龙、长发坡、小岩坊、金沙、梅子沱、紫牛坡、狮子尾、老硐坪等厂,官役俱不支廉、食。[11]

迤西道关店[12],年支店费等银一百八十六两,催铜盘费银六百九十六两。

迤东道寻店[13],年支养廉银四百八十两,店费等银五百二十八两。

威宁州威店[14],年支养廉银三百两,店费等银二百七十六两。

镇雄州镇店[15],年支养廉银九百两,店费等银四百七十五两六钱。

东川府东店[16],年支养廉银七百二十两,店费等银六百二十七两三钱六分。

昭通府昭店[17]，年支养廉银七百二十两，催铜盘费银一百八十两。

大关厅井店[18]，年支养廉银三百六十两，店费等银一百八十七两二钱。

永善县坪店[19]，年支养廉银三百两，支半年书巡、搬夫、工伙银二百一十两。

泸店[20]，监兑委员年支养廉银一千二百两，书记、搬夫、工伙银三百二十四两。

注　释

[1] "汤丹"至"六钱"：《钦定户部则例·钱法二》："汤丹厂，厂官月支银三十两；客课五名，巡役四名，每名月支银二两；钻天坡看桥夫一名，月支银五钱；二、八月祭山二次，买备猪、羊等费共银八两；塘兵护送工本、赏费共银二两四钱；红花园客课一名，月支银三两二钱；硐长二名，每名月支银一两二钱。"实际上，碌碌厂亦有官役廉、食银，然本书未载，据《钦定户部则例·钱法二》载："碌碌厂，厂官月支银一十五两。兴隆厂、龙宝厂书记各一名，每名月支银三两。碌碌厂，客课六名，每名月支银一两；巡役二名，每名月支银一两四钱；大雪山硐长一名，月支银一两二钱；得禄山炉长一名，月支银一两二钱。兴隆厂、龙宝厂客课各二名，每名月支银二两；巡役各四名，每名月支银二两。月支灯油、纸笔银各五两。岁支祭犒银各一十六两。"

[2] "大水沟"至"四钱"：戴瑞徵《云南铜志·厂地上》载大水沟厂"每年准支官役薪食、厂费等银五百九十八两五钱，遇闰加增，小建不除"。又《钦定户部则例·钱法二》："大水沟厂，厂官月支银十两；书记一名，月支银三两；客课四名，每名月支银二两；巡役一十四名，每名月支银二两；厨役水火夫二名，每名月支银二两。灯油、纸笔，月支银十两。祭犒岁支银三十八两。"

[3] "茂麓"至"四十一两"：戴瑞徵《云南铜志·厂地上》载茂麓厂"每年准支官役薪食、厂费等银六百三十二两，遇闰加增，小建不除"。《钦定户部则例·钱法二》："茂麓厂，厂官月支银十两；书记一名，月支银三

两；客课三名，每名月支银二两；巡役一十五名，每名月支银二两；厨役水火夫一名，月支银二两。灯油、纸笔，月支银十两。"

[4] "大风岭"至"五十二两"：戴瑞徵《云南铜志·厂地下》载大风岭厂"每年准支官役薪食、厂费等银五百四十两，遇闰加增，小建不除"。《钦定户部则例·钱法二》："大风岭厂，厂官月支银十两；书记一名，月支银三两；客课三名，每名月支银二两；巡役八名，每名月支银二两；渡船水手二名，每名月支银二两。灯油、纸笔，月支银一两。祭犒岁支银一十二两。"

[5] "人老山"至"五两"：戴瑞徵《云南铜志·厂地上》载人老山厂"每年准支书、巡工食等银六十六两，遇闰加增，小建不除"。箭竹塘厂"每年准支书、巡工食等银六十六两，遇闰加增，小建不除"。《钦定户部则例·钱法二》："人老山厂，书记一名，月支银三两；客课一名，月支银一两；巡役一名，月支银一两。灯油、纸笔，月支银五钱""箭竹塘厂，书记一名，月支银三两；客课一名，月支银一两；巡役一名，月支银一两。灯油、纸笔，月支银五钱"。

[6] "宁台"至"二钱"：戴瑞徵《云南铜志·厂地上》载宁台厂"每年准支官役薪食、厂费等银一千七十三两，遇闰加增，小建不除"。《钦定户部则例·钱法二》："宁台厂，厂官月支银一十五两；书记三名，每名月支银二两五钱；课长四名，每名月支银一两；巡役二十二名，每名月支银一两七钱；厨役水火夫一名，月支银一两。灯油、纸笔，月支银一两。"

[7] "大功"至"四十八两"：戴瑞徵《云南铜志·厂地上》载大功厂"每年准支官役薪食、厂费银八百七十六两，遇闰加增，小建不除"。

[8] "得宝坪"至"五分"：戴瑞徵《云南铜志·厂地上》载得宝坪厂"每年准支官役薪食、厂费银九百两八钱，遇闰加增，小建不除"。《钦定户部则例·钱法二》载得宝坪厂"每月准给厂费银七十四两四钱。又二、八月祭山，共银八两，按年支给，造入《铜厂奏销案》内报部查核"。

[9] "香树坡"至"四钱"：戴瑞徵《云南铜志·厂地上》载香树坡厂"每年准支官役薪食、厂费等银九百两零八钱，遇闰加增，小建不除"。

[10] "凤凰坡"至"十三两"：戴瑞徵《云南铜志·厂地下》载凤凰坡厂"每年准支书、巡工食，厂费等银七十二两，遇闰加增，小建不除"。

红石岩厂"与凤凰坡厂同"。大兴厂"每年准支书、巡工食,厂费等银一百八十九两六钱,遇闰加增,小建不除"。红坡厂"每年准支官役薪食、厂费等银一百八十九两六钱,遇闰加增,小建不除"。发古厂"每年准支官役薪食、厂费等银三百一十二两,遇闰加增,小建不除"。《钦定户部则例·钱法二》:"凤凰坡厂,课长一名,月支银一两;巡役一名,月支银一两七钱;坐厂家丁一名,月支银三两。灯油、纸笔,月支银三钱""红石岩厂,课长一名,月支银一两;巡役一名,月支银一两七钱;坐厂家丁一名,月支银三两。灯油、纸笔月支银三钱""大兴厂,书记一名,月支银二两五钱;课长二名,每名月支银一两;巡役四名,每名月支银一两九钱;土练二名,每名月支银六钱。灯油、纸笔,月支银二两五钱。""红坡厂,书记一名,月支银二两五钱;课长二名,每名月支银一两;巡役一名,月支银一两九钱;土练二名,每名月支银六钱。灯油、纸笔,月支银二两五钱"。

[11] "余"至"廉、食":以上各厂,亦不支各役工食银。

[12] 关店:清代政府在滇省运铜交通要道沿途州、县设立铜店,负责转运所在区域各厂铜斤。关店即大理府下辖关铜店,设在下关,负责接收迤西道各厂铜斤,并将铜斤转运至寻甸或省。戴瑞徵《云南铜志·陆运·各店店费》:"下关店承运京铜,设立家人一名,月给工伙银三两;书记一名,月给工伙银三两;巡役二名,每名月给工伙银一两五钱;搬夫二名,每名月给工伙银一两五钱;秤手一名,月给工伙银一两五钱。又月给房租银一两。灯油、纸笔银一两。自下关至楚雄,计程六站半,每站设催铜差二名,共十三名,每名月给工伙银一两。月共给银二十八两五钱""又下关店收发采买铜斤,设立书记一名,月给工伙银三两;搬夫二名,每名月给工伙银二两。月共给银七两"。

[13] 寻店:即曲靖府寻甸州铜店,设在州城,为滇省最重要的铜店之一,负责接收迤西道关店以及迤东道各厂运京铜斤,并将铜斤转运至威宁店。戴瑞徵《云南铜志·陆运·各店店费》:"寻甸店承运京铜,设立家人一名,月给工伙银三两;书记一名,月给工伙银一两;巡役十名,每名月给工伙银二两;搬夫八名,每名月给工伙银二两。又月给灯油、纸笔银二两。月共给银四十四两。"

[14] 威店:即贵州威宁州铜店,设在州城,负责接收寻甸店运京铜

斤，并转运至镇店。戴瑞徵《云南铜志·陆运·各店店费》："威宁州承运京铜，设立书记一名，月给工伙银三两；巡役十名，每名月给工伙银二两。月共给银二十三两。"

[15]　镇店：即昭通府镇雄州铜店，设在州城内，负责接收并转运威宁店运京铜斤。戴瑞徵《云南铜志·陆运·各店店费》："镇雄州承运京铜，设立书记一名，月给工伙银二两四钱；搬夫二名，每名月给工伙银一两八钱；巡役一名，月给工伙银一两八钱。又每月给房租银二两，灯油、纸笔银二两五钱。月共给银一十二两三钱。"

[16]　东店：即东川府铜店，设在会泽县城内，负责接收并转运东川府部分运京铜斤。戴瑞徵《云南铜志·陆运·各店店费》："东川店承运京铜，设立书记一名，月给工伙银三两；巡役八名，每名月给工伙银二两；搬夫五名，每名月给工伙银二两。又月给灯油、纸笔等银一十三两二钱八分。月共给银四十二两二钱八分。"

[17]　昭店：设在恩安县（今昭通市昭阳区）城。戴瑞徵《云南铜志·陆运·各店店费》："昭通店接收东店铜斤，分运关、坪二店交收。所有书、巡工伙银两，系该府自行酌给，并不动项支销。"

[18]　井店：即盐井渡铜店，设在盐井渡岸。戴瑞徵《云南铜志·陆运·各店店费》："盐井渡店，设夫二名，看守铜斤，每名月给饭食银一两二钱。又于泸店租房一所，交兑铜斤，月给房租银一两。月共银三两四钱。"

[19]　坪店：即黄草坪铜店。戴瑞徵《云南铜志·陆运·各店店费》："永善县经管黄草坪店接运京铜……于黄草坪、雾基滩、锅圈岩、大汉漕、新开滩五处，每处设立书记一名，月给工伙银三两；搬夫十名，每名月给工伙银二两。月共给银三十五两。"

[20]　泸店：即泸州铜店，承接所有滇省运京铜斤。戴瑞徵《云南铜志·陆运·各店店费》："泸州铜店接收兑发京铜，设立书记一名，月给工伙银三两；搬夫十二名，每名月给工伙银二两。月共给银二十七两""又泸州铜店，每年给房租银一百两，遇闰不加。于公件项下发给，按年造册报销。泸店房租，每月原给银十二两，年共给银一百四十四两。前奉部咨，自嘉庆五年十二月二十四日起，每年约减银四十四两，只准给银一百两，遇闰摊支"。

附：《户部则例》

云南省铜厂官养廉、薪水项下：汤丹厂厂官，月支银三十两；碌碌厂、尖山厂[1]、义都厂、宁台厂厂官，各月支银一十五两；大水沟厂、大风岭厂、青龙厂、金钗厂、茂麓厂厂官，各月支银十两；白羊山厂厂官，下关、楚雄、省城三处各委员，月支银八两；寨子箐厂厂官，月支银六两。

役食项下：迤东道、东川府，各岁支银八十两；临安、澄江、顺宁三府，各岁支银二十两；云南府岁支银一十九两二钱。

坐厂书记：马龙厂一名，月支银一两五钱；日见汛厂[2]一名，月支银二两；青龙厂、金钗厂、白洋[3]山厂、红坡、大兴厂各一名，宁台厂三名，义都厂二名，茂密厂、马街各一名，每名月支银二两五钱；尖山厂二名，大水沟厂、兴隆厂、隆宝厂[4]、大风岭厂、人老山厂、箭竹塘厂、冷水沟厂[5]、杉木箐厂、茂麓厂、寨子箐厂、永昌店、寻甸店、东川店，各一名，下关、楚雄、省城三处共二名，每名月支银三两。

稿经：督抚衙门各二名，总理衙门四名，每名月支银二两七钱。

书算：督抚衙门各三名，总理衙门一十四名，每名月支银二两二钱。

办铜书吏、厂差、秤手：督抚、司道衙门所设，岁共支工伙银八百两。

客课：寨子山厂[6]、人老山厂、箭竹塘厂、日见汛厂各一名，青龙厂、白洋山厂各二名，金钗厂四名，每名月支银一两。大水沟厂、尖山厂各四名，大风岭厂、茂麓厂各三名，兴隆厂、隆宝厂、杉木箐厂各二名，冷水沟厂一名，每名月支银二两。

课长：寨子箐厂一名，月支银二两。义都厂六名，宁台厂四名，红坡、大兴等厂各二名，凤凰坡厂、红石岩厂各一名，每名月支银一两。

巡役：总理衙门八名，迤东道二名，东川府二名，青龙厂八名，金钗、白洋山各六名，红坡、大兴等厂各四名，每名月支银一两九钱。大水沟厂一十四名，茂麓厂一十五名，尖山厂一十六名，寻甸店一十名，东川店、大风岭厂各八名，杉木箐厂六名，兴隆厂、隆宝厂各四名，冷水沟厂二名，每名月支银二两。宁台厂二十二名，义都厂二十四名，红石岩厂、凤凰坡厂、马街各一名，每名月支银一两七钱。茂密厂三名，每名月支银一两七钱。

下关、楚雄、省城共站役二十五名，每名月支银一两；巡役二名，月支银一两五钱。人老山厂、箭竹塘厂各一名，每名月支银一两。日见汛厂一名，每名月支银一两二钱。寨子山厂一名，月支银七钱。大风岭厂二名，每名月支银二两。金钗厂二名，每名月支银一两九钱；又，土练五名，每名月支银六钱。义都厂六名，青龙厂六名，每名月支银六钱。红坡、大兴厂各二名，每名月支银六钱。

店役：马龙厂一名，月支银一两七钱。

炉头：马龙厂一名，月支银三两。

长工：马龙厂二名，每名月支银一两五钱。

渡船水手：大风岭厂二名，每名月支银二两。

厨役水火夫：大水沟厂二名，尖山厂、茂麓厂各一名，每名月支银二两；青龙厂、宁台厂、白洋山厂各一名，每名月支银一两。

搬铜夫：东川店十名，楚雄店、大理下关店各二名，每名月支银二两。

坐厂家丁：凤凰坡厂、红石岩厂、寻甸店各一名，每名月支银三两；寨子山厂一名，月支银一两五钱。

查厂家丁、书巡、总理衙门专差：岁支银四百四十六两。

杂费项下：灯油、纸笔，大水沟厂、茂麓厂月支银十两，尖山厂月支银八两，兴隆厂、隆宝厂各月支银五两，义都厂月支银四两，金钗厂月支银三两，青龙、红坡、大兴等厂月支银二两五钱，白洋山厂、寨子箐厂各月支银二两，宁台厂、青阳岭厂、大风岭厂各月支银一两，寨子山厂、日见汛厂、马龙厂、人老山厂、箭竹塘厂、冷水沟厂、茂密、马街等处各月支银五钱，凤凰坡厂、红石岩厂各月支银三钱，寻甸店月支银二两，东川店岁支银一百五十九两三钱六分，并差役盘费在内。督抚衙门各月支银一十五两，总理衙门月支银三十两。

祭犒：大水沟厂，岁支银三十八两；尖山厂，岁支银二十四两；兴隆厂、隆宝厂，岁各支银一十六两；大风岭厂，岁支银一十二两；义都厂，岁支银八两；马龙厂，月支银四钱。

房租：永昌府城，月支房租银五钱。

各厂请领工本脚费，每银一千两，每站给马脚盘费银一钱三分四厘。

又，云南省汤丹厂，客课五名，巡役四名，每名月支银二两；钻天坡看桥夫一名，月支银五钱；二、八月祭山二次，买备猪、羊共银八两；塘兵护送工本、赏费共银二两四钱；红花园客课一名，月支银三两二钱；洞长二名，每名月支银一两二钱。碌碌厂客课六名，每名月支银一两，巡役二名，每名月支银一两四钱；大雪山洞长一名，月支银一两二钱；得禄山炉长一名，月支银一两二钱。各厂发运寻甸、东川铜斤，每百斤搭运五斤，不给脚价，共节省银五百三十三两七钱三厘，即以此项银两，为汤丹、碌碌二厂厂费、役食之用。

注 释

[1] 尖山厂：王昶《云南铜政全书》："尖山铜厂，坐落宁州地方。乾隆二十四年开采，岁办铜四五十万斤。三十四年，办铜九十余万斤，后渐少，矿砂无出。四十一年封闭。"

[2] 日见汛厂：王昶《云南铜政全书》："日见汛厂，坐落丽江府地方。乾隆十年开采，四十一年封闭。"

[3] 洋：应为羊，即白羊厂。

[4] 隆宝厂：乾隆《云南通志》及《铜政全书》有关于"龙宝厂"之记录甚少。乾隆《云南通志》："龙宝等铜厂，坐落路南州地方，康熙四十四年，总督贝和诺题开。"王昶《云南铜政全书》："乾隆五年封闭。"

[5] 冷水沟厂：王昶《云南铜政全书》："冷水沟厂，坐落罗次县地方。乾隆二十七年开采。二十八年开大美子厂，冷水沟抛弃。"

[6] 寨子山厂：乾隆《云南通志·铜厂》："寨子山铜厂，坐落易门县地方。康熙四十四年，总督贝和诺题开。"《大清会典事例·户部九十三·杂赋》："康熙四十九年，题准：云南易门县寨子山铜厂，令开采以收课息。"王昶《铜政全书》："乾隆四十一年封闭。"

考第六

岁会、月要、日成，所以弊吏也；日省、月试、称事，所以劝工也。矿者工所聚，而吏与有专责焉。能者赏，不能者罚，事集而帑不虚耗。非刑非德乌能齐，不齐之众，而董正有司哉，故记考。

凡滇厂皆地方官理之，其有职任繁剧，而距厂辽远，不能兼理者，则委专员理之。酌远近、别大小，量材而任，宽裕者叙，短缺者议。[1]

凡滇省应办额铜，按月均分记数解交，缺者补足，一两月不能足，记过；三月后不能足，则檄彻听议，别委员接理之。若月额外获铜多者，小则记功，大则请叙。[2]

凡滇厂情形靡定，有丰旺多于旧额者，据实报增，计其多办之数，请叙[3]。若以额铜已足，走私盗卖，即治其罪。其缺额者，实系矿砂衰薄，准厂员据实具报，委大员勘察属实，或减额，或停采，随案题报。如厂员调剂失宜，以致短额，仍以少办之数，请议，甚者随时纠劾。

凡承办铜斤，如厂铜缺额，运泸迟延，其厂员、运员均遭戒。至缺额八分以上及未及八分者，均褫职，仍在厂协同催办，一年后仍不足额，亦即遭戒。[4]

凡滇省运铜，该管道府查验，务须镕化纯洁、圆整，大块不得藉称激碎，配兑搀杂。零星间有配搭碎块，改用木桶装盛，块数、斤数注明桶面，逐起造册，咨部查验、兑收。其直由该省通融酌办，不准报销。[5]

凡铜面上，錾明厂分、斤数、号数及炉户姓名。[6]倘成色不及八五至九成以上者，部局拣出另煎。[7]其亏折斤两，责令承办各员，如数赔补，仍按号行提炉户责惩。如有搀和铁砂，将黑厚板铜搪塞及运员含混接收，除驳回外，将厂运及督办各员交议。

注 释

[1] "凡滇厂"至"议"：戴瑞徵《云南铜志·附厂务悉归地方官经管》："滇省各铜厂，从前系派委正印、佐杂等官经管，并无一定。乾隆四十二年，总督李、巡抚裴奏准：悉归地方正印官经管。并声明，即有繁剧地方，离厂较远，正印官不能照料，必须另委专员经管者，亦宜改委州县丞卒等官经理等因，遵照办理，俱未专案咨报。嘉庆十二年，于登复当年《考成案》内声明，嗣后如有必须委管办之厂，将改委缘由，专案报部查核。"

[2] "凡滇省"至"请叙"：《钦定户部则例·钱法三·办铜考成》："滇省每年应办额铜，按月分股计数勒交。如缺少铜斤之厂，一两月不能补足量，予记过。倘至三月以后，将本员撤回，入于《铜政考成案》内声明议处，另行委员管理。若能于月额之外多获铜斤，小则记功，大则议叙，入于《考成案》内办理。云南各铜厂情形时异，有获铜丰旺多于旧额者，均令据实报增，仍于《考成案》内计其多办，声请议叙。倘因额铜已敷，将余铜走私盗卖，该督抚即行严参治罪。其获铜缺额者，如实系矿砂衰薄，亦准厂员据实具报，委道府勘查属实，或应减额，或应封闭，于《考成案》内题报。如系厂员调剂失宜，以致短额，仍计其少办分数，声请议处。滇省承办铜斤运员，自厂运泸，如逾例限，革职，发往新疆效力。厂员缺额七分以上者，革职，仍令在厂协同催办，如一年后，仍不足额，即照例发往新疆效力。"又戴瑞徵《云南铜志·附办铜考成》："乾隆四十三年，总督李具奏：'滇省各厂办获铜斤，系由厂员随意填报，全无稽核。今就各厂现在月报，核计多寡，酌定年额，划分十二股，按月计数勒交。如有缺额，令于一月内题补。倘三月之后，不能补足，即将本员撤回，于《考成案》内议处。若能于月额之外多办，于《考成案》内议叙'，奉部复准。四十三年考成，即按月划分十股之案造报。至四十六年，总督福、巡抚刘会奏：'各厂从前定额，原就一年十二月之数，按月划分，核计盈缩，以定考成。而一年之内，天时地利各有不同，因之办获铜斤，亦多寡不一。若一二月内补足，势所不能。应请统限一年，入于《考成案》内开参'，奉部复准。自四十四年起，各厂年办额铜，即照奏定统限一年之例，划分十股。核计多办、少办分数，分别议叙、议处。"

[3] 请叙：戴瑞徵《云南铜志·附办铜考成》："如于月额之外，多获铜斤，至一分以上者，纪录一次。二分以上者，纪录二次。三分以上者，纪录三次。四分以上者，加一级。五分以上者，加二级。遇有数多者，以次递加，加至七级为止。经管厂员及该管道府，均照此一律议叙，但不准抵别案降罚。又短铜降罚之案，如有钱粮、运功加级，方准抵销。又总理藩司及统辖巡抚，系按通省各厂额数核计。多办不及一分，例不议叙。一分以上者，纪录一次。二分以上者，纪录二次。三分以上者，纪录三次。"

[4] "凡承办"至"遣戍"：《钦定大清会典事例·吏部八十八·处分》："乾隆四十七年，奏准：滇省各铜厂，除产铜无多之厂照旧办理外，其余大小各厂，俱按出铜确数，画分十二股，按月核计，以十分之数查察。其欠不及一分者，罚俸六个月；欠一分以上者，罚俸一年；欠二分、三分者，降一级留任；欠四分、五分，降一级调用；欠六分以上者，降二级调用；欠七分者，降三级调用；七分以上未及八分、及八分以上未及九分者，俱革职。"又戴瑞徵《云南铜志·附办铜考成》："专管道府督催，欠不及一分者，停其升转。一分以上者，降俸一级。二分、三分者，降职一级。欠四分、五分者，降职三级。欠六分、七分者，降职四级。俱令戴罪督催，停其升转，完日开复。欠八分以上者，革职。藩司总理各厂，如少办不及一分者，停其升转。如已升任，于现任内罚俸一年。少办一分以上者，藩司降俸一级。二分、三分，降职一级。少办四分、五分者，降职三级。少办六分、七分者，降职四级。俱令戴罪督催，停其升转，完日开复。少办八分以上者，革职。又巡抚统辖各厂，少办不及一分，免议。少办一分者，罚俸三个月。少办二分者，罚俸六个月。少办三分者，罚俸九个月。四分者，罚俸一年。五分者，降俸一级。六分者，降俸二级。七分者，降职一级。八分，降职二级。俱停其升转，戴罪督催，完日开复。

[5] "凡滇省运铜"至"报销"：《钦定大清会典事例·户部六十四·钱法》："（乾隆）二十七年，奏准：凡铜斤整圆碎小之块，各令分包，整圆者不拘百斤定数，碎小者务足百斤，然后封包，其块数、斤数，用木牌开明，沿途盘验时连包秤兑，止照木牌核对，不许逐处拆动，以杜偷窃而防遗失。"

[6] "凡铜面"至"姓名"：《钦定大清会典事例·户部六十四·钱法》："（乾隆）四十九年，奏准：铜斤领运时，于铜面上錾凿厂分、炉户姓名，

遇有挑退低铜，饬令改煎补运，仍将炉户责惩。"

[7]"倘成色"至"另煎"：《钦定大清会典事例·户部六十四·钱法》载："乾隆三年，又复准：各省承办云南铜，解部时，多系九成、九五，照成色核减，嗣后于正铜百斤之外，加给耗铜八斤，永为定例。"《钦定户部则例·钱法一·低铜处分》载："云南办运京铜解交部局，如有验出不足八成低潮之铜，查系何厂，即作该厂亏欠分数，统以十分计算，按照铜厂不足月额之例议处。其店、运各员及督办府道，统以一起所解铜斤若干，作为十分，即以京局挑出低潮之铜，作为该员亏欠分数，各按分数议处。店员视厂员减一等，运员又减一等，该管府道又视运员议减一等。仍由户、工二部核明分数，知照吏部，分别议处。至户、工二局监督核验铜色，如有高下其手及有意刁难、徇私收受等弊，亦照例议处。"又戴瑞徵《云南铜志·陆运·核减铜色》："四十一年至五十一年，部局收铜，估验成色，自七六以至八五、六不等。五十二年至今，部局收铜，均以八成验收。应减铜色银两，按起奉部，核明行知，在于铜息银内，扣减造报。每年约计核减铜色银三万五六千两至四万余两不等。所有核减铜色，俱毋庸买铜补运。"

运第七

偩五致一，转漕之费也。铜之运殆过之，滇之间民转移以糊其口者无算，而黔、蜀亦沾溉焉。由江而运河，以达于潞，川、黔之氓，待以生者多矣，非所谓钱流地上者欤？故记运。

京铜年额六百三十三万一千四百四十斤，由子厂及正厂至店，厂员运之；由各店至泸店，店员递运之；由泸店至通州，运员分运之。局铜则厂员各运至局。采铜，远厂则厂员先运至省，近厂则厂员自往厂运。

曲靖府经管双龙厂京铜，运交寻店，二站，每百斤脚银二钱。

东川府经管汤丹厂京铜，运交东店，二站，每百斤脚银二钱五分[1]九龙箐子厂，每百斤一钱八分七厘；聚宝山、观音山子厂，一钱二分五厘；大矿山子厂，六钱八分七厘五毫；岔河子厂，六钱二分五厘。

碌碌厂京铜，运交东店，三站半，每百斤脚银四钱多宝子厂，六钱八分七厘五毫；小米山子厂，六钱二分五厘。[2]

大水沟厂京铜，运交东店，三站半，每百斤脚银四钱联兴子厂，八钱一分二厘五毫；聚源子厂，一两四钱三分七厘五毫。[3]

茂麓厂京铜，运交大水沟，四站，脚银四钱五分普腻子厂，五钱六分二厘五毫。[4]

大水沟，运交东店，三站半，每百斤脚银四钱。[5]

大风岭厂京铜，运交东店，六站，每百斤脚银七钱五分大寨，又名杉木箐子厂，三钱七分五厘。[6]

紫牛坡厂京铜，运交东店，二站半，每百斤脚银一钱二分五厘。[7]

狮子尾厂京铜，运交东店，十站，每百斤脚银一两二钱九分二厘。[8]

大关同知经管人老山厂京铜，运交泸店，水路九站半，每百斤水、陆脚价等银六钱一分八厘。箭竹塘厂京铜，运交泸店，水、陆十一站半，每百斤水、陆脚价等银一两九分九厘。[9]

鲁甸同知经管乐马厂京铜，运交昭店，二站，每百斤脚银二钱五分八厘。[10]

昭通府经管金沙梅子沱厂京铜，运交泸店，每百斤脚银一钱六分四厘五毫。[11]

永善县经管小岩坊厂京铜，运交泸店，每百斤脚银六钱五分九厘。[12]

镇雄州经管长发坡厂京铜，运交牛街[13]店，三站，每百斤脚银三钱；又至罗星渡，四站，脚银五钱一分六厘零。[14]

路南州经管凤凰坡厂京铜，运交寻店，五站，每百斤脚银六钱四分六厘。红石岩厂京铜，运交寻店，六站，每百斤脚银七钱七分五厘零。红坡、大兴二厂京铜，运交威店，十一站，每百斤脚银一两一钱八分七厘零。发古厂京铜，运交威店，十三站，每百斤脚银一两六钱七分九厘零。[15]

委员经管宁台[16]、云龙州经管大功厂[17]京铜，运交关店，各十二站半，每百斤脚银一两五钱三分六厘零宁台子厂：水泄、底马库银厂三钱，荃麻岭厂九钱，罗汉山厂七钱。

永北同知经管得宝坪厂京铜，运交关店，十站半，每百斤脚银一两三钱五分六厘零。[18]

丽江府经管回龙厂京铜，运交关店，十六站半，每百斤脚银一两六钱五分。[19]

易门县经管香树坡厂京铜，运交寻店，十四站半，每百斤脚银一两八钱七分三厘零。

蒙自县经管老硐坪厂京铜，运交寻店，二十一站半，每百斤脚银二两七钱七分七厘零。

注 释

[1] "汤丹"至"五分"：《钦定户部则例·钱法二·铜厂运脚》："汤丹厂运寻甸店，每百斤给银四钱五分；运东川店，每百斤给银二钱五分。九龙箐子厂运至汤丹，每百斤给银一钱八分七厘，聚宝山、观音山二子厂运至汤丹，每百斤各给银一钱二分五厘。自寻甸至威宁，计陆路十五站，

每百斤给运费银九钱三分三厘三毫零。自省城请领运脚至寻甸店,计三站,每银一千两,每站给马脚银一钱三分四厘三毫柒丝五忽。"又戴瑞徵《云南铜志·铜厂上》:"自厂至小江一站,小江至东川城一站,共二站,每百斤给运脚银二钱五分。……又分运寻甸铜斤,自厂至钻天坡一站,钻天坡至松毛棚一站,松毛棚至双箐一站,双箐至寻甸一站,共四站,每百斤给运脚银四钱五分"。

[2] "碌碌"至"五厘":戴瑞徵《云南铜志·厂地上》:"发运东川店转运。自厂至黄草坪半站,黄草坪至小田坝一站,小田坝至尖山塘一站,尖山塘至东川府城一站,共三站半,每百斤给运脚银四钱""多宝子厂……办获铜斤,应交老厂转运,每百斤给脚银六钱八分七厘五毫""小米山子厂……办获铜斤,运交老厂转运,每百斤给运脚银六钱六分五厘,于厂务项下支销"。

[3] "大水沟厂"至"五毫":《钦定户部则例·钱法二·铜厂运脚》:"大水沟厂。运东川店,每百斤给银四钱。"戴瑞徵《云南铜志·厂地上》:"联兴子厂……办获铜斤,悉照老厂事例收买,运交老厂,转运补额,每百斤给运脚银八钱一分二厘五毫。"

[4] "茂麓"至"五毫":茂麓厂铜分运大水沟厂及东川铜店。据《钦定户部则例·钱法二·铜厂运脚》载:"铜厂运脚,茂麓厂运至大水沟厂,每百斤给银四钱五分六厘;运东川店,每百斤给银四钱",又"普腻子厂……办获铜斤,悉照老厂事例收买,运交老厂,转运补额,每百斤给脚银五钱六分一厘五毫,均于厂务项下支销"。

[5] "大水沟"至"四钱":此处系重复,上文已经述及大水沟厂,当为印刷或编纂之误。

[6] "大风岭"至"五厘":《钦定户部则例·钱法二·铜厂运脚》:"大风岭厂铜厂运脚,运东川店,每百斤给银七钱五分。"大风岭子厂有二,即大寨、杉木箐,前文已注,至于运脚银,据戴瑞徵《云南铜志·厂地下》载:"杉木箐子厂……办获铜斤,照老厂事例,径运东店,归老厂报销,不支运脚""大寨子厂……办获铜斤,悉照老厂事例收买,运交老厂,转运补额。每百斤给运脚银三钱七分五厘,均于厂务项下支销"。

[7] "紫牛坡"至"五厘":紫牛坡铜厂办获铜斤,或供京运,或供东

局铸钱。据戴瑞徵《云南铜志·厂地下》载，紫牛坡厂铜斤"发运东川店转运，或东川局交收。自厂至则都箐半站，则都箐至尖山塘一站，尖山塘至东川府城一站，共二站半，每百斤给运脚银三钱一分二厘五毫。如拨运京铜，每一百二十斤支销筐篓一对，给银一分七厘"。

[8] "狮子尾"至"二厘"：据戴瑞徵《云南铜志·厂地下》载，狮子尾厂"所收铜斤，系运省局或运府仓交收"。运交省城共九站，"自厂至普及一站，普及至大隔一站，大隔至撒甸汛一站，撒甸汛至倮黑塘一站，倮黑塘至者末塘一站，者末塘至武定州城一站，武定州至鸡街汛一站，鸡街汛至黄土坡一站，黄土坡至省城一站，共九站，每百斤给运脚银九钱"。若运交东店，则共十站，"自厂至马路塘一站，马路塘至撒撒厂一站，撒撒厂至凤毛岭一站，凤毛岭至发窝一站，发窝至会理村一站，会理村至小铜厂一站，小铜厂至鸡罩卡一站，鸡罩卡至孟姑一站，孟姑至三道沟一站，三道沟至东川府城一站，共十站。发运东局铜斤，每百斤给运脚银一两"。

[9] "人老山"至"九厘"：《钦定户部则例·钱法二·铜厂运脚》载，人老山厂"铜厂运脚，运泸州店，每百斤给银六钱一分八厘。"箭竹塘厂"铜厂运脚，运泸州店，每百斤给银一两九分九厘"。

[10] "乐马"至"八厘"：《钦定户部则例·钱法二·铜厂运脚》："乐马厂运昭通店，每百斤给脚价银二钱五分八厘。"

[11] "梅子沱"至"五毫"：《钦定户部则例·钱法二·铜厂运脚》："金沙厂运泸州店，每百斤给运费等银一钱六分四厘五毫。"梅子沱地本无铜矿，其厂为收买金沙厂银䑕到梅子沱炼铜，故称金沙梅子沱厂，或直接称金沙厂。

[12] "小岩坊"至"九厘"：《钦定户部则例·钱法二·铜厂运脚》："小岩坊厂，运泸州店，每百斤给运费等银六钱五分九厘。"

[13] 牛街：即今昭通市彝良县牛街镇，清代为镇雄州辖地，由此地过罗星渡，即可到达四川省。

[14] "长发坡"至"六厘零"：《钦定户部则例·钱法二·铜厂运脚》："长发坡厂运牛街店，每百斤给运费等银三钱；自牛街店运罗星渡，转运泸州店，每站每百斤给运费等银一钱二分九厘。"

[15] "凤凰坡"至"九厘零"：戴瑞徵《云南铜志·厂地下》载，凤

凰坡厂"如拨京运,自厂至阿药铺一站,阿药铺至陆凉州城一站,陆凉州至刀章铺一站,刀章铺至马龙州城一站,马龙州至寻甸州城一站,共五站。每百斤给运脚银六钱四分六厘,于陆运项下支销"。红石岩厂"如拨京运,自厂至大麦地一站,大麦地至阿药铺一站,阿药铺至寻甸州城四站,计自厂至寻甸共六站。每百斤给运脚银七钱七分五厘二毫,于陆运项下支销"。红坡厂"如拨京运,自厂至威宁计程十一站",大兴厂"如拨京运,自厂至回子哨一站,回子哨至陆凉州城一站,陆凉州至小哨一站,小哨至曲靖府城一站,曲靖府至松林一站,松林至关哨一站,关哨至永安铺一站,永安铺至宣威州城一站,宣威至倘塘一站,倘塘至箐头铺一站,箐头铺至威宁州城一站,共十站",二厂皆"每百斤给运脚银一两一钱八分七厘六毫,于陆运项下支销"。发古厂"如拨京运,自厂至新村一站,新村至折苴一站,折苴至甸沙一站,甸沙至王家庄一站,王家庄至马龙州城一站,马龙州至黑桥一站,黑桥至遵化一站,遵化至永安铺一站,永安铺至石了口一站,石了口至可渡一站,可渡至箐头铺一站,箐头铺至飞来石一站,飞来石至威宁州城一站,共十三站,每百斤给运脚银一两六钱八分六厘,于陆运项下支销"。

[16] 宁台:《钦定户部则例·钱法二·铜厂运脚》载,宁台厂"办运京铜,每站每百斤给银一钱二分九厘二毫"。又戴瑞徵《云南铜志·厂地上》载,宁台厂如拨京运,"自厂至老牛街一站,老牛街至阿莽寨一站,阿莽寨至顺德桥一站,顺德桥至老莺坡一站,老莺坡至鸳鸯塘一站,鸳鸯塘至回子村一站,回子村至阿梅寨一站,阿梅寨至岔路一站,岔路至傈傈寨一站,傈傈寨至桥头一站,桥头至石坪村一站,石坪村至大理府城一站,大理府城至下关店半站,共十二站半"。所运铜不同,支给运脚有差,蟹壳铜"每百斤给运脚银一两六钱一分五厘",紫板铜"每百斤给运脚银一两二钱五分二厘一毫二丝五忽"。

[17] 大功厂:《钦定户部则例·钱法二·铜厂运脚》:"大功厂,办运京铜,每站每百斤给脚价银一钱二分九厘二毫。"

[18] "得宝坪"至"六厘零":《军机处录副奏折》(嘉庆二十年四月十八日,云贵总督伯麟、云南巡抚臣孙玉庭奏"为办铜工本查照部驳核实奏闻仰祈圣鉴事"):"得宝坪厂……每办课、余铜百斤,发运铜每百斤,

照京铜事例，每站给运脚银一钱二分九厘二毫，共该银一两三钱五分六厘六毫。"

[19]"回龙"至"五分"：《军机处录副奏折》（嘉庆二十年四月十八日，云贵总督伯麟、云南巡抚臣孙玉庭奏"为办铜工本查照部驳核实奏闻仰祈圣鉴事"）："回龙厂……每课、余铜一百斤……自厂至下关店计程十六站半，准销运脚银二两一钱三分一厘八毫。"

寻甸一路[1]

迤西道收宁台、大功、回龙等厂京铜，由下关俗称关店运至寻甸，计陆路十六站半，每百斤脚银二两一钱三分一厘八毫。

迤东道接迤西道运交并收凤凰坡、红石岩、红坡、大兴、发古、香树坡、老硐坪等厂京铜，由寻甸俗称寻店至威宁州，计车站十五站，每百斤脚银九钱三分三厘零。

威宁州接迤东道运交京铜，由威宁俗称威店至镇雄州，计程五站，每百斤脚银六钱四分五厘零。

镇雄州接威宁州运交京铜，[2]由镇雄俗称镇店至泸州，计水、陆十三站，每百斤脚银九钱三分六厘。

注 释

[1] 寻甸一路：民国《寻甸州志·铜运》："寻甸州承运京铜，设铜店一所，每年接收省西各厂铜斤，转运交威宁州。嗣因寻甸至威宁中隔宣威州境，呼应不灵，易滋迟误，奏准由寻甸州兑发转交威宁州，递运威宁，后因寻、宣二州皆隶曲靖府，即奏明归该府承运交威，以免寻、宣二州递相收交之繁。嘉庆四年，经总督富纲奏称：'曲靖府驻劄南宁县城，相距寻甸州三站，迤东道驻劄寻甸州，且省西各厂京铜至寻俱系迤西道承运，迤东自应划一办理。所有各厂运交寻甸州铜斤，应改归迤东道经管，兑收运交威宁州接收转运。其运脚等项银两俱照原定章程，由道赴司请领支发，造册报销。'经部议准，改归迤东道承运，每年额运京铜三百一十六万五千七百二十斤，历由布政司详拨移道查照收发。自寻至威计程十五站，每百斤铜额领运脚银一两，内扣解正额节省银六分六厘六毫六丝六忽，又扣解搭运节省银四分四厘四毫四丝五忽，实领运脚银八钱八分八厘八毫八丝八忽，共应领运交银二万八千一百三十九两七钱五厘。自省至寻核定四站，每银百两驼脚银四分二厘三毫四丝，共领驼脚银一十一两九钱一分四厘，

以上运脚并驼脚银每百两搭放半成钱，本银五两，每两发给局钱一千二百文。接额铜所拨之数运领承运养廉银四百八十两，每百两搭放一成钱，本银十两，每两发给局钱一千二百文。至每年带运加办挂久炉底等款铜，约计一百五十万斤不等，其运脚银同前，惟不领养廉银，每年店费、书、巡工食银五百二十八两，卡房、书、巡工食等银三百七十四两四钱。寻、宣二吏目，可渡巡检催铜盘费银，每月五两，共领银一百八十两，遇闰加增，其炎（方）、松（林）巡检催铜盘费，由承运官照数捐给。"

[2] 镇雄州接威宁州运交京铜：乾隆《镇雄州志·艺文·镇雄州铜运节略》（州牧饶梦铭）："威店铜斤之由镇雄运罗星渡也，起自乾隆十年。其先则一由东川、鲁甸运至奎乡抵镇，由镇接运赴川省永宁交卸，年额运铜二百二十二万；一由黔省威宁、毕节转运永宁。嗣因毕节一路铜、铅汇出，鲁甸一路道途纡阻，挽运维难。经鲁甸别驾金公讳文祥查勘，罗星渡河可以开修运道，详请修浚，于乾隆十年正月内兴工，四月工竣，即于是年七月试运，起额运铜一百五十七万。至乾隆十九年甲戌，又加运铜一百五十七万零，年运铜三百十五万有奇。初则委运京铜之员，即由寻甸领运直赴泸州，运京交兑。因陆路夫、马呼应不灵，运务迟延，乃委专员在威宁总运，运员在泸接运赴京，十余年来旱运驼马云集，永运河道初开，并无迟误之虞。至乾隆三十六年，征缅军兴之后，马匹稀少，前署州汪公讳丙谦始兼管威店，暂雇镇属民夫帮运，州牧白公讳秀到任亦踵而行之。迨三十八年，梦铭接任维时，滇省盐政攸关，曲靖一带禁食川盐，马无回头，愈难招雇，铜运繁急，而用夫之举难以遽停，节将民夫背运艰苦情形缕悉剀切具禀。各大宪并请预借脚价，设法购买马匹，因奉批饬，不准旋调大关。四十年，署州周公讳翔千亦查照前禀情形，具详，是冬，梦铭仍回镇任，复以购马通盐，两请奉批。曲靖府盐课重大，难于准行，梦铭因公赴省，乃将镇民背运维艰情由面禀各大宪，力恳设法济运。仰蒙念切民艰，于一件遵旨议奏事案内附请滇省解交京铜六百余万斤，由寻甸、东川两路分运泸州，其中牛驼马载，脚价尚足敷用，惟自威宁州至镇雄州所属之罗星渡计程十站，山路崎岖，今年马匹稀少，俱系雇夫背运，两夫背运一码重一百六十斤，给脚每铜一码加增银四钱八分，计威宁一路年运京铜三百余万斤，约需加脚价九千余两，请于加给厂民铜价内每两扣银五分八厘零，即

可如数加增，不必另筹款项等。因奉准部覆查，威宁州至罗星渡计程十站，例用马运每马驼铜一码，重一百六十斤，给脚价银二两，历年遵办支销在案。今该督等既称近年马匹稀少俱系雇夫背运，一码给脚银二两，往返一月食用不敷，请于加给银价内每两扣银五分八厘，是在厂民不过扣除平头之数，所损无几，而脚户得此项增给，食用即永，不致办理掣肘，应如所奏，准其在于加给铜价内，每两扣银五分八厘，共给扣银九千余两增给脚户，以速铜运。但查该处旧例，原系马运，即如或因马匹稀少加雇夫运，亦属暂时通融，未便恃有铜价扣增，遂不雇用马匹致靡运费，应令该督抚严饬该州实力稽查，倘马匹敷用，仍照旧例办理。奉旨依议，钦遵在案书，乾隆四十一年丙申阳月也。"又，《钦定大清会典事例·户部六十四·钱法·办铜二》："（乾隆）四十六年，奏准：滇省镇雄州，承运寻甸、宣威铜斤，在威宁设店运泸交卸，途长站远，每多竭蹶，应将威宁至镇雄，改归威宁州承运，自镇雄至罗星渡，仍令镇雄州承运。惟该州铜运，全系民夫背负，与骡马驮运不同，每铜一百六十斤，加给脚价银四钱八分。"

东川一路

东川府接自办汤丹等厂运交京铜，[1]自东川俗称东店运至昭通，计程五站半，每百斤脚银七钱九厘零。

昭通府接东川运交并收乐马等厂京铜，[2]由昭通俗称昭店分运大关厅豆沙关今至盐井渡，计程六站，[3]每百斤脚银七钱七分四厘零；分运永善县黄草坪陆路三站半，每百斤脚银四钱五分一厘零。

大关厅接昭通运交，并自办人老、箭竹等厂京铜，由豆沙关今在盐井渡，故俗称井店至泸州，每百斤水脚等银八钱五分八厘零豆沙关额设站船水运，盘铜上载，每百斤给夫价银一分二厘。经过龙拱沱滩，盘铜至猪圈口滩，每百斤给夫价银二分；前赴盐井渡，每百斤增给水脚银一分。盐井渡水运赴泸州，雇夫收铜、过称、贮堆、捆包，每百斤给夫价银一分，水次上载，每百斤给夫价银三厘；经过九龙潭卸载，盘铜至张家窝，水次每百斤给夫价银三分，水次上载，每百斤给夫价银三厘，以上夫价，每铜百斤共合银四分六厘。由九龙潭雇船上溯盐井渡，水次运铜抵九龙滩，每百斤共给船价、神福银三钱三分五厘。由盐井渡径雇盐、米客船运铜抵九龙滩，每百斤共给船价、神福银二钱八分。由叙州府、南溪、江安等县雇船上溯张家窝，水次运铜抵泸州，每百斤共给船价、神福银二钱二分。由张家窝径雇盐、米客船运铜抵泸州，每百斤共给船价、神福银二钱。

永善县接昭通运交并自办小岩坊厂京铜，由黄草坪俗称坪店[4]至泸店，每百斤水脚等银九钱二分四厘二毫黄草坪水运赴泸经过大雾基滩至窝圈岩滩二站，额设站船转运，每百斤给水脚银一钱四分四厘，食米一升七合一勺；大窝圈岩滩、大汉漕滩二站，每站每百斤给水脚银一钱四分四厘，不给食米；客船到站伫雇长船运泸州，每运铜百斤给水、脚银六钱，食米三升；由新开滩雇船运抵泸州，每百斤给水脚银一钱，不给食米。

正运四起，[5]每起在泸领运铜一百一十万四千四百五十斤。四川永宁道库领自泸至汉水脚银三千六十三两六钱，新增舵水工食银二百七十三两六钱；湖北归州新滩剥费银一百八十二两三钱一厘；湖北藩库领自汉至仪水脚银二千六百八两五钱；江宁藩库领自仪至通水脚银四千五十一两五钱；直隶天津道库领剥费银五百两。共领银一万零六百七十九两五钱一厘，杂费银一千六百一十七两，养廉银一千二百二十六两二钱四分八厘五毫。

加运二起，[6]每起在泸领运铜九十四万九百九十一斤。四川永宁道库领自泸至汉水脚银二千六百一十两一钱八分七厘，新增自重至汉舵水工食银二百三十四两四钱；湖北归州新滩剥费银一百五十五两三钱七分八厘，酌添起剥雇纤银五百两；直隶天津道库领剥费银四百两。共银三千八百九十九两九钱六分五厘，杂费银一千四百一十六两二钱五分，养廉银八百一十七两四钱九分九厘。

注 释

[1] "东川"至"京铜"：《皇朝文献通考》卷十六《钱币考四》："乾隆三年，又议定云南运铜条例。……经大学士等议定：'……铜斤出厂宜分两路也。办运京局俱系汤丹等厂铜，产在深山，由厂运至水次，计陆路约有二十三站。查自厂至东川，山路崎岖，难于多运。而威宁以下，又当滇、黔、蜀三省冲衢，不能多顾驮脚。今应将铜斤分为两道，各二百万斤，半自厂由寻甸经贵州之威宁转运至永宁，半自厂由东川经昭通、镇雄转运至永宁，然后从水路接运到京。'""又，五年更定云南铜运之例。……其东川一路，委令东川府为承运官，自东川运至鲁甸，自鲁甸运至奎乡，即令昭通府镇雄州为承运官，并令鲁甸通判奎乡州同协同办理，顾脚转运至永宁水次。"又乾隆《东川府志·铜运》："考：汤丹等厂办出铜斤，乾隆三年以前运贮东川铜店，或委员运赴江、广发卖，或转运四川永宁、贵州威宁拨卖，各省粮道总理。乾隆三年，因议停采办洋铜，将洋铜课本陆续赴滇办运。四年，承运每年正耗铜四百四十万斤，原走威宁，计程四站。乾隆六年，奉文加运正耗铜一百八十九万一千四百四十斤，二共正加额数铜六百三十三万一千四百四十斤。遂定分运章程，对开三百一十六万五千七百二十斤，一由厂发运寻甸至威宁铜店，转运镇雄，南广一路不归东川承运；一由东川分运，每年正、加额铜三百一十六万五千七百二十斤。前经题请开修以吾道路，由牛栏江转运鲁甸，转运昭通，计程五站半，每百斤每站给脚价银一钱二分九厘二毫零。嗣因牛栏江大坡四十余里，滚跌损伤铜马，乾隆十年详请转改田（由）合租江直运奎乡。十三年，奉文将东、昭年额京铜裁减一半，铜一百五十八万二千八百六十斤。次年夏，办如额，改由

金沙江自小江口水运对坪子，交昭通府永善县委接收转运。乾隆十四年，钦差九门提督舒黑德、湖广总督新柱查勘金江蚂蚁岭至黄草坪老滩，节次铜运实难，请将铜斤由厂陆运到黄草坪上船，直运到新开滩平水处，以抵泸州为便。自小江口起，至滥田坝一带，水运奏请停止。所有额铜仍改由鲁甸接收，直运黄草坪上船，转运泸州。总计东川府每年额运京铜三百一十六万五千七百二十斤，内无论水运、陆运，每三百斤准折耗铜半斤，共准折耗铜五千二百七十六斤二两二钱，如有遇例多折，即于承运官名下追价解报买补。乾隆十七年，前府夏昌采获，自东川府城，由长岭子、乐业等处至昭通，计程二百九十里，中隔牛栏江一道，详建大木桥一座，腊溪河、硝厂河各建木桥一座，开修沿途车路，建设站房七处，牛、马兼运，减去一站脚用，计程四站半，每年节省银五千六百余两。嗣前府义宁查有连升塘、以扯一带捷径小路一条，直至昭通，将长岭子、硝厂河等站裁撤，安建于朵格一路运送，移建站房、塘房及法纳江大木桥一座，俱系义府捐资修建。乾隆二十四年，摄府迤东道廖瑛因汤丹、大碌等厂洞老山空，出铜稀少，兼以四路民马足供驼运，力请照旧雇运，永裁站运，题请准行。"又，《钦定大清会典事例·户部六十四·钱法·办铜二》："（乾隆）九年，又复准：云南省办运正耗铜共六百三十三万一千四百四十斤，采自汤丹厂，向由东川运至永宁，每百斤每站给脚价银八分五厘以及一钱三厘不等。其间小江塘至热水塘，运道艰难，前于乾隆四年复准：自厂由威宁至永宁，别有车路可通，应分运三百一十六万余斤，但沿途马匹稀少，草料昂贵，其所需陆路脚价，每百斤每站暂准给银一钱二分九厘二毫。"

[2] "昭通"至"京铜"：乾隆《恩安县志稿·铜运志》："考：东川府汤丹等厂……（其文与乾隆《东川府志·铜运》所载相似，仅个别字、句有别）所有额铜仍行改由鲁甸接收，直运黄草坪上船，转运泸州。自昭通至东川，计程二百九十里，总计昭通接运东川之铜，除由东至昭虽折耗铜五千二百七十六斤三两外，每年实接运铜额三百一十六万零四百四十三斤十二两八钱。对分运，一运所至属之大关，交大关同知称收，转运四川泸州装船；一运所至属之永善县，诶县称收，转运至四川泸州装船，汇有齐，候上宪委员由川河押运进京。昭通运至豆沙关，应运铜一百五十六万零二百二十斤十四两四钱。题定：每铜三百斤，折耗铜十两。今改，藩宪查粮

宪牌开；昭通运至豆沙关，每铜年折耗铜三千二百九十七斤十两，较前数多五斤十三两二钱。今依此数报销，每年实应交豆沙关铜一百五十七万六千九百二十四斤四两四钱。倘有逾折铜，京粮宪处扣除本府养廉赔补，其所扣逾折银，每斤照言官价九分二厘一毫。昭通运至黄草坪，每三百斤题定：每铜三百斤者耗铜八两，每马计驮一百六十八斤，准折铜四两四钱七分九厘九毫。今作四两四钱八分算，查粮宪牌开：每年共准铜二千六百三十八斤四两二钱，依此报销。昭通每年实交黄草坪铜一百五十七万七千五百八十三斤十一两二钱。……每站每百斤给价银一钱二分九厘二毫，每驮重一百六十八斤，每站二钱一分七厘五丝六忽。昭至豆沙关计六站，每驮共谟（予算）银一两三钱一分零二厘三毫三丝六忽，每驮再去搭节省银六分二厘零一丝六忽，谟发实银一两二钱四分三毫二丝。昭至黄（草）坪计三站半，共谟银七钱五分九厘六毫九丝六忽，每驮再去搭运八斤，节省银三分六厘一毫七丝六忽，谟发实银七钱二分三厘五毫二丝。"又，民国《昭通志稿·铜运》："……至（乾隆）二十四年，以硐老山空，出铜稀少，兼四路马多，足供运力，始裁运站。每马驼（驮）铜一百六十八斤，准折铜四两四钱九分零。每站铜百斤给价银一钱二分九厘，每驮一百六十八斤给价银二钱一分七厘。"又，《钦定大清会典事例·户部六十四·钱法》："（乾隆）十四年，议准：云南省运解京局正耗铜六百三十三万一千四百四十斤，先经奏明由东川、威宁两处陆路运至永宁，由水路运京，东、威二路各半分运，但铜、铅数多，马匹雇募不前，应将东川一路，分运铜三百一十六万五千七百二十斤内，酌分一半，由盐井渡水运至泸州转运。其东川运盐井渡，陆路每百斤每站给脚价银一钱二分九厘二毫。自盐井渡抵泸州，水运每百斤给脚价银七钱二分九厘。……又威宁分运铜三百一十六万五千七百二十斤内，酌分一半，由罗星渡水运至泸州，其自威宁陆运至罗星渡，每百斤每站给脚价银一钱二分九厘二毫。又自罗星渡水运至南广，每百斤给水脚银二钱。又自南广水运至泸州，每百斤给水脚钱九分，事竣核实报销"。

[3]"由昭通"至"六站"：戴瑞徵《云南铜志·陆运》："（乾隆）七年，大关盐井渡河道开通。将东川由鲁甸、奎乡发运永宁京铜三百一十六万五千七百二十斤内，以一半仍由鲁甸、奎乡发运永宁。其余一半，改由

盐井渡，水运泸店交收""十七年，将鲁甸铜店裁撤，于昭通府设店""十七年，豆沙关至盐井渡河道开通，将昭通由豆沙关陆运至盐井渡一站铜斤，改由豆沙关水运"。

[4] 坪店：戴瑞徵《云南铜志·陆运》："（乾隆）十五年，永善县金江下游黄草坪河道开通。将东川由鲁甸、奎乡发运永宁一半铜一百五十余万斤，改由黄草坪水运泸店交收，即将奎乡店裁撤。"嘉庆《永善县志·铜运》："每年额运京铜一百五十七万七千五百八十三斤十二两八钱，继银江险滩多，随时改定。近年额拨仅一百二十余万斤不等。一、自府城陆运至黄草坪每铜百斤给脚价银四钱五分二厘二毫，计三站半，每站合银一钱二分九厘二毫。一、自黄草坪水运至雾基滩一站，雾基滩至锅圈崖一站，锅圈崖至大汉漕一站，大汉漕至新开滩一站，计四站，每铜百斤给水脚银一钱四分四厘，食米一升七合一勺零。一、自新开滩运至泸州铜站交收，每铜百斤给水脚银一钱。一、黄草坪、雾基、锅圈崖、大汉漕四处，每处雇留站船十五只，每只每月给盐菜银一两二钱，食米三斗。一、雾基滩、锅圈崖二处设渡船二只，每年每只给工价、盐菜银十二两六钱，食米一石五斗。一、承运官，永善县知县由黄草坪运至大汉漕，自开运起至撤站止，每月支养廉银三十两。协运官，副官村县丞由大汉漕运至新开滩，自开运起至撤站止，每月支养廉银二十两。乾隆五十年，本府孙公详定专责永善县一手承运，赴泸交收协运、养廉银，奉裁。一、黄草坪、雾基、锅圈崖、大汉漕、新开滩每处书记一名，每名每月给工食银三两，搬夫二名，每名每月给工食银二两。凡设派人等及应否盘拨亦有水之平险，时之迟速，随时增减者。查金沙江历来不通舟楫，原无水运，自乾隆十二年奉上谕查开通川河道，经总督庆复、巡抚张允随橄查，于乾隆六年兴天地自然之利，开千古闭塞之江等事案内，将东川府巧家木租山厂，木筒发运泸州、重庆售卖，并议下运铜斤，上运油、米，即于是年拨大碌厂铜斤试用。七年，题请开修，委楚雄府陈克，复丽江府樊好仁随同迤东道宋寿图为总理，东、昭二府为协理，带同候补人员徐雯、刘国祥等分段管修。八年，工竣，遂分小江八口至黄草坪为江上游，由黄草坪以下抵泸为江下游，各委正副两员承办，定以额铜数目，俟江水归漕即令开运，此水运之所由始也。至十四年经钦差九门提督舒公赫德，湖广总督新公柱查勘，水运滩、大两厂，

陆运一站到象鼻岭小江口上船,到绿草滩上岸起拨,过蜈蚣滩上船,到横木滩上岸,陆运二站到对坪子滩上船,到滥田坝起拨三百步上船,直至永善之河口转运黄草坪,因而有蜈蚣、横木等滩险峻异常,不能飞越,又滥田坝无可开浚,三次起拨耗费人力,且沿江一带俱属抄沙野夷出没之处,行者惮之,是以奏请停止上游水运,由厂陆运至黄草坪上船直达泸州。"

[5] 正运四起:《皇朝文献通考》卷十六《钱币考四》载乾隆三年:"云南巡抚张允随将起运事宜分别条款具奏,经大学士等议定:一、铜斤起程宜分八运也。每年额铜应以五十万斤为一运,委滇省现任府佐或州县官员一员为正运,杂职官一员为协运,计铜四百万斤。"又,《钦定大清会典事例·户部六十四·钱法·办铜二》:"(乾隆)五年,复准:云南省办铜运解京局,自乾隆四年办运之初,原分八运,每运委正运官一人,协运官一人,在东川、寻甸等处领运,今八运现并为四运,应别设承运收发等官,雇脚运至永宁""二十三年,奏准:云南办铜,四正运并为三运,两加运合为一运,每岁头运铜船于七月,二运于九月,三运于十二月,加运于次年正月,在泸州水次开行,以避川江风险""二十六年……又议准:运铜委员,每正运一起,在云南应领自泸州至汉口水脚银二千四十二两四钱,沿途杂费银一千六十五两;湖北司库应领自汉口至仪征水脚银一千七百三十九两;仪征县库应领仪征至通州水脚银二千七百一两"。

[6] 加运二起:《钦定大清会典事例·户部六十四·钱法·办铜二》:"(乾隆)二十六年……又议准……其加运铜斤,每起在云南请领自泸州至汉口水脚银二千六百一十两一钱八分七厘有奇,沿途杂费银一千四百两,自湖北至京派拨站船装运,不准支给运脚。"

采铜局铜

青龙厂铜，运局六站，[1]每百斤脚银三钱七分七厘。
大宝厂铜，运局五站，[2]每百斤脚银五钱。
大美厂铜，运局三站半，[3]每百斤脚银三钱五分。
绿矿碉厂铜，运局六站，每百斤脚银六钱。
秀春厂铜，运局十站，[4]每百斤脚银一两。
红坡、大兴二厂铜，运局并四站，[5]每百斤脚银四钱。
发古厂铜，运局六站，[6]每百斤脚银七钱五分。
香树坡厂铜，运局十站半，[7]每百斤脚银一两零五分。
义都、万宝二厂铜，运局并六站，[8]每百斤脚银六钱。
马龙厂铜，运局十一站，[9]每百斤脚银一两一钱。
寨子箐厂铜，运局十三站，[10]每百斤脚银一两三钱。

注 释

[1]"青龙"至"六站"：戴瑞徵《云南铜志·厂地下》："自厂至杨武坝一站，杨武坝至罗吕乡一站，罗吕乡至嶍峨县城一站，嶍峨县至新兴州城一站，新兴州至昆阳州城一站，共陆路五站。由昆阳州水运至省城一站。共计水、陆路六站。每百斤给运脚银三钱七分三厘。"

[2]"大宝"至"五站"：戴瑞徵《云南铜志·厂地下》："自厂至矣纳厂一站，矣纳厂至武定州城一站，武定州至鸡街汛一站，鸡街汛至黄土坡一站，黄土坡至省城一站，共五站。"

[3]"大美"至"三站半"：戴瑞徵《云南铜志·厂地上》："自厂至罗次县半站，罗次县至清水河一站，清水河至黄土坡一站，黄土坡至省城一站，共三站半。"

[4]"秀春"至"十站"：戴瑞徵《云南铜志·厂地下》："自厂至苴尤屯一站，苴尤屯至定远县城一站，定远县至会基关一站，会基关至楚雄府

城一站，楚雄府城至省六站，共十站。"

[5]"红坡"至"四站"：戴瑞徵《云南铜志·厂地下》所载红坡厂、大兴厂运铜至省局路线相同，"自厂至路南州城一站，路南州至宜良县城一站，宜良县至七甸一站，七甸至省城一站，共四站"。

[6]"发古"至"六站"：戴瑞徵《云南铜志·厂地下》："自厂至新村一站，新村至折苴一站，折苴至甸沙一站，甸沙至杨林一站，杨林至板桥一站，板桥至省城一站，共六站。"

[7]"香树坡"至"十站半"：戴瑞徵《云南铜志·厂地下》："厂至法朦一站，法朦至雨龙半站，雨龙至妥甸一站，妥甸至南安州城一站，南安州至楚雄府城一站，共四站半；自楚雄府至省城六站，共十站半。"

[8]"义都"至"六站"：义都、万宝厂铜运省局均为六站，然路线不同。据戴瑞徵《云南铜志·厂地下》载，义都厂"自厂至新店房一站，新店房至大山脚一站，大山脚至二街一站，二街至九渡村一站，九渡村至混水塘一站，混水塘至省城一站，共六站"；万宝厂"自厂至永靖哨一站，永靖哨至大哨一站，大哨至三家店一站，三家店至草铺一站，草铺至读书铺一站，读书铺至省城一站，共六站"。

[9]"马龙"至"十一站"：戴瑞徵《云南铜志·厂地下》："自厂至旧关一站，旧关至石板河一站，石板河至三家村一站，三家村至南安州城一站，南安州至楚雄府城一站，共五站；自楚雄至省城六站，计自厂至省共十一站。"

[10]"寨子箐"至"十三站"：戴瑞徵《云南铜志·厂地下》："自厂至三转湾一站，三转湾至马龙厂一站，马龙厂至旧关一站，旧关至石板河一站，石板河至三家村一站，三家村至南安州城一站，共七站；自楚雄至省城六站，计自厂至省共十三站。"

程第八

　　滇多山而孕百蛮，商贾所至有驿传所不及者，矿产于瘴乡巇穴，寸天尺地，蔓壑支峰，古之悬车束马，何以加焉！负贩佽佽，朝凿暮蹊，林箐薋翳，而羊肠诘曲，顶趾相接矣。陆险砥之，水险劈之，受钱于库，储百余年矣。小者负担，大者牛车，食官廪而履九达，俨然与都畿相埒，德之流行速于置邮而传命，斯之谓也，故记程。

迤西诸厂运京铜皆至寻甸

宁台厂距大理府关店，计程七百三十里。自厂至老牛街五十里，老牛街至阿莽寨六十里，阿莽寨至顺德桥七十里，顺德桥至老鹰坡五十五里，老鹰坡至鸳鸯塘六十里，鸳鸯塘至回子村五十五里顺宁县地，回子村至阿梅寨七十里，阿梅寨至岔路[1]六十里永平县地，岔路至猓猓寨五十里，猓猓寨至桥头六十里，桥头至石坪村[2]五十里蒙化厅地，石坪村至大理府城五十五里太和县地，大理府至下关店三十里赵州地。

大功厂距大理府关店，计程六百三十五里。自厂至白羊[3]五十里，白羊至狮井[4]四十里，狮井至鸡村四十五里，鸡村至汤橙四十里云龙州地，汤橙至果榔四十五里永平县地，果榔至云龙州城四十里，云龙州至关坪[5]六十里，关坪至丕邑[6]五十里，丕邑至江滂[7]六十里云龙州地，江滂至凤羽[8]五十里浪穹县地，凤羽至沙坪五十五里邓川州地，沙坪[9]至大理府城七十里，大理府至下关店三十里。

得宝坪厂距大理府关店，计程六百九十里。自厂至平和五十五里，平和至黑乌六十里，黑乌至满官村[10]六十五里，满官村至程海[11]六十里，程海至永北厅城[12]六十里，永北厅至清水驿七十里，清水驿至金江七十里永北厅地，金江至平得村七十五里，平得村至沙坪七十五里邓川州地，沙坪至大理府城七十里，大理府至下关店三十里。

回龙厂距大理府关店，计程九百八十五里。自厂至羊肠[13]四十五里，羊肠至木基坝[14]四十五里，木基坝至热水潭五十五里，热水潭至羊山五十里，羊山至稗子沟五十里，稗子沟至通甸五十里，通甸[15]至吕苴七十里，吕苴至香多六十里，香多至沙左五十五里，沙左至蒙古[16]五十五里，蒙古至丽江府城五十里丽江县地，丽江府至鹤庆州城八十里，鹤庆州至三场臼[17]七十五里鹤庆州地，三场臼至三营[18]五十五里浪穹县地，三营至沙坪九十里邓川州地，沙坪至大理府城七十里，大理府至下关店三十里。

关店距寻店，计程一千一百八十里。自下关至赵州城三十里，赵州至红崖六十里赵州地，红崖[19]至云南驿[20]九十五里云南县地，云南驿至普溆七十里姚州地，普溆至沙桥九十里镇南州地，沙桥至吕合[21]六十五里，吕合至楚雄府城六十里楚雄县地，楚雄府至广通县城七十里，广通县至舍资七十里广通县地，舍资[22]至禄丰县城九十里，禄丰县至老鸦关七十里禄丰县地，老鸦关至安宁州城八十五里，安宁州至省城七十五里，省城至板桥四十里昆明县地，板桥至杨林六十里嵩明县地，杨林至易隆七十五里寻甸州地，易隆至寻店七十五里。

寻店至威店，计陆路十五站。[23]自州城东门外兔儿河，经乌龙潭至发打头一站，自发打头经凉水井、海通、青麦地至叭得一站。叭得经白土、格勺至得威一站，得威经黄龙硐、小发土至赤章一站，赤章经大坡山、七道湾、稻堆山、吃水塘、飞松岭至改衣一站，改衣经阿汪坡至三塘水一站，三塘水经古宗坡、柳树村至黄土冲一站，黄土冲经干海子、小湾河底、长岭子至宣威州城一站，宣威州东门外王家海子经募宗坡、吹风岭、梁王冲、太平地至来宾铺一站，来宾铺经牛泥塘、长坡、通南铺至旧堡子一站，旧堡子经木瓜箐、七里店、老鸦林至周福桥一站，周福桥经木瓜哨、三转湾、埃脚石、水塘铺、乱石湾至可渡桥一站，可渡河有木桥今渡经杨桥湾至箐头铺一站，箐头铺经红石崖至飞来石一站，飞来石经康家海、石桥梯、簸箕湾至威宁州城一站。皆系牛车挽运，砌石不便行车，土路易于埃陷，旧届五六年请修一次，道光十九年已逾十年，题修縻银二千一百两有奇。

威店至镇雄州，计程五站。自威宁州城至高枧漕一站，高枧漕至阿箕车一站，阿箕车至菩隆塘一站，菩隆塘至桃园一站，桃园至镇雄州城一站。

镇店至罗星渡，计陆程五站。[24]自镇雄州城经板桥、刷布岭至古芒部一站，古芒部经陆井塘、黑泥孔、野猪箐至雨洒河一站，雨洒河经黄土坡、鹦哥嘴至花蛇岭一站，花蛇岭经连三坡、三岔路至中村一站，中村经落亥[25]至罗星渡一站。

罗星渡至泸店，计水程八站。[26]自罗星渡至木滩一站，木滩至僰滩一站，僰滩至南广一站，南广至泸州五站。凡运铜陆路，险窄处岁修之。罗星渡至南广河道，乾隆十年开通，有小瓦灰滩、瓜爬滩、老瓦沱滩、美美滩、小摆子滩、双硐子滩、五义子滩、干岩子滩、土地滩、前门滩、后门滩、锅椿滩、将军滩、张家滩、大浴三滩、鹅项颈滩、石板滩、黄格溪滩、长摇滩、大叶滩、大僰滩、鱼脊滩、牛捆缯滩、大井坑滩、张公岩滩、三毫滩、斗水滩、锅饼滩、半边箭滩、观音滩、猫脸滩、溪滩、小苏滩、长腰滩、罗家滩、中渡滩、蛇皮滩、柳公夹滩、深根子滩、小角车滩、石马孔滩、葛布滩、大线滩、青滩、打鱼坝滩、铜罐滩、荔支滩、龟背滩、大卧滩、鳖甲石滩、石鸡滩、瓦窝滩、母猪滩、峦堆滩、大坝滩、干溪滩、圈七滩，[27]本系山溪，大雨沙淤石积，亦岁修之，岁支节省银三百两。

　　东店至昭店，计程五站半。[28]自东川城至红石崖[29]一站，红石崖至天申塘半站，天申塘至以扯汛一站，以扯汛至江底[30]渡法戞江一站，江底至大水塘一站，大水塘至昭通府城一站。

　　汤丹厂至东店，计程二站。自厂至小江八十五里，小江至东川府城七十里。

　　碌碌厂至东店，计程三站半。自厂至黄草坪[31]三十五里，黄草坪至小田坝五十五里，小田坝至尖山塘[32]六十里，尖山塘至东川府城[33]六十五里。

　　大水沟厂至东店，计程三站半。自厂至黄草坪三十五里，合碌碌路。

　　茂麓厂至东店，计程七站半。自厂至桃树坪六十里，桃树坪至树结[34]六十里，树结至苗子村五十里，苗子村至大水沟五十里，合大水沟路。

　　大风岭厂至东店，计程六站。自厂至树桔渡[35]六十里，树桔渡过金沙江至凉水井六十里，凉水井至腰店子六十五里，腰店子至老村子六十里，老村子至尖山塘六十五里，合碌碌厂路。

　　紫牛坡厂至东店，计程二站半。自厂至则都箐三十里，则都箐至尖山塘六十里，合碌碌厂路。

　　狮子尾厂至东店，计程十站。自厂至马路塘六十里禄劝县地，马路塘至撒撒厂五十五里，撒撒厂至凤毛岭五十五里，凤毛岭至发窝七十里，发窝至会理村六十里，会理村至小铜厂五十里，小铜厂至鸡罩卡六十里四川会理州地，鸡罩卡至孟姑六十五里会泽县地，孟姑至三道沟六十里，三道沟至东川府城六十里。

　　昭店至豆沙关，计程六站。自昭通府城至乌扯铺一站，乌扯铺至一碗水一站，一碗水至雄魁汛一站，雄魁汛至干海子一站，干海子至七里铺一站，七里铺至豆沙关一站。

　　豆沙关店今至盐井渡，称井店[36]至泸店水程少一站，陆程多一站，计水程一千四百五里。自豆沙关背运下船经龙拱沱滩、猪圈口滩至盐井渡，经黄角滩、打扒陀滩、青菜滩、新滩、花塘白龙滩、九龙滩、张家滩、高滩至叙州府[37]。经木头号至江安县，由江安至纳溪县，由纳溪至泸州。盐井渡以下河道，有丁山碛滩、黄果漕滩、门槛滩、土地滩、明滩、梅子漩滩、龙门石滩，[38]沙石冲积，岁皆修之，动支节省银三百两。

昭店至黄坪店。[39]

坪店至泸店，计水程八站。自黄草坪至大雾基一百三十七里，经一十六滩，大雾基至锅圈岩一百三十九里，经二十一滩，锅圈岩至汉漕，又至新开滩二站，新开滩至泸店五站。凡经金沙江、沙河滩、大猊子滩、黑铁关滩、乌鸦滩、大雾基滩、大虎跳岩滩、溜桶子滩、特衣滩、小锅圈岩滩、大锅圈岩滩、大猫滩、冬瓜滩、大汉漕滩、木孔滩、凹崖三腔滩、小虎跳岩滩、苦竹滩、新开滩险、利远滩、羊角滩、枣核滩、大芭蕉滩、石板滩、象鼻头滩、象鼻二滩、黄草三滩、[40]干田坝滩、金锁关滩、焦石崖滩、梨园滩、小猊子滩、中石板滩、木贴滩、江心石滩、鼓溃岩滩、窝洛滩、神农滩、小雾基滩、溜水岩滩、硝厂滩、硫磺滩、三堆石滩、磨盘滩、小狮子口滩、大狮子口滩、坤龙滩、那比渡滩、车亭子滩、豆沙溪滩、贵担子滩、溜筒子滩、猪肚石滩、门槛三滩、长岩坊滩、贵溪滩、算长滩、沟硐子滩、鹦哥滩、横梁子滩、撒水坝滩、四方石滩次险，遇有石块壅阻，皆岁修之。镕铁为器，断木为桩，凿石烧灰，逐段疏剔，岁支节省银一千两。

乐马厂至昭店，自厂至鲁甸六十里，鲁甸至昭通府六十里。

双龙厂至寻店，自厂至红果营五十里，红果营至寻店五十里。

金沙梅子沱厂至泸店水程，自厂至安边二百五十里，安边至叙州府一百里，叙州府至南溪一百九十里，南溪至泸店一百五十里。

人老山厂至泸店，水、陆九站。自厂至落水村八十里，落水村至核桃坝九十里，核桃坝至庙口四十里，庙口至泸店水程一千四十五里。

箭竹塘厂至泸店，水、陆十一站半。自厂至夏捕七十五里，夏捕至拖施村七十五里，拖施村豆沙关八十五里，豆沙关至泸店水程一千四百六十二里。

长发坡厂至泸店，水、陆十五站。自厂至两路口四十五里，两路口至二等坡五十里，二等坡至牛街店四十五里，牛街店[41]至黄水七十里，黄水至花家坝八十里，花家坝至石灶孔[42]七十里，石灶孔至罗星渡五十里，罗星渡至泸店水程八站。

小岩坊厂至泸店，水、陆八站。自厂至洗沙溪四十里，洗沙溪至江口七十里，江口至大汉漕一百四十里，大汉漕至泸店水程九百七十九里。

老硐坪厂至寻店，自厂至界牌五十里，界牌至大坪子六十里，大坪子至老林箐五十里建水县猛喇掌寨地，老林箐至逢春里六十里蒙自县纳更土巡检地，逢春里至稿吾卡五十五里土把总地，稿吾卡至花枯栢六十里，花枯栢至矣都底六十里，矣都底至个旧厂五十五里蒙自县地，个旧厂至蒙自县城六十里。蒙自县至大屯三十里，大屯至鸡街六十里，鸡街至扳枝花七十里建水县地，扳枝花至新房七十里，新房至馆驿八十里，馆驿至通海县六十里，通海县至江川县七十里。江川县至晋宁州八十里，晋宁州至呈贡县五十里，呈贡县至板桥五十五里昆明县地，板桥至杨林六十里，杨林至易隆七十里，易隆至寻店五十里。

香树坡厂至寻店，自厂至法脿九十里，法脿至雨龙三十里，雨龙至妥甸六十里，妥甸至南安州城七十里，南安州至楚雄府城合关店至寻店路。

凤凰坡厂至寻店，自厂至阿药铺五十里，阿药铺至陆凉州城五十里，陆凉州至刀章铺四十五里，刀章铺至马龙州四十三里，马龙州至寻店四十五里。

红石岩厂至寻店，自厂至大麦地六十里，大麦地至阿药铺五十里，阿药铺至陆凉州城合凤凰坡厂至寻店路。

红坡厂距寻店，自厂至路南州城五十里，路南州至古城七十里，古城至易市县[43]六十五里，易市县至易隆六十里，合老硐坪厂至寻店路。

大兴厂距寻店，自厂至路南州城五十里，合红坡厂至寻店路。

发古厂距威店，自厂至新村五十里，新村至折苴五十五里，折苴至甸沙五十里，甸沙至王家庄五十里，王家庄至马龙州四十七里，马龙州至黑桥六十里，黑桥至遵花铺五十五里，遵花铺至永安铺七十里，永安铺至石了口九十里，石了口至可渡九十五里，可渡至箐头铺四十里，箐头铺至飞来石四十五里，飞来石至威宁州四十里。

泸州至京长运并系水程。自泸州经石鼻子滩至合江县六百里，合江县经观音背滩至江津县三百六十里，江津县经水银口滩、观音背滩、蜂窝子滩、钻皂子滩、乌龟石滩、黑水滩、峨嵬滩、门堆子滩、马岭滩、钜梁滩至巴县二百四十里。巴县至长寿县一百八十里，长寿县经黄鱼岭滩、群猪滩至涪州二百二十里，涪州经巉碑梁滩至酆都县九十里，酆都县经鱼硐子滩、折尾子滩至忠州一百二十里，忠州经大湖塘滩至万县一百二十里。万县经东洋子滩、庙矶子滩、瞿塘马岭滩、宝塔滩、磁庄滩至云阳县一百二十里。云阳县经青岩子滩、二沱滩、瞿塘滟滪滩、石板峡滩、小黑石滩至奉节县一百三十里，奉节县经大黑石滩[44]、龙宝滩、空房滩、跳石滩、库套子滩、大磨滩、黄金藏滩、香炉滩至巫山县八十里。[45]

巫山县经鳊鱼溪滩[46]、金扁担滩又名磨刀滩、作油滩、三松子滩、泉急滩又名金鸡滩，又名母猪滩、青竹漂滩、横梁滩至湖北巴东县一百五十里。巴东县经上八斗滩、下八斗滩、石门滩、泄滩、饭甑老滩、老虎石滩、叱滩、乌牛石滩、莲花三漩滩、居原三泡滩、下石门滩、金盘碛滩、锯齿滩、上尾滩、黄牛滩、耍和尚滩、白狗悬滩、新滩、头滩、癞子石滩、鸡心石、新滩二滩、天平石、豆子石、新滩三滩、射洪碛滩、鼓沉滩、萧家朱滩、崆岭峡滩、大二三朱石南丈朱滩[47]、龙须沱滩至归州九十里。归州经锅龙子滩、沾山朱滩、大峰朱滩、瓮硐滩、玳石滩、渣波滩、红石子滩、南沱三漩滩、严希沱滩、黄颡洞滩、石牌滩、偏牢滩、白龙洞滩、楠木坑至东湖县九十里。[48]东湖县经狼牙碛至宜县都[49]九十里。宜城县经鸡翅膀滩、雀儿尾滩、独杨沙滩[50]至枝江县九十里。枝江县经采穴口滩[51]至松滋县九十里，松滋县经鱼儿尾滩、簸箕滩、太保滩、老龙滩、马家寨、晒谷坪、[52]荆州关至江陵县一百二十里，江陵县经叫湖堤至公安县一百六十里。

公安县经袁家埠、杨林市、藕池、山矶嘴、齐公桥、季家嘴、土地港、壶套[53]至石首县一百二十里，石首县至监利县一百二十里，监利县经九龙滩、上返嘴至巴陵县一百三十里。巴陵县经上翻嘴、下翻嘴、荆河脑、白螺矶、杨林矶[54]至嘉鱼县一百里，嘉鱼县经谷花洲、石头口磙、石矶头塘、上牌洲塘[55]、汪家洲塘、小林塘又名小洲，江夏县地、鲤鱼潀、杨泗矶、青山矶、白浒镇至汉阳县二百五十里。汉阳县经邓家口、通津、东江脑、乌石矶、九矶头、大军山、四官殿、杨林口至黄冈县二百四十里，黄冈县经阳城河[56]、叶家洲、三江口、下新河、王荒武昌县地、猴子矶、赵家矶、龙蟠矶、燕矶大冶县地、西塞矶至蕲州二百七十里，蕲州经沣源口即参舆矶，广济县[57]地、牛栏矶、大矶头至江西德化县一百八十里。[58]

德化县[59]过关，经梅家洲、团洲、白水港、新洲、回峰矶、套口、杨家洲、八里江至湖口县六十里，湖口县经屏峰矶、上钟山、下钟山、柘矶、香炉墩、下石嘴、桂家林、秦家洲、何家套星子县地、渚溪、洋澜、谢师塘、长岭、青山、蓼花池、左蠡、将军庙、南关州、火焰山、青溪料至彭泽县[60]九十里，彭泽县至安徽东流县九十里。[61]

东流县至怀宁县八十里，怀宁县至贵池县一百六十里，贵池县至铜陵县一百里，铜陵县至繁昌县九十里，繁昌县至芜湖县九十里，芜湖县过关至当涂县七十里，当涂县至江宁府龙江关一百二十里。[62]

江宁府过关至仪征县一百二十里。入淮河，上水至扬州府七十里，至高邮州一百二十里，至宝应县一百二十里，至淮安府山阳县八十里，过淮关，至清河县四十里。入闸，经福兴头闸、通济二闸、天地惠济三闸至五坝五里。过黄河，进杨家庄口十里，至仲兴集七十里，桃源县二里，至白洋河七十里，至古城驿五花桥十五里，至澢溜闸二十里，至宿迁县二十里。[63]

宿迁县过关至九龙庙十里，至上闸皂河闸三十里，至利运闸三十里，至马庄闸十五里，至徐州府邳州十里，至河城闸三十里，至河清闸二十里，至梁王闸二十里，至黄陵庄十七里，至台儿庄三里。过内八闸、台庄闸至至鲦鱼诞六里，至峄县侯仙闸十二里，至顿庄闸八里，至丁庙闸七厘，至万年闸六里，至张庄闸六里，至石闸六里，至胜德闸六里，至湖口韩庄闸二十三里，至郗山三十里，至彰五闸二十里。至滕县夏镇闸三十里，至杨家庄闸十五里，至宋家闸三十里，至桥头闸五十里，至利建闸十二里，至沛县十八里。至南阳闸一里，至枣林闸十二里，至施庄闸十二里，至仲家闸六里，至鱼台县六里，至新闸三里，至新庄闸二里，至石佛闸十八里，至赵村闸六里，至济宁府在城闸六里。

至天井闸一里，至南门桥闸一里，至草桥闸一里七分，至安居闸十八里，至通济闸十八里，至寺前闸三十里，至钜野县南旺闸十二里，至南柳林闸十里，至分水龙王庙十二里，至北柳林闸五里，至开河闸十二里，至嘉祥县袁家口闸十六里，至安山闸三十里。至汶上县代庙闸三十里，至张秋镇三十里，至荆门上闸十二里，至荆门下闸二里，至东平州阿城上闸八里，至阿城下闸二里，至七级上闸、七级下闸十二里，至寿张县十二里。至阳谷县周家店闸六里，至李海雾闸十二里，至聊城县通济闸二十里。至梁家乡闸十八里，至土桥闸十八里，至永通闸三十里，至戴家湾闸十八里，至临清州四十里。临清州过关砖闸至板闸二里，出口，下御河至宝塔湾十五里，至油坊四十里，至渡口驿十八里，至武城县三十里。至甲马营四十里，至郑家口四十里，至故城县七十里。[64]

入直隶境，至四女寺三十一里，至桑园四十里，至安林三十里，至吴桥县连镇四十里，至东光县三十里，至泊头四十里，至南皮县薛家窝三十里。至砖河四十里，至沧州三十里，至新集四十里，至青县三十里。至流河四十里，至陈家屯三十里，至静海县四十里，至独流十八里，至杨柳青四十里，至天津县天津关三十里。天津县过关起剥，至武清县一百八十里，至通州[65]一百四十里，盘五坝至大通桥四十里。[66]

注　释

[1]　岔路：今大理州永平县厂街乡岔路村。
[2]　石坪村：今大理州漾濞县平坡镇石坪村，清代属蒙化直隶厅。
[3]　白羊：今大理州云龙县白羊厂。
[4]　狮井：今作"师井村"，位于大理州云龙县检槽乡境内。
[5]　关坪：今大理州云龙县关坪乡关坪村。
[6]　丕邑：今大理州洱源县西山乡。
[7]　江滂：今大理州洱源县炼铁乡江旁村。
[8]　凤羽：今大理州洱源县凤羽镇。
[9]　沙坪：今大理州洱源县江尾乡沙坪村。
[10]　满官村：今丽江市永胜县期纳镇满官村。
[11]　程海：今丽江市永胜县程海镇。
[12]　永北厅城：即今永胜县城，清代为永北直隶厅城。
[13]　肠："肠"应为"场"。
[14]　木基坝：戴瑞徵《云南铜志·厂地下》记作"水基坝"。

[15] 通甸：今怒江州兰坪县通甸镇，羊场、木基坝、热水潭、羊山、稗子沟、通甸均在兰坪县境内；吕苴、香多、沙左、蒙古则在丽江市玉龙县境内。

[16] 蒙古：戴瑞徵《云南铜志·厂地下》记作"蒙右"。

[17] 三场白：戴瑞徵《云南铜志·厂地下》记作"三场旧"。

[18] 三营：今大理州鹤庆县松桂镇三营村。

[19] 红崖：今大理州弥渡县红崖镇，清代属大理府赵州辖地，设有弥渡市镇。

[20] 云南驿：今大理州祥云县，普淜亦属祥云县地，今为普淜镇。

[21] 吕合：今楚雄州楚雄市吕合镇。

[22] 舍资：今楚雄州禄丰县平浪镇舍资村。

[23] "寻店"至"十五站"：寻店至威店一路站程，各文献记载略有出入，本书及《云南铜志》、道光《云南通志》均记录为十五站。寻店至宣威，本书作八站，而《钦定户部则例》、道光《云南通志》则作"六站半"。然本书"节第十一"补充：寻甸至威宁车行十五站，绩将车路改修平直，省行一站，故为十四站。《钦定户部则例·钱法二》载，"寻甸州至宣威州，车运六站半；宣威州至威宁州，马运八站半"，即陆路十四站半。又道光《云南通志·食货志·矿厂四·京铜》载，"寻甸一路，自寻甸至宣威六站半，给车脚银四钱四厘四毫四丝三忽；宣威至威宁八站半，给银五钱二分八厘八毫八丝七忽"，即陆路十五站。遗憾的是两书均未记载站程详细情况。本书记载的寻店至威店路路径为：由寻甸出发，途经今昆明市寻甸县七星乡（乌龙潭、海通等地），曲靖市沾益区大坡乡（叭得今作扒得，格勻、德威、黄龙硐、小发土、赤章今仍为村名）、菱角乡（稻堆山等），宣威市热水镇、改衣、市区、来宾镇、倘塘镇、杨柳乡（可渡）等地，抵达贵州省威宁县威店，此路为石门旧道之东路乌撒入蜀道一分支路线，亦为铜运之正道。乌撒入蜀道官驿道为，由杨林驿经易隆驿、马龙州、沾益州、松林驿、炎方驿至宣威州，再由宣威经可渡达威宁，经威宁北折昭通、镇雄等地入蜀。

[24] "威店"至"五站"：《钦定户部则例·钱法二》："威宁州至罗星渡，马运十站。"

[25] 落亥：今四川省宜宾市珙县洛亥镇。

[26] "罗星渡"至"八站"：《钦定户部则例·钱法二》："罗星渡至南

广洞，水运五站。南广洞至泸州，水运三站。"

[27] "小瓦灰滩"至"圈七滩"：戴瑞徵《云南铜志·京运》所载罗星渡至泸州店共48滩，为"黄果滩、管环滩、霞巴滩、鱼脊梁滩、祖师滩、火井坑滩、虎嶂滩、罗家滩、前门滩、对读滩、木偾滩、锅饼滩、石宝滩、门槛滩、大摆子滩、美美滩、白果滩、柳公夹滩、石板滩、将军柱滩、大卧滩、荔枝滩、圈七滩、瓦窑滩、石盘滩、后门滩、老鸦滩、水（滩）[罐]子滩、孝儿嘴滩、对溪滩、老瓦沱滩、大线溪滩、大鸥头滩、铜礦滩、牸牛滩、长腰滩、双硐子滩、猪脸滩、土地滩、乾岩滩、大水头滩、猪拱窝滩、大偾滩、大木三滩、小偾滩、大苏滩、蛇皮溪滩、新开滩"。

[28] "东店"至"五站半"：《钦定户部则例·钱法二》："东川府至昭通府，马运五站半。昭通以下再行分办，两路转运。一由昭通至豆沙关，马运六站；豆沙关至盐井渡，设立站船，水运过渡；盐井渡至泸州，水运十二站，自东川由豆沙关至此，限一年运竣。一由昭通至黄草坪，马运三站半，自东川至此，限一年运竣；黄草坪至泸州，水运七站，限六个月运竣。"

[29] 红石崖：今曲靖市会泽县五星乡红石岩村。

[30] 江底：今昭通市鲁甸县大水井乡江底村。

[31] 黄草坪：今昆明市东川区汤丹镇黄草坪村。

[32] 尖山塘：位于今昆明市东川区小江沿岸尖山一带。

[33] 东川府城：东川府城即今会泽县古城。

[34] 树结：树结、苗子村今不可考。有学者认为"树结"即今昆明市东川区拖布卡镇"树桔村"。

[35] 树桔渡：位于今昆明市东川区拖布卡镇金沙江畔树桔村。

[36] 井店：今昭通市盐津县城对岸"铜店坡"，即为清代铜店"井店"旧址。

[37] 叙州府：四川省辖，北宋政和四年，改戎州置叙州，叙州治所僰道改为宜宾县。元至元十八年，升叙州为叙州路，治宜宾县。明洪武六年，改叙州路为叙州府，治宜宾县。清袭明制，雍正五年，撤马湖府，屏山县改属叙州府；乾隆元年，升叙州府属之叙永厅为叙永直隶厅；清末叙州府辖宜宾县、庆符县（今并入高县）、富顺县（今属自贡市）、南溪县、长宁县、高

县、筠连县、珙县、兴文县，隆昌县（今属内江市）、屏山县以及马边厅、雷波厅。叙州府为清代滇铜京运黄草坪路、盐井路转达泸州之枢纽，在此亦设有铜店"叙店"（戴瑞徵《云南铜志》有记载）。嘉庆《宜宾县志·榷政》载："童关，治西南马湖江岸。乾隆四十八年，知府叶体仁，以叙城为滇铜、（黔）铅入川要路，禀准设关，稽查奸商私带之弊，并无额设税银解库等件。"

[38] "豆沙关"至"龙门石滩"：戴瑞徵《云南铜志·京运》所载豆沙关至泸店水程，需经102滩，即"白果滩、下寨滩、坎路滩、横碛子滩、新滩、小龙拱沱滩、黑焰溪滩、上水毛硐滩、长碛滩、黄果滩、鱼箭滩、黄葛滩、观竹岩滩、黄毛坝滩、犁头湾滩、三锅庄滩、猪钻硐滩、荔枝滩、龙拱沱滩、猪圈门滩、大圈滩、小溪口滩、老鸦滩、佛殿滩、下水毛硐滩、板凳滩、鸦莺滩、鸡翅膀滩、九龙滩、黄果漕滩、丁山碛滩、打扒沱滩、普耳渡滩、穿龙滩、石灶孔滩、大铜鼓滩、大白龙滩、小白龙滩、龙门石滩、新岩碛滩、马鞍滩、马三档滩、串龙门滩、门坎滩、马跳坎滩、大石新滩、小孔滩、雾露连滩、黄角滩、洛岸运滩、洛岸溪滩、蕉岩连滩、大木滩、青果滩、犀牛滩、观音滩、将军石滩、小风滩、石老连滩、小铜鼓滩、新碛滩、石宝霞滩、米子滩、鱼孔滩、临江溪滩、永保碛滩、大孔滩、离梗滩、石板滩、犁园滩、黄毛滩、羊牯幢滩、小木滩、板凳滩、土地滩、雀儿滩、巍山碛滩、三倒拐滩、黄莲滩、老鸦滩、候家滩、鸡公滩、小窝比滩、大风滩、新墩滩、老蒋滩、界牌滩、响水硐滩、大石盘滩、永宁碛滩、梅子漩滩、羊古滩、猫儿滩、马落硐滩、干鱼滩、两岸溪滩、石磨滩、大鱼孔滩、小新滩、高滩、明滩、大窝比滩"。

[39] 昭店至黄坪店：此线路从昭通府城经洒鱼、永善县城（今昭通市永善县连峰镇）、新店至黄草坪；再由黄草坪经水路至泸州。

[40] 黄草三滩：戴瑞徵《云南铜志·京运》作"黄坪三滩"。

[41] 牛街店：位于石门旧道上，今昭通市彝良县牛街镇。

[42] 石灶孔：今昭通市盐津县地。

[43] 易市县：考诸旧志，无"易市县"，应为"易门县"。

[44] 大黑石滩：据光绪《巫山县志·水利·险滩》载："大黑石滩南岸，在江上游瞿唐峡内，离城一百里。该滩两岸峭壁悬崖，下有黑石滩，每年自四月起至十月止，江水泛涨，水为石锁，竟趋中流，浪高溃涌，长

至里许，为大水险极之滩，顺风方向可上行"。"龙宝滩北岸在江上游，离城五十五里。巨石嶙峋，上大水簹三舍……为大水极险之滩""跳石滩南岸在江下游，离城二十里。上大水船用长簹一合南漕水，有风雨两岸俱可行船。上接空望沱滩，下连老鼠凑。在巫峡之内，两岸悬崖峭石，每年冬令水枯，峡流湍急，波浪汹涌，夏月江水泛涨，漩深渍大，巨浪奔腾，为大小水极险之滩""库套子滩北岸在江下游，离城四十里，在巫峡之内，上大水载轻，有顺风，可挂帆；载重者，可渡北岸溪内停泊，拖出溪口行扯。无梁子，峭石悬岩深不可测，每年自四月起至九月止，江水泛涨，水流湍急，渍漩汹涌，兼之厌风时发，难于防备，为大水极险之滩""大磨滩南岸在江下游，离城五十里。在巫峡之中，下大水船宜绕北岸，此处大水泡漩大，小船尤宜小心。两岸峭壁悬崖，每年自五月起至九月止，大水漩急，波浪汹涌，为大水极险之滩""香炉滩南岸在江下游，离城七十里。在巫峡之中，地处窄狭，两岸削壁悬岩，每年自四月起至九月止，江水泛涨，峡流湍急，石促渍漩，势最汹涌，为大水极险之滩"。

[45] "泸州"至"八十里"：泸州至巫山县水程，为滇铜京运运道之四川段，自泸州码头起程，经过合江县、江津县、重庆打鱼湾、长寿县、涪州、酆都县、忠州、万县、云阳县、奉节县至巫山县，此水程两岸为高山悬崖，滩次较多。据戴瑞徵《云南铜志·京运》所载滇铜京运四川段滩次有：泸州属"金盘碛滩、螃蟹碛滩、小里滩、瓦窑滩、老泸州滩"；合江县属"石鼻子滩、罐子口滩、连石三滩、淘竹子滩、猴子石滩、折桅子滩、钳口滩、石盘滩"；江津县属"观音背滩、石牛榔滩、金刚背滩、双漩子滩、羊角滩、大鸡脑滩、凤窝碛滩、黄石龙滩、灭虎碛滩"；巴县属"龙门滩、鸡心石滩、青石子滩、牛头溪滩、猪肠子滩、鲜鱼滩、鸡公嘴滩、落公滩、洗布滩、白丈梁、白鹤滩、殿头梁滩、野鸡滩、观音背滩、蜂窝子滩、钻皂子滩、乌龟石滩、黑石滩、峨嵬滩、门堆子滩、马岭滩、钜梁滩、水银口滩"；江北厅属"观音滩、殿家梁滩"；长寿县属"王家滩、张公滩、养蚕滩、龙舌滩"；涪州属"平峰滩、饿鬼滩、龙王沱滩、陡岩滩、白穴滩、黄梁滩、马盼滩、麻堆滩、青岩滩、黄鱼岭滩、群猪滩"；酆都县属："观音滩、巉碑梁滩"；忠州属"滑石滩、銮珠背滩、凤凰子滩、鱼硐子滩、折尾子滩"；万县属"大湖塘滩、黑虎碛滩、双鱼子滩、石古峡滩、窄小子滩、

席佛面滩、磨刀滩、大石盘滩、明镜滩、黄泥滩、高栀子滩、猴子石滩";云阳县属"塔江滩、马粪沱滩、盘沱滩、二郎滩、青草滩、<u>马岭滩</u>、<u>宝塔滩</u>、磁庄滩、<u>东洋子滩</u>、<u>庙矶子滩</u>";奉节县属"男女孔滩、老码滩、八母子滩、白马滩、饿鬼滩、铁柱溪滩、<u>青岩子滩</u>、二沱滩、滟滪滩、<u>石板峡滩</u>、小黑石滩";巫山县属"均匀沱滩、九墩子滩、三缆子滩、虎须子滩、系朽子滩、焦滩、下马滩、老鼠凑滩、霸王锄滩、小磨滩、<u>大黑石滩</u>、<u>龙宝滩</u>、空望滩、<u>跳石滩</u>、库套子滩、<u>大磨滩</u>、<u>黄金藏滩</u>、<u>香炉滩</u>",共120滩,其中标有下划线之35滩为一级险滩,其余85滩为次险之滩。长江水道滩次较多,本书以及《云南铜志》均未能详细列出各县所经之滩次。如光绪《巫山县志·水利·险滩》所载,该县报部议准之一等险滩有大黑石滩等17滩,二等险滩有金盘碛等18滩,三等险滩有螃蟹碛等68滩。

[46] 鳊鱼溪滩：据光绪《巫山县志·水利·险滩》载："鳊鱼溪此岸,一名布袋口,川楚交界处,满架大水,泡大漩大。"

[47] 南丈朱滩：戴瑞徵《云南铜志·京运》载,归州属滩次还有"牦牛石滩、羊背滩、北丈朱滩"。

[48] 此书所载皆为东湖县属一级险滩。另据戴瑞徵《云南铜志·京运》载,东湖县属次险滩有"使劲滩、南虎灌、北虎滩、清水滩、马鞍滩、喜滩、胡敬滩、神勘子滩、黄毛滩、青草滩、罗镜滩、虎牙滩"。

[49] 宜都县：原作"宜城县",应为"宜都县",宜都县位于长江中游,今为宜昌市辖地。宜城县为今襄阳市所辖县级市,位于汉江中游。据戴瑞徵《云南铜志·京运》载宜都县属次险滩有"秤杆碛滩、马鬃碛滩"。

[50] "鸡翅膀滩"至"独杨沙滩"：此为枝江县属一级险滩。另据戴瑞徵《云南铜志·京运》载,枝江县属次险滩有"饿鬼脐滩、石鼓滩、罐子滩、郑矻滩、鸡公滩"。

[51] 采穴口滩：戴瑞徵《云南铜志·京运》作"来穴口滩",为一级险滩,松滋县属次险滩有"李家滩"。

[52] "鱼儿尾"至"晒谷坪"：此为江陵县属一级险滩。另据戴瑞徵《云南铜志·京运》载,江陵县次险滩有"白鹤套滩、炒米沟滩、吴秀湾滩"。

[53] 壶套：戴瑞徵《云南铜志·京运》作"壶瓶溗滩",为一级险滩,石首县次险滩有"吴席湾滩、杨发脑滩、观音阁滩、侯家脑滩"。

[54] "上翻嘴"至"杨林矶":此为巴陵县一级险滩。另据戴瑞徵《云南铜志·京运》载,巴陵县次险滩有"观音洲、新堤、象骨港、六溪口、龙口"。巴陵县为湖南省岳州府辖地,1913年废府存县,改巴陵县为岳阳县,1964年设岳阳专区,辖岳阳、临湘、华容、平江。长江水道过境古巴陵县地,即今岳阳市云溪区。

[55] 上牌洲塘:戴瑞徵《云南铜志·京运》作"簰洲塘滩",今有地名"簰洲湾镇",正文所载之滩均为一级险滩。嘉鱼县次险滩有"倒口塘滩、傅家滩、六溪口滩、江口塘滩、夏田寺塘滩、黑坡塘滩、王家港滩、新洲塘滩、龙口塘滩、汪家洲塘滩、田家口塘滩"。

[56] 阳城河:戴瑞徵《云南铜志·京运》作"杨城河滩"。

[57] 广济县:清为黄州府辖地,即今武穴市。

[58] "巴东县"至"一百八十里":巴东县至蕲州水程,为滇铜京运运道之湖广(湖北、湖南)段,凡经湖北省巴东县、归州、宜都县、枝江县、松滋县、公安县、监利县、石首县、嘉鱼县、江夏县、汉阳县、黄冈县、蕲州及湖南省巴陵县。

[59] 德化县:明洪武间设,江西九江府辖地,清代袭之。1914年,改德化县为九江县。

[60] 彭泽县:戴瑞徵《云南铜志·京运》载,彭泽县属滩次有"金刚料、小孤洑、小孤矶、马当矶"。

[61] "德化县"至"九十里":自九江府德化县至彭泽县水程,为滇铜京运运道之江西段,凡经九江府德化县、湖口县、彭泽县。

[62] "东流县"至"一百二十里":东流县至当涂县水程,为滇铜京运运道之安徽段,凡经安庆府东流县(今安庆市东至县东流镇),池州府贵池县(今池州市贵池区)、铜陵县,太平府芜湖县(今芜湖市)、当涂县。安徽段水程较四川、湖北段滩次少,险滩亦少,本文未详细罗列滩次。据戴瑞徵《云南铜志·京运》载,安徽贵池县太子矶、仙姑殿段运道,曾发生过运铜船只沉没事件。

[63] "江宁府"至"二十里":江宁府至宿迁县水程,为滇铜京运运道之江苏段,凡经江宁府上原县、仪征县(今仪征市)、瓜州镇(长江与运河交汇处),由瓜州入大运河,经扬州府(今扬州市)、高邮县(今高邮市)、

宝应县、淮安府山阳县（今淮安市淮安区）、清河县（今淮安市清河区）、桃源县、宿迁县（今宿迁市宿城区）。

[64]　"台儿庄"至"七十里"：台儿庄至故城县水程，为滇铜京运运道之大运河山东段，凡经台儿庄（今枣庄市台儿庄区）、滕县（今滕州市），济宁府（今济宁市）、巨野县（今菏泽市辖地）、嘉祥县（今济宁市辖地）、汶上县（今济宁市辖地）、东平州（今泰安市东平县）、寿张县（今济宁市梁山县寿张集镇）、阳谷县（今聊城市辖地）、聊城县（今聊城市）、临清州（今临清市）、武城县（今德州市辖地）、故城县（今德州市辖地）。运河进入山东境内后，闸门众多，起剥频繁。

[65]　通州：通州设有铜店，接收滇省运京之铜。《皇朝文献通考·卷十六·钱币考四》载，乾隆七年，户部议定"又，移铜房于通州，令坐粮厅兼管铜务。先是张家湾设立铜房，每铜船到湾，监督与云南委驻之转运官按数称收，一面给发回批，领运官即回滇报销。一面自张家湾转运至京局，至是以张家湾地方湫隘，车辆稀少，且自湾起岸至京，计程六十余里，道路低洼，易于阻滞。户部议定将铜房移设通州，令坐粮厅兼管铜务，嗣后滇省径具批解局铜斤抵通州，交坐粮厅起运至大通桥，由大通桥监督接运至京，并令领运官自行管押赴京"。

[66]　"吴桥县"至"四十里"：自吴桥县至大通桥段，为滇铜京运运道之直隶段，最终达到目的地北京东便门外。凡经吴桥县（今沧州市辖地）、东光县（今沧州市辖地）、南皮县（今沧州市辖地）、沧州（今沧州市运河区）、青县、静海县（今天津市静海区）、天津县（今天津市）、武清县（今天津市武清区），至通州张家湾（今北京市通州区，为水运终点），再由通州陆运至京师大通桥（东便门外）。

附:《铜政全书·筹改寻甸运道移于剥隘议》

王昶著

谨按:京铜逾越蜀江,危矶湍水,沉溺屡见。而加运两起,期以二、三月开行,正值春夏,雪消水涨,加以大雨时行,暴风不测,故沉覆者尤多。其例豁免者,又须另给工本,发交铜厂,按数办出补运。其不准豁者,追赔亦费,追呼?况近年滇省产铜拮据,发买补办亦殊难得,则凡有可以稍减沉覆者,即当择而采之,毋庸以更张为戒也。

查各省采买之铜,由粤西滩河水运,曾不闻有沉覆之事。乾隆三十七年,迤东道博明曾议由剥隘挽运京铜,以达粤西。越一年,臬司徐嗣曾踵其议,而变通之。于运程、运费、时势之间备细筹计,较之博明所议倍详。惜呼!格而不行也。夫由省运至剥隘[1]、白色,再至汉口,较由寻甸、泸州至汉口者,每铜百斤多用运费银才四分耳。经由省城上游各厂之铜,每年不及二百万,若拨一百九十余万,由竹园村转运剥隘,以供京铜,两起加运多用脚银不过七百七十余两,即以寻、昭陆运节省之银拨给供支外,尚有多银。是此七百数十两,不过沉铜八九千斤之价,而况沉铜多者有一次、两次、三次之不等,所沉打捞不获之铜数,以彼絜此,相去几倍。荏而无算,由此一路运费之多用者无几,而京铜之获全者甚大。通盘计算,其得失之数,固悬殊矣。

夫改寻甸店一路之铜,于剥隘转运,路远费多;改省城一路之铜,于剥隘转运,路不远而费无多,黑白昭然。乃议者竟举从前改运寻甸之运费银数,牵连议驳,其故何欤?且以寻、东一路铜运之迟,乃议分运以速之。广南府所议,夏、秋将铜运贮广南,冬令转运剥隘,以避广南以下夏、秋之瘴疠,其于此路应运之铜,既可以无误,而分运以舒东、寻一路之力。俾两路各副其期,则运更易矣。乃举此一路之铜而云,不能较速于寻、东,是盖未之深思耳。

至宁台铜低,虑他厂牵搭,今则铜面已镌[2]厂名,自不能以他厂低铜牵搭矣。惟虽改路分运,自下关至省应仍其旧,自省至白色仍令广西州、广南府承运。所请自下关至白色,由京运委员承领、催运,稍有未协耳。至此路陆运设店、养廉、工食、纸笔、灯油之数,可于寻、威一路,各店按照分运铜数划分,以为挹注,原可不必另支。即有不足,而四十七年,各陆路添设卡役,查催京铜,有名无实,尽可裁移,以补此路之店费,亦不必有不赀之虑也。

以由省城一路之京铜,改运剥隘,既分寻甸拥挤之势,可速运期;又免威宁、镇雄铜多限急之时,派累民夫背运,而免两起加运京铜,避蜀江盛涨之险,可免沉失,盖有数善焉。近睹东、寻两路京铜陆运之艰,常筹计及此,乃翻阅旧卷,已有先为计及者,今欲举而行之。其自省以下之牛运、车运,已无虑不给。惟剥隘之船,足供与否,宜檄行广南府详筹,以为久长之计。然后陈明两台入奏,乃调藩江西,不及办此,因录前后之案,以待后来采择焉。按:浙江等省可由内河行,若运京,须过洞庭湖耳。

注　释

[1]　剥隘:清代为广南府土富州辖地,今为文山壮族自治州富宁县剥隘镇。剥隘东与广西百色接壤,是云南通往广西、广东的要口。

[2]　镌(juān):凿,雕刻。

舟第九

自滇而蜀，舍车而资舟，其大小轻重皆有度。司津者豫其责，而置臣督莅之，其专派之藩、臬稽查尤详，厚拱以资，而严其怠玩之罚。数千里溯洄、溯游，人力风候，非忠信，涉波涛，乌能胜任哉？故记舟。

凡云、贵运京铜、铅船只，永宁责成永宁道督同永宁知县、泸州知州代雇，重庆责成东川道[1]督同江北同知代雇，汉口责成汉黄德道督同汉阳府同知代雇，仪征责成江宁监巡道督同仪征知县代雇，[2]淮扬道催趱前进，如有疏失船户等，追价惩之。

凡运船，运员慎雇坚固、宽大民船，泸州会同州牧验明、取具，船户切实保认各结。[3]重庆会同江北厅察验取结，其值照市给发，不经地方官，以防胥役勾串并革除揽头名目。或径雇抵通州，或雇至汉口、江宁换船，听运员自行相机办理。

凡险滩，地方官刊刻一纸交铜船运员，传示各船相度趋避，并于两岸插立标记，俾免涉险；临期多添夫役，委游击、都司察催、押送，以昭慎重。[4]

凡险滩，酌募滩师四五名，捐给工食，放滩安稳者赏，有失则罚，有滩州、县，不得滥将未经练习之人充数。[5]

凡滇省运铜，减载添船，自重庆至汉口，每正运一起，添船四只，于额领水脚、杂费外，加给船水工食银一百八十二两四钱，杂费银一十三两；每加运一起，添船五只，于额领水脚、杂费外，加给船水工食银二百三十四两四钱，杂费银十六两二钱五分。于京铜项下动支，据实入册造销。

凡装运，每船以八分载为度，应载铜、铅之数，令地方官核明申报。如大船缺少，或值水涸雇剥小船，亦将实在船数及应载铜数移明，前途察验。倘减船重载，带货营私者，举其货，罚其人；盗卖者，抵罪。凡重庆至宜昌，节节险滩，每夹鳅船一只，以装载万斤为限，余船每只各五万斤，零数仅数千斤至二万数千斤者，准其分船洒带，若三万斤以上者，别载一船，仍取大小适中。若船小载重及以大船夹带者，皆有罚。

凡加运京铜，运至汉口拨湖南站船十只，每只装铜三万二千斤；湖北站船三十二只，每只装铜四万斤。江宁换拨头号坞船二十六只，每只装铜五万五千斤；三号坞船十三只，每只装铜三万六千斤，抵通卸载回次。

凡委员运铜，沿途偶有擦损，随时检拾归数，不得禀报硋进。

凡铜、铅船过境，沿途地方官照催漕例，会同营员派拨兵役催趱、防护[6]铜斤正运，每起拨兵十三名，健役七名；加运，每起拨兵十六名，健役八名。经过川江险滩地方，员弁豫带兵役、水手在滩所照护。[7]

凡运员起程，本省给与护牌，沿途入境，均令运员先期知会地方官。经过之日，地方官察无别项弊窦，即于护牌内粘贴印花，注明经过月日守风、守冻，亦即注明。一面知会下站，一面具结申报，该督抚将是否在川江、大江、黄河之处，于奏报折内逐细声明，并将印结送部，俟运员抵通后核察。[8]

凡秤铜，令永宁道督同泸州知州、运员及泸店委员，用部颁法马监兑秤收，具结加转，飞饬川东道。俟铜斤到重庆，委江北厅同运员逐一过秤，出具切实印结，又由川东道飞饬夔关察验。[9]

凡运船，自重庆以下，令上站之员，将分装各船编列字号，开具每船装载斤数、块数及船身吃水尺寸，船户人等姓名，造册移知。[10]下站按册察验，如无短少情弊，即具结放行；倘船户、水手有中途逃匿者，拿治。

凡接护之地方官，遇运船到境，即饬押送人役严密巡逻，毋任船户等乘隙滋弊。[11]至汉口、仪征换船过载，令湖广、江南督抚饬令护送大员，同运官盘察过秤，具结申报。

凡运船经过江河险隘处所，水浅之时，应须起剥，均令地方官会同运员妥协办理。统计铜、铅长运至京，即值水涸，每运起剥总不得过八次[12]。天津至通州一次起剥，每百斤给银六分九厘，其余沿途剥费，正运铜斤每起不得过一千八百两，雇纤工价不得过二百四十两；加运铜斤，每起不得过一千六百两，雇纤工价不得过二百一十两；铅斤每起在途剥费不得过二千两，雇纤工价不得过二百七十两。令沿途地方官将用过银数，出结送部，浮冒者按限著追。[13]

凡铜、铅运抵天津，雇船起剥，向系起六存四。如原船实系破漏，不能前进，会同天津县全行起剥，一体报销，原船水脚银两应截至天津县止。由津至通州，计程三百二十里，每铜百斤合银三分七厘六忽零，每铅百斤合银四分五厘六毫六丝五忽零，于水脚银内照数扣除。

凡京铜运抵天津，全行起剥，所需剥费银二千八百两分为六起支领，正运每起银五百两，加运每起银四百两，豫由直隶司库拨贮天津道库[14]见铜本条。俟各运员抵津，按起支给，滇省每年于题拨铜本案内声明扣除。

注　释

[1]　东川道：应为"川东道"。

[2]　"永宁"至"代雇"：《钦定大清会典事例·户部六十六·钱法》载，乾隆四十九年，奏准"滇、黔办运铜、铅船只，四川泸州、重庆责成永宁道，湖北汉口责成汉黄德道，江苏仪征责成江宁巡道督属雇办、催攒"。

[3]　"凡运船"至"各结"：《钦定大清会典事例·户部六十六·钱法》载，乾隆五十五年，奏准"办运京铜在泸州装载，所需船只责成永宁道督令该州县雇募，务须船身稳固坚厚，如现行打造者，亦令如式成造。倘查系版薄钉稀，将原办官参处。运至重庆，责成江北厅过秤出结，将各船装载斤数，移知下游接护"。

[4]　"凡险滩"至"慎重"：《钦定大清会典事例·户部六十六·钱法》载，乾隆五十五年，奏准"其经过险滩，令各州县刊刻险滩名目，于两岸插立标记，传知船户、水手留心趋避，俾免冒险行走。并派委游击、都司查催、押送，倘遇沉溺，设法打捞"。

[5]　"凡险滩"至"充数"：《钦定大清会典事例·户部六十六·钱法》载，乾隆五十六年，奏准"各处险滩仿照救生船之例，酌募滩师四五名，按所在州、县捐给工食，令其在滩专护铜、铅船只，如有失防沉底，将该滩师革退，枷示河干。严饬该管州县，不得滥将未经习练之人，挑补充数"。

[6]　"凡铜铅"至"防护"：《皇朝文献通考》卷十六《钱币考四》载，乾隆三年大学士等议定《云南运铜条例》："一、沿途之保护宜先定章程也。

铜斤经过地方，文武各官均有巡防之责，应行令各督抚饬令员弁实力防护，催趱前进。如在瞿塘三峡及江、湖、黄河等处偶遇风涛沉失，地方官选拨兵役协同打捞，实系无从打捞者，出具保结，提请豁免"。

[7]"经过川江"至"照护"：《钦定大清会典事例·户部六十六·钱法》载，乾隆二十三年，奏准"凡铜、铅船只经过险滩，该地方官会同营汛，带领兵役并谙练水手，先在各滩伺候，或有失事，立即防护抢救，并将各运起程日期，先行分程，前途计程守候，不致临期有误"。

[8]"凡运员起程"至"核察"：虽然清代朝廷一再饬令运铜沿途地方督抚，严格察验过境铜船，但是收效不佳。乾隆十四年，高宗皇帝再行谕令，要求各地督抚严格履行对过境运铜、铅船只督察之责："而各该省督抚以事不关己，虽有催趱之例，不过行文查报了事，遂致委员任意蒙混，肆无忌惮，不思铜、铅有资鼓铸，本属公事。凡运送船只由该省起程，于何日出境之处，已传谕云贵总督奏报。其沿途经过各省分，督抚大吏均有地方之责，云、贵督抚既鞭长莫及，而各该督抚复视同膜外，殊非急公之道。嗣后，铜、铅船只过境、出境日期及委员到境有无事故，并守风、受冻缘由，俱应详查明确，随时具折奏闻，一面饬属督催，毋令仍蹈前辙"。（《清实录·高宗纯皇帝实录》卷三百四十一"乾隆十四年五月甲戌"）又，《钦定大清会典事例·户部六十六·钱法》载，二十三年，奏准"凡遇铜、铅入境，由地方官察验，出境时即具出境印结申报。如在境捏报遭风失水情弊，该地方官即省报本省督抚题参"。

[9]"凡秤铜"至"察验"：《钦定大清会典事例·户部六十六·钱法》载，乾隆五十七年，复准"泸店兑给运员铜斤，令永宁道督同泸州知州、泸店委员，面同运员用部颁法马监兑秤收，具结核转，并饬川东道，俟铜斤到渝，委江北厅过秤出结，又由夔关查验结报。自夔关下，令上站开具船只铜数交下站接护查验，如无缺少，具结放行。运至汉口、仪征，换船过载，令湖广、江南督抚，饬令护送大员协同运员盘查过秤，具结声明。倘交局仍有亏短，将运员奏交刑部审办；如沿途盗卖及沉溺短少，惟沿途派出之员是问。如系泸店短发，即将在泸各员照例办理"。又《钦定大清会典事例·户部六十四·钱法》载，嘉庆十三年，复准"泸店兑发京铜，先将运员所带法马与泸店兑铜法马较准，即令运员自行敲平弹兑，于领铜铃结内填写'自行敲平，

并无短少'字样,并置连三小票,每兑铜百斤填注尖、圆块数,一张发交船户查收点验,一张交运员自行存查,一张收存泸店备查。其兑铜敲平时,并令船户在旁看视,如装船后沿途盘拨,查有尖、圆块数不符,即将船户严行究办"。

[10] "凡运船"至"移知":《钦定大清会典事例·户部六十六·钱法》载,乾隆二十六年,奏准"铜斤自泸上船,设立木牌,填注斤数、船身入水尺寸,令沿途地方官查照木牌,实力稽查催趱,并严查船只是否照例更换,以及违例装货等弊,出结报部"。

[11] "凡接护"至"滋弊":《钦定大清会典事例·户部六十六·钱法》载,乾隆二十一年,上谕"船户偷盗铜斤,每迁延停泊,于无人之处,偷抛水中,扬帆而去,别遣小舟潜捞,起卖过多,恐致败露,故将船版凿破,作为沉溺,以掩其迹。船户沿途盗卖,必有该处牙行、铺户串通购买,始得速售。地方官果留心访查,何难力除积弊。著传谕铜、铅经过之直省督抚,责成护送员弁加意防范,严密稽查,仍于奏报时将所指情弊据实声明"。

[12] 八次:《钦定大清会典事例·户部六十四·钱法》载,嘉庆十三年,奏准"滇、黔等省运京铜、铅,自仪征至通州,每运起剥不得过八次。其应需剥费银两,除天津一次另有核计外,其正运京铜四起,每起领解铜一百一十万四千余斤,所用剥费,不得过一千八百两;加运京铜两起,每起领解铜九十四万余斤,所用剥费,不得过一千六百两;京铅四起,每起领解铅一百二十二万三千余斤,所用剥费,不得过二千两"。

[13] "凡运船"至"著追":《钦定大清会典事例·户部六十六·钱法》载,乾隆二十一年,复准"滇省运铜各员,沿途守风、守水、守冻以及起剥雇纤,不会同地方官取结报部者,一概不准报销扣限。如地方官勒掯不转报者,查出参处"。又,二十二年,复准"委员运铜,如遇剥浅,会同地方官出具引皆,照例支给剥费,令该管府、州加结,送部核销。倘有扶同浮冒情弊,即行详参。其用过银两,若遇例不符,虽经取结,概不准销,著落地方官同承运各员名下分赔"。

[14] "凡京铜"至"道库":《钦定大清会典事例·户部六十四·钱法》载,嘉庆二十四年,议准"滇铜运抵天津,全行起剥,按正运、加运六起,给剥费银二千八百两,由直隶藩库拨解天津道库,按运给发,滇省仍于题拨铜本银内声明扣除"。

耗第十

衣成缺衽，室成缺隅，物无常足，其势然也。铜凿于山，浮于江汉，逾于淮，乱于河，入于汶泗，达于潞，其折阅盖有之矣。然不为之限，非泥沙弃之，即囊橐私之耳。十全者受优擢，十失一二者抵过，此则偿其物，罚其人，劝惩之道存焉，故记耗。

有路耗[1]。凡铜自厂至店，自店递至泸，陆运途长，载经屡换，既有磕碰，必致折耗。在例收耗铜内，分别给之，准于册内除算。

有逾折[2]。例准路耗之外，复有短少谓之逾折，每年额定二万四千斤威店、关店、坪店各四千斤，昭店、镇店各六千斤。每百斤作价银一十一两，店员赔缴，转发厂员买补。

凡余铜[3]，每正铜百斤例带余铜三斤之内，以八两为泸州以前折耗逾额折耗，在运官名下，照定价勒追交，厂官于运限内补足，以二斤八两为泸州以后折耗及京局添秤之用。添秤所余，准运官领售，仍纳崇文门税，运官豫售，以漏税论。其应纳沿途关税，云南巡抚于运官回省日，饬在应领养廉等银内，按则扣存汇解，并将原给运京水脚扣除奏销。凡余铜随正抵通，应由坐粮厅验贮，听钱局提取添秤。中途遇有沉溺，现到正铜不敷收兑，将所带余铜尽数抵收。若有余，仍准纳税领售。凡钱局饬提余铜，由运官雇车，不给运脚。如抵铜不敷，即令照数赔补，每百斤缴价银十三两一钱三分七厘零，仍令厂员买足搭运此项旧例亦有逾折，定额后，经奏明停止。

凡险滩沉溺，打捞全获，水深四丈以外者，每获百斤给工费银四钱；四丈以内者，给工费银三钱；水深八九尺未及一丈者，给工费银一钱，水摸[4]饭食给银四分。至难以施力，酌量情形，不必过于勉强，以致水摸有涉险轻生之事。其运员会同地方试探打捞，定限十日，将捞获铜斤归帮，开行前进。未获者，摘留运员家丁，交地方官督同看守打捞。其著名险滩，沉溺无获，文武各官出具保结，准其题豁，仍严捏报之罚。[5]如系次滩，除捞获外，运员赔十分之七，地方官赔十分之三。其险滩不会同地方官打捞者，虽全获，不准报销捞费。

注　释

[1]　路耗：各店路耗之例，据戴瑞徵《云南铜志·陆运》记载，寻甸路："自寻甸运至威宁，每三百斤准折耗铜一斤；威宁运至镇雄，每三百斤，准折耗铜三两；镇雄店经罗星渡至泸州店，每三百斤准折耗铜五两"。东川路："东川店运至鲁甸，鲁甸店运至奎乡，奎乡店运至永宁，每三百斤准折耗铜半斤。乾隆七年，大关河道开通，鲁店运运至盐井渡，每三百斤准折耗铜十两；盐井渡运至泸洲，每三百斤准折耗铜六两。十五年，黄草坪河道开通，奎乡店裁撤，由昭通运至黄草坪，每三百斤准折耗铜半斤。十七年，将鲁甸铜店裁撤，于昭通府设店，自东川店运至昭店，每三百斤准折耗铜半斤；自昭通运至盐井渡，每三百斤准耗铜六两。又，昭通府每发运关店铜三百斤，准折耗铜十两。其他店，下关店运至楚雄，楚雄店运至省城，每三百斤准折耗铜三两；省城店运至寻甸，每三百斤准折耗铜一两五钱。乾隆四十四年，将下关店改归迤西道经管，直运寻店交收，每百斤准折耗半斤"。

[2]　逾折：逾折之例，据《钦定户部则例》卷三十六《钱法三》载："滇省各厂发运四川泸店京铜，除例准折耗之外，寻甸一路，每百斤准折耗一斤；东川一路，每百斤准折耗半斤；每年额定逾折铜二万四千斤。威宁、大关、永善三店，每年各额准报逾折铜四千斤。镇雄、昭通两店，每年各准报逾折铜六千斤。逾折铜斤，令承运各员每百斤赔缴银十一两，交厂员如数买补运泸。……滇省寻甸陆运威宁京铜，除每百斤例准折耗一斤之外，每年准报逾折铜一万二千斤。此项逾折铜斤，著落承运之员照数赔价买补，每百斤赔缴价银十一两，解交司库，仍交厂员如数买补运泸，倘有仍前多报致逾酌定之数，即将承运各员严行参办。"另据戴瑞徵《云南铜志·陆运·各店逾折》载："滇省东、寻两路各店，陆运京铜，除例准折耗之外，再有逾折，从前系每百斤缴价银九两二钱。于乾隆四十四年，经总督李奏明，将

逾折之例，永行停止，不准再有开报。继因各店仍有逾折，嘉庆十三年，经总督伯、巡抚永会奏，嗣后威宁发运镇雄铜斤，每年准报逾折铜四千斤。镇雄发运泸店铜斤，每年准报逾折铜六千斤。昭通分运关、坪二店铜斤，每年准报逾折铜六千斤。大关、永善二处发运泸店铜斤，每年各准报逾折铜四千斤。每百斤缴价银十一两，完解司库，发厂买铜，补运各店。如有多报者，即行参办，奉部复准在案。其迤西道经管下关店，承运宁台、大功、得宝坪三厂京铜，至寻店交收。并东川府经管东店，承运汤丹、碌碌、大水、茂麓等厂铜斤，至昭通交收。除例准折耗之外，如有例外逾折，均系自行补运足数，并无短少。其迤东道经管寻甸店，接运宁台、大功、得宝坪、香树坡、双龙、凤凰坡、红石岩等厂京铜，自寻店至贵州威宁店交收。除例准折耗之外，如有逾折，于嘉庆十五年咨明户部，请每年以一万二千斤为定，每百斤缴价银十一两，解缴司库，发厂买铜补运。"

[3] 余铜：余铜之例，《皇朝文献通考》卷十七《钱币考五》载："乾隆十六年……奉上谕：'户部所议铜、铅交局盈余之处奏称"滇省运铜，每百斤给有余铜三斤，以供折耗之用，额铜交足外，余剩令其尽数交局，余铅亦照此例"。看来从前成例，似是而非，解局铜、铅既有定额，不足者责令赔补，则盈余者即当听其售卖。盖盈余已在正额之外，即不得谓之官物，如应尽解尽收，则从前竟可不必定以额数矣。正额已完，又谁肯尽力？余数听其自售，以济京师民用，未尝不可。但以官解之余而私售漏税，则不可行，而且启弊，惟令据实纳税足矣。'寻户部议定：'凡交局所余铜、铅及点锡，令运员据实报明，移咨崇文门，照数纳税。户部即将余剩数目，行知经过各关，核算税银，转行各督抚。俟委员差竣回省之时，于应领养廉项内扣留解部，如有以多报少隐匿等弊，一经察出，即照漏税例治罪。'"又，《钦定户部则例》卷三十六《钱法三·余铜》："正铜百斤例带余铜三斤之内，以八两为泸州以前折耗，逾额折耗，在运官名下照定价勒追交厂官，于运限内补足；以二斤八两为泸州以后折耗及京局添秤之用。添秤所余，准运官领售，仍由部核咨崇文门，照例科税，运官预售，以漏税论。其应纳沿途关税，云南巡抚于运官回省日，饬在应领养廉等银内按则扣存汇解，并将原给运京水脚扣除奏销。凡余铜随正抵通，应由坐粮厅验贮号房，听钱局添秤提取。若中途遇有沉溺，现到正铜不敷收兑，将所带余铜尽数运

局作抵，抵收有余，仍准纳税售卖。凡钱局饬提余铜，由运官雇车补交，不另开销运脚"。

[4] 水摸：指熟悉险滩，谙练水行，协助打捞沉底铜铅者。《钦定大清会典事例·户部六十六·钱法》："乾隆五十五年……倘有沉溺，设法打捞，水深四丈以内者，每获铜一百斤，给工价银三钱；每水摸一名，日给饭食银四分；水深四丈以外者，每一百斤加增银一钱。饬令运员亲属在船住宿防守，沿江州县亦差丁役一同查察，以杜偷漏。"五十六年，奏准："铜、铅遇有沉溺，顾募水摸探量水势，设法打捞，并于水摸中拣选诚实一人，点为水摸头，专司督率。如能于一月内全获者，于例给工价之外，令该处地方官赏银五十两。限外十日或半月全获者，以次递减，所赏银两，捐、廉发给。三月内全获者，毋庸奖赏。倘限内捞获稀少，或逾限不及一半者，即将水摸头严行比责。如有捏报偷摸情弊，加倍治罪"。

[5] "凡险滩"至"罚"：《钦定大清会典事例·户部六十六·钱法》之"办铜、铅考成"条载："乾隆十六年，复准：云、贵二省运京铜、铅，经涉险阻，偶遇风涛覆溺，照原议同地方官，慎选船户、水手，限一年捞获。有正、协运官者，留协运官；无协运官，留亲属、家人，该管地方文武协同办理。如限内无获，及捞不足数，不在山峡险隘之地，即行参处。倘沉溺实系瞿塘三峡、长江、大湖及黄河诸险，准地方官结报该省督抚，移咨云、贵两省，会疏保题，将沉失之铜，令滇抚照数补解，脚价在铜厂余息项下动支办运；沉失之铅，令黔府在办铅节省水脚银内动支补解。如运官捏报川江等处沉溺，地方文武扶同徇隐，该督抚据实题参。督抚蒙混保题，别经发觉，一并严加议处，著落分赔""二十九年，又复准：铜、铅遇有沉溺，令运员同地方官试探打捞，定限十日，将捞获铜、铅，先行归帮起运。未获者留运员家人，协同地方丁役打捞，免致运限稽迟"。

节第十一

运铜之费，如梦丝，涣之至矣。涣必受之以节，易险而夷，易迂而直，易车而舟，易造舟而雇募，所省实多，故记节。

凡寻甸一路，陆运至威宁，每铜三百斤节省银二钱原定自寻甸至威宁，车行十五站，每车装铜三百斤，脚银三两，续将车路改修平直，省行一站，每车脚银二两八钱，岁共节省银一万七百五十九两一钱二分一厘有奇。自威宁至罗星渡，每百斤节省银一钱八分七厘有奇原定自威宁至永宁，计程十三站，脚银五钱一分六厘八毫，续改运罗星渡计程十站，每百斤马脚银一钱二分九厘二毫，三站节省银三钱八分七厘六毫，除罗星渡至南广洞水脚银二钱外，实节省银一钱八分七厘有奇，岁共节省银五千九百一十九两九分四厘有奇。

凡东川一路，自豆沙关水运盐井渡，转至泸州，每百斤节省银三钱三分原定陆运，续改水运，岁共节省银五千二百三两八钱五分有奇盐井渡运泸州，遇有客、货船只，尽数雇募，每百斤除正额节省之外，有额外节省银九分四厘有奇，多寡无定。永善县自黄草坪水运泸州，每百斤节省银六钱八分二厘原定陆运，续改水运，岁共节省银一万七百五十九两一钱二分一厘有奇遇有客、货船只，雇运于正额节省之外，更有节省，多寡无定。[1]

凡各路请领运脚，仍按原站银数给发，俟运竣，节省扣明，另册造报。

凡自各厂运店，及自各店运泸，并每铜百斤搭运五斤，不给脚价，节省银两，留充公用。

注 释

[1] "凡寻甸"至"无定"：关于寻甸、东川两路京铜节省银之记载，见于《钦定户部则例》卷三十六《钱法三·节省脚费》。又，《皇朝文献通

考》卷十七《钱币考五》载,乾隆十三年,"寻甸、威宁一路,每年运正、耗、余铜三百十六万五千斤,每百斤需脚价银二两六钱有奇。东川、昭通一路,每年运正、耗、余铜三百十六万五千余斤,每百斤需脚价银二两五钱有奇。后因昭通一路,系新辟苗疆,马匹雇募不敷,已奏开盐井渡河道,将东川额运铜内酌分一半,改由盐井渡水运至泸州,每百斤较昭通陆路节省银三钱二分有奇。复因威宁一路,与黔铅同运,马匹仍属不敷,奏开罗星渡河道,将寻甸额运铜内酌分一半,改由罗星渡水运至泸州,每百斤较威宁陆路节省银一钱八分有奇"。又,戴瑞徵《云南铜志·正额节省》载:"(乾隆)十年,镇雄州之罗星渡河道开通,将由威宁发运永宁铜三百一十六万余斤,改由罗星渡水运泸店交收。自寻店至威宁,车站十五站,每百斤支销运脚银一两。自威宁至罗星渡,计程十站,每百斤支销运脚银一两二钱九分二厘。自罗星渡至泸店,水程八站,每百斤支销运脚银二钱九分。计共销水、陆运脚银二两五钱八分二厘。较由寻店、威宁至永宁,及自永宁至泸店,支销银二两七钱六分九厘六毫之数,每百斤节省银一钱八分七厘六毫,年约节省银五千九百余两,由镇雄州领解。……以上盐井渡、罗星渡、黄草坪、寻甸店四处,年约节省银二万二三千两不等,名为正额节省,除支放岁修盐井渡、罗星渡二处各滩工价,并威宁、镇雄二州加增运脚,及新增各长运官帮费等款银两外,余银尽数拨入陆运项下,以作下年发运京铜之用,按年造册报销"。《云南铜志·额外节省》载:"昭通店分运大关一路京铜……所需船只,如有雇募川省装运盐、米客、货回空船只,顺便装载赴泸者,每百斤约节省水脚、杂费等银一钱八九分。按雇获客船装运铜数多寡计算,每年约节省银一千八九百两至二千余两不等。……永善县由黄草坪水运泸店京铜,有雇获客船,长运至泸,节省水脚并锅圈岩、大汉漕二站节省船户食米,年共节省银一千七八百两。"

铸第十二

因山铸铜，功力省而铜质精，故吴以富，宋以后江淮冶场无产也，或购之海舶。今滇铜遍天下，凡直省皆置铜官铸钱，而滇省及东川鼓铸尤多，宁台场旧亦议设炉未果行。其所需黑、白铅，皆就近采获，无藉材于异地，故记铸。

云南省开局铸钱，始于顺治十七年，旋停。康熙二十一年，复开，嗣后各属以次增置铸钱，分运各省。[1]设于府者为大理、临安、曲靖、广西今直隶州、东川、顺宁，设于州者为沾益，设于县者为禄丰、蒙自，[2]时置时停，惟省城、临安、大理、东川四局最久嘉庆四年，临安、广南、东川、楚雄、永昌设炉系因收买小钱改铸，铸竣即裁。

三色配铸[3]定于嘉庆六年，每百斤用铜五十四斤，白铅四十二斤十二两，黑铅三斤四两。有正铸，每铜百斤加耗十斤四两嘉庆九年改定：各厂铜加耗照旧，宁台厂铜每百斤加局耗八斤，共一百八斤；每百斤加煎耗一十七斤八两，计加铜一十八斤十四两四钱，共铜一百二十六斤十四两四钱；每百斤加民耗三斤二两，计加铜三斤十五两四钱五分；总计正、耗铜一百三十斤十三两八钱五分。白、黑铅不加耗，每铜铅百斤给挫磨、折耗九斤。有带铸[4]铜铅，加耗、不加耗及挫磨、折耗与正铸同；有外耗[5]铜、铅，加耗、不加耗与带铸同，不给挫磨、折耗。

每钱一文，铸重一钱二分。

每铸十日为一卯，每卯正铸铜、铅八百五十七斤二两二钱八分五厘零，除挫磨、折耗七十七斤二两二钱八分五厘零，实净铜、铅七百八十斤，铸钱一百四千文，支销匠工钱一十二千文，物料钱五千二百三十二文零，加添米、炭价钱二千四百七十文，实净存钱八十四千二百九十七文零。带铸铜八十五斤十一两四钱二分八厘零，除挫磨、折耗七斤十一两四钱二分八厘零，实净铜、铅七十八斤，铸钱一十千四百文，支销物料钱五百五十三文零，实存净钱九千八百四十七文。外耗净铜、铅七十七斤二两二钱八分三厘零，铸钱一十千二百八十五文，支销官廉、役食钱四千五十七文，实净存钱六千二百二十八文，闰月增卯。

省城宝云局，按察使理之，以为巡察官，设炉二十八座，[6]每炉每月三卯，年共计一千八卯。铸用正、耗铜六十二万三千五百六十斤十五两八钱二分五厘内，九成各厂正板铜四十九万九千六百八十五斤五两四钱二分，加耗铜五万一千二百一十七斤十一两九钱五分五厘；一成宁台正板铜五万五千五百二十一斤，加耗一万七千一百三十六斤十四两四钱五分应拨铜斤原无定厂，近以元江青龙厂、武定大宝、绿狮厂、罗次大美厂、宁州绿矿硐厂、定远秀春厂为专供；路南红坡、大兴、发古三厂，易门义都、万宝、香树坡三厂，楚雄马龙、寨子箐二厂，委员宁台厂为酌拨。白铅四十三万九千五百三十八斤五两二钱二分四厘会泽者海厂，平彝卑、块二厂，各半运供，黑铅三万三千四百一十五斤三两一钱四分二厘寻甸妥妥厂运供。

每年正铸、带铸、外耗，共净铸正息钱一十万一千九十五千三百四十四文零。搭放迤西道云南各府属养廉、厂本一成、运脚半成、祭祀、铺工、饩粮、驿堡全放，每放钱一千二百文，易回银一两，共易银八万四千二百四十六两一钱二分。除铜本、脚银五万一千七十八两九钱八分零每正铜百斤银九两二钱，耗铜不给价脚，白铅本、脚银一万七百六十八两六钱八分零，黑铅本、脚银七百一两七钱一分零，共除铸本银六万二千五百四十九两三钱八分零，实获铸息银二万一千九百九十六两七钱四分零支销宁台、大功、得宝坪、义都等厂水泄外，余银入册报拨。

东川宝东局[7]嘉庆二十二年复开，知府理之，以者海巡检、会泽县典史轮充巡察官。设炉十座[8]，每炉每卯配铸铜、铅数目与省局同。每年用铜一十九万八千二百八十七斤收买汤丹等厂商铜供用，白铅一十五万六千九百七十七斤零者海厂办供，黑铅一万一千九百三十三斤零。

每年正铸、带铸、外耗，共铸净正息钱三万六千一百五十七十文，搭放迤东道曲靖、东川、昭通三府属养廉等项，成数与省局同。每放钱一千二百文，易回银一两，共易银三万八十七两五钱五分，除铜本、脚银一万四千八百二十五两零正铜每百斤，价银七两四钱七分六厘五毫，耗不给价，白铅本、脚银三千六百一十两四钱九分三厘每百斤价银二两三钱，黑铅本、脚银二百六十二两二钱五分七厘每百斤价银二两二钱，共除铸本银一万八千六百九十八两四分零，实获铸息银一万一千三百八十九两五钱一分零支销汤丹、碌碌、大水沟、茂麓水泄外，余存。

注 释

[1] "云南省"至"各省":云南省鼓铸开于顺治十七年,之后各府、州、县所设之炉开、停不定。《皇朝文献通考》卷十三《钱币考一》:"顺治十七年,复开各省镇鼓铸,增置云南省局,定钱幕兼铸地名满、汉文,时定各局钱背分铸地名……并增置云南之云南府局,铸'云'字,皆满、汉文各一,满文在左,汉文在右,每文俱重一钱四分。……康熙九年,停云南鼓铸。……又,康熙二十一年,复开云南省城鼓铸,增置大理府、禄丰县、蒙自县局,钱幕俱铸'云'字。……二十四年,开云南临安府鼓铸局,钱幕亦铸'云'字。二十八年,停云南省各局鼓铸,云南各局旧共设炉四十八座,后以钱价日贱,已议裁炉二十四座,至是总督范承勋复以钱法壅滞,请将云南省城、禄丰县、临安府蒙自县、大理府城五局概行停止,俟积钱疏通完日,再议开铸。从之""雍正元年,又开云南省城及临安府、大理府、沾益州鼓铸局,定钱幕俱铸满文"。云南各局所铸之钱,除供本省搭放兵饷、省内流通外,亦拨四川等省,据《钦定大清会典事例·户部六十八·钱法》载,雍正四年,"其鼓铸制钱,除本省搭放流通外,以四万串发运四川、湖广、广西等省,令各督抚动藩库银,每制钱一串易银一两,交云南解官领回,接济工本,十一年,又运陕西"。

[2] "设于府"至"蒙自":据《皇朝文献通考·钱币考》载,云南府局或称省城局开于顺治十七年,大理府、禄丰县、蒙自县鼓铸局开于康熙二十一年,临安府鼓铸局开于康熙二十四年,沾益州鼓铸局开于雍正元年,广西府(直隶州)鼓铸局开于雍正十二年,东川府鼓铸局开于乾隆十一年,顺宁府鼓铸局开于乾隆二十九年。

[3] 三色配铸:三色配铸早在乾隆年间已经试行,当时还需加点锡,乾隆五年定改铸青钱,即以红铜五十斤,配白铅四十一斤八两,黑铅六斤八两,再加点锡二斤,共一百斤,铸成青钱。据《皇朝文献通考》卷十六《钱币考四》载乾隆十五年"定云南鼓铸青钱配用版锡。户部议定:'改铸青钱需用点锡,而点锡产自广东,自滇至粤采办不易,云南蒙自县之个旧厂产有版锡,应准其就近收买,配搭鼓铸。'"至于三色(红、白、黑)配铸,则始于嘉庆六年,据《钦定大清会典事例·户部六十八·钱法》载:"六年,遵照新定章程,三色配铸,每百斤用铜五十四斤,白铅四十二斤十

二两,黑铅三斤四两。每卯正铸用铜四百六十二斤十三两七钱一分四厘零,每百斤加耗铜十斤四两,计加耗铜四十七斤七两八分五厘零,二共正耗铜五百一十斤四两七钱九分九厘零,白铅三百六十六斤六两八钱五分七厘零,黑铅二十七斤十三两七钱一分四厘零,均不加耗,计正铸净铜、铅八百五十七斤二两二钱八分五厘零。每百斤给错磨、折耗九斤,共折耗铜、铅七十七斤二两二钱八分五厘零,实铸净铜、铅七百八十斤。每钱一文,铸重一钱二分,共铸钱一百四十,内除支销匠役、工食钱一十二千,物料钱五千三百三十二文零,加添米炭价钱二千四百七十文,实存净钱八十四千一百九十七文零。又带铸用铜四十六斤四两五钱七分一厘零,每百斤加耗铜十斤四两,计加耗铜四斤十一两九钱八厘二零,共正耗铜五十一斤四钱七分九厘零,白铅三十六斤十二两二钱八分五厘零,黑铅二斤十二两五钱七分一厘零,均不加耗,计带铸净铜、铅八十五斤十一两四钱二分八厘零。每百斤给错磨、折耗九斤,共折耗铜、铅七斤十一两四钱二分八厘零,实净铜、铅七十八斤。每钱一文,铸重一钱二分,共铸钱十千四百文,不给工食,止给物料钱五百三十三文零,实存净钱九千八百六十六文零。又外耗用铜四十一斤十两五钱一分三厘零,每百斤加耗铜十斤四两,计加耗铜十斤四两三钱一分七厘零,二共正耗铜四十五斤十四两八钱三分零,白铅三十二斤十五两六钱五分六厘零,黑铅二斤八两一钱一分四厘零,均不加耗,计外耗净铜、铅七十七斤二两二钱八分三厘零,不给错磨、折耗,每钱一文,铸重一钱二分,共铸钱一十千二百八十五文零,不给工食物料,只给局中官廉役食钱五千五十七文零,实存净钱六千二百二十八文零。计正铸、带铸、外耗三项,共用铜、铅一千一十九斤十五两九钱九分八厘零,共铸钱一百二十四千六百八十五文零。每除支销物料等项钱二十四千三百九十二文零,实存净钱一百千二百九十三文零。二十八炉,年计一千八卯,共钱一十万一千九十五千三百四十四文零,将各官养廉搭放一成,各厂工本、运脚搭放半成,鞭春、祭祀、铺工、饩粮、驿堡等项全数支给,每钱一千二百文扣收银一两,共扣收银八万四千二百四十六两一钱二分。又每年一千八卯,共用各厂正铜五十五万五千二百六斤五两二钱四分零,耗铜五万六千九百八斤十两二钱九分零"。

[4] 带铸:据《钦定大清会典事例·户部六十八·钱法》载:"雍正

四年……至于解送各省尚需脚价，拟于每炉每卯添铸铜铅一百斤，名曰'带铸'，所得息钱以为运价之用。"

[5] 外耗：据《钦定大清会典事例·户部六十八·钱法》载："雍正四年……从前开局时，每炉每卯铸正额铜、铅一千斤，准耗九十斤，止作正铸九百一十斤外，仍加铸铜、铅九十斤，名曰'外耗'，所得息钱以为添给在局官役养廉、工食之用。"

[6] "宝云局"至"二十八座"：《皇朝文献通考》卷十四《钱币考二》载，康熙六十七年，复题定"省城局炉二十一座……遵照铜六、铅四配铸。"同书卷十五《钱币考三》载雍正四年，"今拟加炉十座，是为二十五座"。《钦定大清会典事例·户部六十八·钱法》载，嘉庆元年，奏准"又现行铸款，省城设炉二十八座，原系按察司专管，嘉庆元年改为布政司、按察司同管"。

[7] 东川宝东局：《钦定大清会典事例·户部六十八·钱法》载，嘉庆六年，"东川府设炉十座，知府专管。嘉庆二十一年十月，复设炉十座，凡正铸、带铸、外耗一切铜、铅配铸成分，黑白铅、价脚银两、物料、工食、官廉、役食开除，俱同省局，惟铜价、脚价银系全数采买商铜，每百斤止给银七两四钱七分六厘五毫，每百斤止加耗铜八斤。十炉年计三百六十卯，共铸出本息钱四万四千八百八十六千八百五十二文，内除开支物料、工食、官廉役食等项钱八千七百八十一七千七百八十二文外，实得净钱三万六千一百五千七十文，搭放铜、铅厂本、京铜运脚等项之用，每钱一千二百文易银一两，易得银三万八十七两五钱五分八厘零。每年三百六十卯，共用各厂正铜一十九万八千二百八十七斤十五两六钱五分，耗铜一万五千八百六十三斤六钱一分二厘"。

[8] 设炉十座：东川局所设炉座增减不定。据《皇朝文献通考》卷十六《钱币考四》载，乾隆十七年，"东川府旧已设炉二十座，转搭兵饷，应请于就近增开新局，设炉五十座，亦开铸三十六卯"，三十五年，"应将东川新设炉二十五座……暂为裁减"。《钦定大清会典事例·户部六十八·钱法》载："三十八年，奏准：云南东川局添炉五座。又，四十二年，奏准云南东川局增炉十五座。"四十四年，奏准"云南裁去东川局复设各炉……又题准：云南省城局留炉二十座，东川旧局留炉十六座"，四十五年，"又奏准：云南东川旧炉十六座，内酌留十炉，裁去炉六座"。

采第十三

旧时滇南诸府皆铸钱，陕西钱昂则运钱至陕，广西则例运六万余贯。自各省开局鼓铸，而运钱始停，其波及邻封者，皆滇之余也，故记采[1]。

江苏[2]三年采买一次，每次正高铜一十七万斤，每百斤价银一十一两，每百斤余铜一斤，不收价。金钗厂正低铜五十二万斤，每百斤价银九两，加耗二十三斤，余铜一斤，不收价[3]。

江西[4]年半采买一次，每次运官一员，正高铜五万三千六百八十斤，每百斤加耗四斤，余铜一斤。金钗厂正低铜二十三万四千三百二十斤，每百斤加耗二十三斤，余铜一斤，分别收价、不收价，与江苏同。

浙江[5]每年采买一次，每次运官一员，正高铜二十六万斤，每百斤加耗四斤六两，余铜一斤。金钗厂正低铜十四万斤，每百斤加耗二十三斤，余铜一斤，分别收价、不收价，与江西同。

福建[6]三年采买一次，每次正、副运官各一员。正运官正高铜四十二万斤，每百斤加耗四斤六两，余铜一斤。副运官金钗厂正低铜一十八万斤，每百斤加耗二十三斤，余铜一斤，分别收价、不收价，与浙江同。

湖北[7]每年采买一次，每次运官一员，正高铜二十二万四千三十八斤，每百斤加耗三斤，余铜一斤，分别收价、不收价，与福建同。

湖南[8]每年采买一次，每次运官一员，正高铜十三万五千斤，每百斤加耗三斤，余铜一斤。金钗厂正低铜六万五千斤，每百斤加耗二十三斤，余铜一斤，分别收价、不收价，与湖北同。

陕西[9]年半采买一次，每次运官一员，正高铜二十四万五千斤，每百斤余铜一斤。金钗厂正低铜十万五千斤，每百斤加耗二十三斤，余铜一斤，分别收价、不收价，与湖南同。

广东[10]每年正高铜一十万一千二百二十七斤，每百斤加耗五斤，余铜一斤。金钗厂正低铜五万六百一十三斤，每百斤加耗二十三斤，余铜一斤。各厂员运至剥隘，交广南府设店收贮，广东委员运盐至隘，易铜回粤，分别收价、不收价，与陕西同。

广西[11]每年采买一次，每次运官一员，正高铜二十一万二千五百五十斤，每百斤加耗五斤，余铜一斤，分别收价、不收价，与广东同。

凡八省由滇陆运至剥隘，转运百色，由百色水路分运各省。

贵州[12]每年采买一次，每次运官一员，正高铜三十六万三千八百六十七斤十五两六钱二分，每百斤加耗一十一斤，每正铜百斤，收价九两二钱[13]，耗铜不收价，由平彝陆运至黔。

凡各省委员买铜，铜多路近及下游各厂，令委员赴厂领运如义都、青龙等厂；铜少路远各厂，令厂员运至云南府如大美、大宝、寨子箐、香树坡等厂、大理府如白羊等厂接收转发。[14]马运者日行一站，牛运者日行半站。如牛、马僵毙，雨水阻滞，铜数一万斤以下，道理十站以内者，宽限二日；一万斤以上，十站以外者，宽限四日；五万斤以上，十站以外者，加限一倍，再加宽限六日，逾者吏议。[15]

凡上游自厂至省，脚价归滇报销；其下游赴厂领运，脚价仍归各省报销。

凡委员领运宁台厂铜，在省改煎，建房造炉，雇匠买炭，每运限六十日，每改煎铜一万斤，限十日，逾者吏议。

凡委员在滇办文请领运脚、咨牌，每运限三十日。雇募牛、马，铜数十万斤者，限三十日；二十万斤者，限四十日；三十万斤者，限五十日；四十万斤至五十万斤以上者，限六十日，不得逾九十日之限。

凡滇省拨铜，以委员到滇兑收价银之日起，核计所领高、低铜数，统于一月限内筹拨，毋致稽候。

凡兑铜四五千斤至一万四五千斤者，限一日兑竣；二三万斤以至十余万斤者递加，违者吏议。[16]

凡加展限期，按照铜数多寡、程途远近。[17]如铜数在千斤，道途在十站以内者，宽限二日；一万斤以上，十站以外者，宽限四日；二三万斤至五六万斤以上，十站以外者，宽限六日。

凡委员先后到滇者，先给先到之员，同时到者，先给远省之员。

凡委员到滇之日，于铜厂派定后，将何厂拨、铜若干斤、相去远近、应限若干日、统计何时全数兑交，造册咨部。俟奏报开行时，将厂员给领有无逾违，专折声叙。

凡厂员兑铜，按照部定成色，不准搀和低潮。如成色实有不足，准委员禀明另换，其厂员听究。因禀换而逾限，过在厂员，如并未禀换，经本省察验，成色不足，则委员赔补听议。

凡委员运脚、盘费，本省照数发足，不准在滇借支。并饬各地方官会同运员，雇募牛只，樽节妥办，毋使脚户居奇，例外加增，致滋糜费。

凡滇省厂员运粤铜至剥隘，高、低铜各提三块作为样铜，以二块存滇备察，二块交广南府比对，二块咨粤发局照样秤收。如有成色不足，察系何员接收，责令赔补。[18]

凡粤铜自滇至剥隘，脚价由滇垫发报销。自剥隘至粤省，脚价及官役养廉、杂费由粤造销，应还滇省脚价，除抵兑盐价水脚外，应找若干，按数报部酌拨。滇省垫发陆路运脚，除盐价、水脚拨抵外，不敷之数，准于屯丁银内动拨报销。

凡各省运脚，由省店、寻店领运至竹园村，每站百斤脚银一钱；竹园村至剥隘，脚银一钱二分九厘二毫。金钗厂铜，自蒙自县领运至剥隘，每站每百斤脚银一钱二分九厘二毫贵州止给银一钱二分五厘，广西另给蒙自县挑铜脚费银六厘。[19]宁台厂铜自大理府领运至云南省城，每站百斤脚银一钱四厘二毫由省至竹园村及至剥隘见上。自剥隘以下运回各本省，运脚分别水、陆，按站核给，[20]计：

江苏省，自剥隘至汉口，每百斤给银五钱三分五厘有奇；又至苏州省城，银二钱二分五厘。

江西省，自剥隘至白色[21]，每站百斤给银四分；又至南雄府，每站百斤给银一分五厘；又至南安府，每百斤给银一钱二分；又至江西省城，每百里百斤脚银一分。白色起剥，每百斤给银三分；韶关起剥，每百斤给银三分一厘。

浙江省，自剥隘至白色，每站百斤给银四分；又至汉口，每百斤给银四钱三分九厘一毫；至浙江省城，每百斤给银三钱五分。

福建省，自剥隘至白色，每站百斤给银四分；又至汉口，每百斤给银四分五厘七毫有奇；又至福建省城，每百斤给水脚、起剥、夫价等银七钱五分二厘二毫。

湖北省，自剥隘至白色，每站百斤给银四分；又至南宁府，每百斤给银五分八厘；又至苍梧县，每百斤给银六分五厘；又至桂林府，每百斤给银一钱二厘七毫；又至湘潭县，每百斤给银一钱一分；又至湖北省城每百斤给银四分。

陕西省，自剥隘至白色，每站百斤给银四分；又至汉口，每百斤给水脚银四钱四分；又至襄阳府，每百斤给银七分；又至龙驹寨，每百斤给银四钱五分；又至西安省城，每骡一头驮铜一百五十斤，每百里给银二钱。

广东省，自剥隘至白色，每站百斤给银四分；又至广东省城，每站百斤给银一分五厘。

广西省，自剥隘抬铜上船，每百斤给银五厘；又至白色，每站百斤给银四分；又至广西省城，每百斤给银二钱三分九厘一毫有奇；抬铜入局，每百斤给银三厘。

贵州省采买高铜，自厂至省每站百斤给银一钱二分五厘，筐绳银一分二厘五毫零，运费银六分；低铜每百斤给运费银七分。

湖南省，自剥隘至白色，每站每百斤给银四分；又至南宁府，每百斤给银五分八厘；又至苍梧县，每百斤给银六分五厘；又至桂林府，每百斤给银一钱二厘七毫；又至长沙省城，每百斤给银一钱一分六厘三毫四丝六忽。

凡各省委员赴云南买铜，饭食、跟役、杂费自起程至事竣：

江苏省委员，每日饭食银四钱，跟役银五分，每百斤杂费银三钱四分。

浙江省委员，每日饭食银一钱，跟役银六分，每百斤杂费银二钱八分七厘有奇。

江西省委员，每日薪水银一钱，跟役银六分，每百斤杂费等银二钱六分五毫。

福建省委员，每铜百斤官役，骑、驮马匹，脚价银一钱二分八厘五毫有奇，饭食银一钱八分一厘有奇，杂费银六钱一分二厘四毫有奇，房银五分一厘。

湖南省委员，每日盘费、饭食银三钱，跟役银四分，每百斤杂费银二钱。

湖北省委员，正运官每日盘费银五钱，协运官三钱，跟役各银四分，每百斤杂费银三钱一分有奇。

广东省委员，每日饭食银二钱，跟役银三分八厘七毫。解运铜价自剥隘至云南省，每站每百斤给脚银一钱二分九厘二毫，每百斤用筐篓、木牌一对，价银二分。

广西省委员，每日饭食银一钱，跟役银四分，每百斤杂费银九分七厘。

贵州省委员，每百斤杂费银五分一厘，铜价每马一匹驮银二鞘，每站给银二钱。其买运本省厂铜，每百斤给筐绳银一分一厘。铜川河厂运费银二分五厘，哈喇河厂运费银四分。

陕西省委员，每日饭食银一钱九分二厘，跟役银三分八厘七毫，每百斤杂费银二钱八分八厘。

凡各省委员所需运费、脚两，除贵州系接壤之区，并无不敷，毋庸借给外，其余各省应用运脚银两，本省业经全数发给，滇省拨铜亦无耽延，不准借给。[22]其本省未经发足，滇省拨铜虽在限内，而运脚不敷，由滇省核明铜数多寡、程途远近，察照历运准销成例借给。无著者则令运省，本省措赔。如本省运脚已经发足，滇省未能按限拨铜，耽延日久，因而运脚不敷，不得不借以至无著，责令滇省措赔。如本省运脚既未发足，滇省拨铜又迟延逾限，以致运脚不敷，在滇酌借无著者，滇省与委员之本省各半分赔。例应领借者，于委员回省报销时，即将在滇所借银两如数扣抵。倘有未完，限三个月全完，迟延者议。无著者，经催不力之上司摊完，解滇归款。

注　释

[1] 记采：本书所记各省之采买铜数，为嘉庆六年所定，道光《云南通志·食货志·矿厂五》亦有记载。

[2] 江苏：《皇朝文献通考》卷十六《钱币考四》载，乾隆五年，"(江

苏）总督郝玉麟奏言：'江省钱价日昂……请先动帑银十万两，委员采买滇铜，复开宝苏局。'"道光《云南通志·食货志·矿厂五》载："寻云南巡抚张允随以滇铜所剩无几，请卖给铜三十万斤，江苏委员赴永宁领铜，如浙江例。"王昶《云南铜政全书》载，乾隆七年，"苏州巡抚陈宏谋疏买金钗厂铜三十万斤"（据《碑传集》载，陈宏谋于乾隆五年迁江苏按察使，六年七月迁江宁布政使，八月擢甘肃巡抚，九月调江西），"十二年，苏州巡抚安定请买滇铜二十万斤，经云南巡抚图思德拨汤丹厂铜十万斤，金钗厂铜十万斤，令委员由剥隘一路运回"。道光《云南通志·食货志·矿厂五》载："十五年后未经采买。二十七年，苏州巡抚庄有恭请买滇铜，汤丹、金钗二厂各二十万斤，共四十万斤，又加办二十万斤。三十一年，定每三年委员采买铜六十万斤。四十二年，采买金钗厂铜四十万斤。四十九年，采买宁台等厂高铜五十万斤。"

[3] 不收价：云南各厂高铜及金钗厂铜定价，于乾隆六年奏准施行。据《钦定大清会典事例·户部六十七·钱法》载："乾隆六年，奏准：云南省各铜厂，每一百斤，定价银十一两。金钗厂铜，质色低黑，每一百斤，加耗二十三斤，定价九两。咨行各省赴滇采买配铸。"

[4] 江西：《皇朝文献通考》卷十六《钱币考四》载，乾隆七年，江西巡抚陈宏谋奏言"江西钱文最杂……但本地向不产铜，采买滇铜难以按期而至，请将滇省解京铜内，于船过九江府时截留五十余万斤，先济急需，俟余次第筹办。得旨：铜斤运京，从无外省截留之例，但念江西钱文太少，钱价太昂，准如数截留济用，他省不得援以为例"，后江西省委员赴滇采买，解补京铜。王昶《云南铜政全书》载，十一年，"江西巡抚塞楞额请买滇铜二十八万八千斤，经云督张允随以丙寅年停运京铜拨给"。道光《云南通志·食货志·矿厂五》载："以后十二年，又采买汤丹厂铜三十万斤。十六年以后，每年又采买二十八万斤。二十七年，改买金钗厂铜三十万斤，加买大兴厂铜十万斤。二十八年，采买金钗厂铜二十八万斤、大兴厂铜四万斤。二十九年，采买二十八万斤，内高铜八万斤，以后同。"

[5] 浙江：王昶《云南铜政全书》载，乾隆五年"闰六月，户部复准云南巡抚张允随疏称：'浙省买铜六十万斤，分作两年，本年带运三十万斤，

辛酉年带运三十万斤,饬令寻甸州、东川府递运至永宁,浙省委员赍银来滇,前往永宁领铜'",九年"浙江巡抚常口疏称:'滇铜停办已经两载,近滇省复开新礘,旺产铜斤,请购买六十万斤'"。道光《云南通志·食货志·矿厂五》载:"寻准云贵总督张允随咨给寻甸州多那厂铜四十八万三千九十斤,由寻甸运至弥勒竹园村,浙江委员至竹园村领运,由剥隘、百色一路回浙。"王昶《云南铜政全书》载,十三年,"浙江巡抚硕色请买滇铜四十八万斤。云南巡抚图尔炳复:'前查滇省各厂设法通融,每省各酌卖铜二十万斤,今不能配拨四十八万斤,酌拨汤丹等厂铜二十万斤,自竹园村至剥隘运回'"。道光《云南通志·食货志·矿厂五》载:"以后二十四年,浙江请买滇铜四十万斤,经云南巡抚刘藻拨卖大兴厂铜十万斤,金钗厂铜十万斤。二十五年,又补拨二十万斤,嗣每年采买二十万斤。四十三年,加买八万斤。"

[6] 福建:王昶《云南铜政全书》载,乾隆七年,"福建请买金钗厂正、耗铜三十万七千五百斤,由百色运回",十一年,"福建采买汤丹厂同年五十万斤"。道光《云南通志·食货志·矿厂五》载:"以后十四年,采买汤丹厂铜二十万斤,金钗厂铜十万斤。十六年,又采买铜三十万斤。二十八年,采买红铜四十万斤,黑铜二十万斤。嗣后每年俱采买高七、低三铜六十万斤。三十八年,改为高四、低六铜六十万斤,后仍每年采买高七、低三铜六十万斤,俱由剥隘、百色领运。"

[7] 湖北:《皇朝文献通考》卷十六《钱币考四》载,乾隆五年,"湖北巡抚张渠以楚北为水陆通衢,商贾云集,需钱最广,而各属行使多系轻薄小钱,相沿已久。请采买滇铜,以资鼓铸,至是办回金钗厂铜。……至九年,以金钗厂铜成色不足,复采买汤丹厂高、低对搭,于每百斤内以汤丹铜三十八斤,金钗铜六十二斤配铸"。王昶《云南铜政全书》载,乾隆十二年,"湖北巡抚开泰请复买滇铜,经云贵总督张允随以运贮剥隘一百万斤内酌卖三十万斤"。道光《云南通志·食货志·矿厂五》载:"以后十六年,湖北请买滇铜五十万斤,经云南巡抚爱必达酌卖铜三十万斤。十七年,采买铜二十万斤。十八年,采买铜三十万斤。二十七年,请添用滇铜,以节糜费,寻滇省议拨宁台厂毛铜加耗煎炼,令湖北采买。"

[8] 湖南：《皇朝续文献通考》卷十六《钱币考四》载乾隆六年"湖南巡抚许容奏言：'长沙一带多使小钱，不能骤禁……因咨商滇省，知有金钗厂可以卖给，请动帑银，委员采运回省，复开宝南局。'户部议如所请，从之""湖南鼓铸用滇铜八分，楚铜二分，至十七年全用本省桂阳州、郴州厂铜"。

[9] 陕西：王昶《云南铜政全书》载，乾隆十四年，"陕西巡抚陈宏谋请买滇铜二十万斤，由剥隘运回"。道光《云南通志·食货志·矿厂五》载："嗣后二十九年，陕西停买川铜，改买滇铜三十五万斤，经云南巡抚刘藻以大兴、龙塘二厂运存泸州铜拨给。三十年，陕西巡抚和其衷请自丙戌年始，每年买高、低各半滇铜四十万斤。三十三年，改每年买高七、低三滇铜。三十六年，陕西巡抚文缓请预拨近厂以节运费。三十九年，采买高六、低四铜三十五万斤。四十二年，停止采买第一十运滇铜，其第十二运滇铜仍行拨给。"

[10] 广东：王昶《云南铜政全书》载，乾隆九年，"广东按察使张嗣昌奏请采买滇省者囊厂铜七万八千六百九斤，金钗厂铜七万五千斤"，十二年，"广东巡抚准泰请买滇铜四十万斤，经云贵总督张允随于剥隘贮铜一百万斤内拨铜二十四万斤，金钗、红坡厂拨同年十五万斤"。道光《云南通志·食货志·矿厂五》载："以后十六年，采买汤丹厂铜四十万斤；十九年，定铜、盐互易之令，粤省岁买滇铜十万斤，滇省岁买粤盐一百六十万一千三百二十五斤。二十五年，两广总督李侍尧请自二十三年起，每年添买正铜五万斤。"

[11] 广西：王昶《云南铜政全书》载，乾隆十一年，"两广总督策楞、广西巡抚鄂宝请采买滇铜四十五万斤，分作三年领运，每年买铜十五万斤。云督张允随议以乾隆十年由广南一路运铜一百万斤，供京局加卯鼓铸。嗣因京局减半停运，存贮剥隘内拨给"。道光《云南通志·食货志·矿厂五》载："以后十四年，滇省停运粤西制钱六万二千串，粤省改买滇铜二十五万三千四百二十五斤。十七年，请于每年买运滇铜三十六万九千三百六十斤外，再加买正、耗色铜四万一千四十斤，奏足四十一万四百斤。二十一年以后，每年领买正铜三十九万余斤。三十七年，粤西停买癸巳年滇铜。三十八年，再行采买。四十三年，停买十分之三。"

[12] 贵州：道光《云南通志·食货志·矿厂五》载，乾隆四年，贵州总督张广泗奏请按额向滇买添买铜以供宝黔局开铸，（谨按）"贵州前威

宁开炉十座，已买滇铜，兹复奏明采买净铜二十二万三百余斤"。又，王昶《云南铜政全书》载，乾隆九年，"贵州巡抚张广泗咨买滇铜二十五万一千三百一十四斤，开局毕节鼓铸"。《皇朝文献通考》卷十七《钱币考五》载："嗣后宝黔局每年采买滇铜四十万斤，至二十年以厂铜旺盛，复议停止采买滇铜。"王昶《云南铜政全书》载，乾隆二十五年，"贵州巡抚周人骥请每岁酌买滇铜四十余万斤，经云南巡抚刘藻请自辛巳年为始，每年酌拨路南州厂铜四十四万斤，加耗铜四万八千四百斤运黔鼓铸"。道光《云南通志·食货志·矿厂五》载："嗣后二十八年，改买高铜二十二万斤，低铜停买。三十八年，贵州委员石日英、王二酉各买铜三十四万斤，高七、低三搭配。四十一年，贵州巡抚裴宗锡请仍买滇铜四十八万八千四百斤。四十四年，黔省请减买十分之三。"

[13] 九两二钱：《钦定大清会典事例·户部六十八·钱法》载，乾隆二十五年，"又奏准：贵州省采买滇铜，将大兴、金钗二厂铜斤，各半搭运。大兴厂铜每一百斤，加耗、余铜十一斤，给价银九两二钱；金钗厂铜每一百斤，加耗、余铜二十四斤，给价银九两"。

[14] "凡各省"至"转发"：《钦定大清会典事例·户部六十七·钱法》载，乾隆四十年，奏准，"各省采买滇铜，将铜少附近之小厂，令厂员运交云南府接收转发。其省城上游最远之得胜、白洋、日见汛等厂，委员难以领运，日见汛厂铜、厂员运交丽江府接收，得胜厂铜，运交永昌府接收，均转运下关；白洋厂铜、厂员径运下关。统交大理府接收，转运省城发领。义都、青龙两处，及省城下游各铜厂，程站较近，仍令各省委员赴厂领运"。

[15] "马运"至"吏议"：此为乾隆五十五年题准之例，见于《钦定大清会典事例·户部六十八·钱法》。

[16] 违者吏议：以上自"凡委员领运宁台厂铜"之限始，均为乾隆五十五年提准之例。

[17] "凡加展"至"远近"：《钦定大清会典事例·户部六十八·钱法》载，乾隆三十五年，"议准：各省委员赴滇办铜，在厂领兑，原未定有限期，嗣后于委员到厂之日起限，每日兑领铜一万四千七百斤，如买一十万斤，限

七日兑足，数多者照此递加。倘厂员不依限秤发，令解员据实揭报，如解员无故延挨，亦令厂员据实揭报，分别参处。仍将兑领日期，报部查核""五十六年，复准各省给元赴滇买铜，由藩司指厂拨铜，以委员到滇交收铜价之日起，核计所领高、低铜数，于一月限内筹拨。至厂、店各员兑拨铜斤，如数在四五千斤以至一万四五千斤者，定限一日兑竣。其有二三万斤至一十余万斤者，照此递加。倘厂、店各员有逾定限，及办运之员不依限领运，俱分别查参"。

[18]　"凡滇省"至"赔补"：嘉庆三年复准施行。

[19]　"凡各省运脚"至"六厘"：《钦定大清会典事例·户部六十七·钱法》载："(乾隆)十七年，复准：各省采买滇铜，在寻甸领运，由竹园村至剥隘；采买金钗厂铜，由蒙自领运至剥隘，均照办运京铜之例，每站每一百斤，给运脚银一钱二分九厘二毫"。

[20]　按站核给：《钦定大清会典事例·户部六十七·钱法》载："(乾隆)十九年，复准：广西、福建、江西、浙江、陕西等省，委员采买滇铜，自剥隘运至百色，每一百斤水脚银八分。自百色运至广西省城，每一百斤水脚银五钱九分七厘有奇，沿途杂费银九分七厘；运至福建省城，每一百斤水脚银一两一钱九分八厘有奇，杂费银六钱一分二厘有奇；运至江西省城，每一百斤水脚银六钱六分二厘有奇，沿途剥费银一钱零一厘，杂费银二钱六分有奇；运至浙江省城，每一百斤水脚银七钱四分四厘有奇，杂费银二钱八分七厘；运至山西省城，每一百斤水脚银一两五钱二分一厘有奇，杂费银二钱八分八厘"，又复准"江苏省买运滇铜，由剥隘运苏，每一百斤水脚银六钱八分一厘有奇，杂费银三钱四分"，二十八年，复准"湖北省采买宁台厂铜，自大理府运至省城铜店，计程十三站，每站每百斤给运脚银一钱四厘二毫；自省至竹园村，每站百斤给运脚银一钱；竹园村至剥隘，每站每百斤给运脚银一钱二分九厘二毫；自剥隘至百色，每站每百斤给运脚银四分；自百色运至湖北省城，每百斤给水脚银三钱七分五厘有奇，杂费银三钱一分一厘有奇"。

[21]　白色："百色"误作"白色"，后文中凡"百色"间有作"白色"。

[22]　"凡各省委员"至"不准借给"：乾隆五十五年，复准施行。

附:《论铜政利病状》

王太岳[1] 著

乾隆四十年八月,云南布政使王太岳议曰:[2]窃照[3]滇南地处荒裔,言政理者,必以铜政为先。然自官置厂以来,未六十年,而官民交病,进退两穷。或比之救荒无奇策,何也?盖[4]今日铜政之难,其在采办之[5]四,而在输运者一。

一曰[6]:官给之价,难再议加也。乾隆十九年,前巡抚爱必达,以汤丹铜价实少八钱有奇,奏请[7]恩许半给,则加四钱二分三厘六毫。[8]越二年,前巡抚郭一裕[9],请以东川铸息充补铜本,则又加四钱二分三厘六毫。越六年,前总督吴达善[10]通筹各局加铸,再请增给铜价,则又奉[11]加银四钱。[12]又越六年,前巡抚鄂宁[13]复以陈请[14],则又暂加六钱。[15]越三年,始停暂加之价。于是,汤丹、大水、碌碌、茂麓等厂,遂以六两四钱为定价。而青龙山等二十余小厂,旧时定价三两八九钱、四两一二钱者,亦于乾隆二十四年前巡抚刘藻[16]奏请[17],照[18]汤丹旧例,每铜百斤定以五两一钱五分有奇收买,即金钗最低[19]之铜,亦以四两之旧价,加银六钱。

朝廷之德意,至为厚矣。然行之数年,辄以困敝告,岂诚[20]人情之无厌哉!限于旧定之价过少,虽累加而莫能偿也。夫粤、蜀与滇比邻,而四川之铜,以九两、十两买百斤,广西以十三两买百斤,何以云南独有节缩乎?江阴杨文定公名时抚滇,[21]奏陈《铜厂利弊疏》云:各厂工本,多寡不一,牵配合计,每百斤价银九两二钱,其后凡有计息议赔,莫不以此为常率。至买铜,则定以四两、五两[22]以至六两,然且课铜出其中,养廉、公费出其中,转运、耗捐出其中,捐输金江修费出其中,即其所谓六两者,实得五两一钱有奇。非惟较蜀、粤之价,几减其半,即按之云南本价,亦特十六七耳,故曰:旧定[23]之价过少也。然在当时,莫有异辞,而今乃病其少者,何也?旧时滇铜,听人取携。自康熙四十四年,始请官为经理,岁有常课。既而官给工本，逋欠稍多，则又收铜归本，官自售卖。雍正初[24]，始议开鼓铸、运京局，以疏销积铜，其实岁收之铜，不过八九十万。又后数年，亦不过二三百万，比于今日，十才二三。是名为归官，而厂民之私以为利者，犹且八九，官价之多寡，固不较也。自后讲求益详，综核益密，向之隐盗者，至是而厘剔毕尽。于是厂民无复纤毫之赢溢，而官价之不足，始无所以取偿，是其所以病也。

兹硐路已深，近山林木已尽，夫工、炭价，数倍于前，而又益以课长之掊克，地保之科派，官役之往来供亿。于是向之所谓本息、课运、役食、杂用，以及厂欠、路耗，并计其中，而后有九两二钱之实值者，今则专计工本而已。几于此，厂民受价六两四钱之外，尚须贴费一两八九钱而后足，问所从出，不过移后以补前，支左而绌右，他日之累，有不可胜言者矣。夫铜价之不足，厂民之困惫，至于如此，然而未有以加价请者，何也？诚知度支之稽制有经，非可以发棠之请，数相尝试也。且虽加以四钱、六钱之价，而积困犹未遽苏也。故曰：官给之价，难议加也。采办之难，此其一也。

一曰：取给[25]之数，不能议减也。盖滇铜之供运京外者，亦尝一二议减矣。乾隆三十二年，云南巡抚鄂宁，以各厂采铜才得五百余万，不能复供诸路之买，咨请自为区画。准户部议，留是年加运之京铜及明年头纲铜，以供诸路买铸，于是云南减运二百六十余万斤。后三年，云贵总督明德[26]，又以去年获铜虽几千万，然自运供京局及留滇鼓铸外，仅余铜一百三十万斤，以偿连年积逋九百二十余万，犹且不足，难复遍应八路之求，因请概停各路采买。准户部议奏，许缓补解京铜，酌停江南、江西两道采买，于是云南减买五十余万斤。后半年，前抚院明德，又以各路委官在滇候领铜四百一十余万，以去年滇铜所余一百余万计之，四年乃可足给。此四年之中，非特截留及缺交京铜不能补运，而各省岁买滇铜二百余万，积至数载，将有八九百万，愈难为计，因请裁减云南铸钱及各路买铜之数。准户部议奏，许停云南之临安、大理、顺宁、广南[27]，并东川新设各局[28]。又暂减广西、陕西、贵州、湖北买铜六十三万斤，于是云南得减办二百余万。通计前后缓减五百余万，厂民之势[29]力乃稍舒矣。

夫滇铜之始归官买也，岁供本路铸钱九万余千，及运湖广、江西钱四万串，计才需用一百一万斤[30]。至雍正五年，滇厂获铜三百数十万斤，始

281

议发运镇江、汉口各一百余万斤，听江南、湖南、湖北受买。至雍正十年，发运广西钱六万二千余串，亦仅需铜四十余万斤。其明年，钦奉[31]谕旨，议[32]广西府设局开铸，岁运京钱三十四万四千六十二串，计亦只需铜一百六十六万三千余斤。乾隆二年，前总督尹文端公继善[33]，又以浙江承买洋铜，逋久滋积，京局岁需洋铜、滇铜率四百万斤，请准[34]江、浙赴滇买铜二百万斤。云南依准部文，解运京钱之外，仍解京铜三十余万，以足二百万之数。而直隶总督李卫，又以他处远买滇铜转解，孰与云南径运京局，由是各省供京之正铜及加耗，悉归云南办解，然尚止于四百四十四万也。未几，而议以停运京钱之正、耗铜，改为加运京铜一百八十九万余斤矣。又未几，而福建采买二十余万斤矣，湖北采买五十余万斤矣，浙江采买二十余万斤矣，贵州采买四十八万余斤矣，江西采买三十余万斤矣，广西采买四十六万斤矣。既而，广西以盐易铜十六万余斤矣；既而，陕西罢买川铜，改买滇铜三十五万，寻增为四十万斤矣。于是，云南岁需措铜九百余万，而后足供京外之取。而汉[35]局鼓铸，尚不与焉。夫天地之产，常须留有余以待滋息，独滇铜率以一年之入，给一年之用，比于竭流而渔，鲜能继矣。又况一年之用，几溢一年之出，此[36]凶年取盈之术也，故曰：取[37]给之数过多也。

尝稽滇铜之采[38]，其初一二百万者不论矣。自乾隆四五年以来，大抵岁产六七百万耳，多者八九百万耳，其最多者千有余万，至于一千二三百万止矣。今乾隆三十八年、三十九年，皆以一千二百数十万告，此滇铜极盛之时，未尝减于他日也[39]。然而不能给者，惟取之者多也。向时江、安、闽、浙买滇铜以代洋铜，议者犹[40]以滇铜衰盛靡常，当多为之备，仍责江、浙官收商买洋铜，以冀充裕。及请滇铜径运京师，以其余留湖广[41]，而商办洋铜，则听江、浙收买[42]。议者又以滇铜虽有余，尚须筹备，以供京局，若遽留楚供铸，设将来京铜有缺，所关不细。又议浙江收买洋铜，亦须存贮，滇铜若缺，仍可接济[43]。即近岁截留京铜，部议亦以滇铜实有缺乏情形，当即通筹接济。是皆以三十年之通制。国用为天下计，非独为滇计也。

至于今日，而京师之运额，既无可缺，而自江南、江西以外，尚有浙、闽、黔、粤、秦、楚诸路开铸，纷纷并举。一则曰：此民之用也，饷钱也，不可少也。再则曰：炉且停矣，待铸极矣，不可迟也。而滇之铜政，骚然矣。夫以云南之产，不能留供云南之用，而裁铸钱以畀诸路。诸路之用铜者，均被其利，而产铜之云南，独受其害。其产愈多，则求之益众，而责之益急。然则云南之铜，何时足用[44]乎？故曰：取用之数，不能议减也。供办之难，此其二也。

一曰：大厂之逋累，积重莫苏也。谨按杨文定公[45]奏陈《铜政利弊疏》云：运户多出夷猓，或山行野宿，中道被窃；或马、牛病毙，弃铜而走；或奸民盗卖，无可追偿。又硐民皆五方无业之人，领本到手，往往私费，无力开采；亦有开硐无成，虚费工本；更或采铜既有，而偷卖私销；贫乏逃亡，悬项累累，名曰"厂欠"。由此观之，自有官厂，即有厂欠，非一日矣。然其时，凡有无追之厂欠，并得乞恩贷免，故岁岁采铜，数倍于前，而厂民之逋欠，亦复数倍。司厂之员，惧遭苛谴少其数以报上官。而每至数年，辄有巨万之积欠，则有不可以豁除请者矣。上官以其实欠，而莫能豁也，于是委曲迁就，以姑补其缺。

乾隆二十三年，奏请预备汤丹等厂工本银十二万五千两，所以偿厂欠也。三十三年，逮治综理铜政，司[46]厂之员，着赔银七万五千余两，所以厘厂欠也。三十七年，除豁免之令，而于发价之时，每以百两收银一两，大约岁发七十万两，而收七千余两，籍而贮之，以备逃亡，亦所以减厂欠也。至于开采之远，工费之多，官本之不足，莫有计之者，故不数年，而厂欠又复如旧。三十七年冬，均考厂库，以稽厂欠，前、后厂官赔补数万两[47]外，仍有民欠十三万余两。重蒙恩旨[48]，特下指挥，俾筹利便，然后厂铜得以十一通商，而以铸息代之偿欠。今之东川局加铸是也。

然加铸之息，悉以偿厂欠；通商之铜，又以供局铸。至于未足之工本，依然无措也。是以旧逋方去，新欠以[49]来，未[50]两年间，又不可訾算矣。自顷定议，每以岁终，责取无欠结状，由所隶上司加之保结，由是连岁无厂欠之名。然工本之不足，厂民不能徒手桠腹而攻采也，则为之量借油、米、炉炭，以资工作，而责其输铜于官，以此羁縻厂民，曰：尔第力采，我能尔济。厂民亦以此糊其口，曰：官幸活我，且[51]力采以赎前负。上下相蒙，觊[52]幸于万有一遇之堂矿。是虽讳避厂欠，而积其欠借，不归之油、米、炉炭，亦复不下巨万之值，要之皆出公帑也。蚩蚩之民[53]，何知大义，彼其所以俯首受役，弊形体而不辞者，孳孳为利耳。至于利之莫图，而官帑之逋负，且日迫其后，而厂民始无望矣。夫厂以出铜，民以厂为业，民亡所望，厂何为焉？区区三五官吏之讲求，其于铜政庸有济乎？故曰：大厂之逋累，积重莫苏也。采办之难，此其三也。

一曰：小厂之收买，涣散莫纪也。云南矿厂，其旧且大者，汤丹、碌碌、大水、茂麓为最，而宁台、金钗、义都次之。新厂之大者，狮子山、大功为最，而发古山、九渡[54]、万宝、万象诸厂次之。至如青龙山、日见汛、凤凰坡、红石岩、大风岭诸厂，并处僻远[55]，常在丛山乱箐之间。而如大屯、白凹、人老、箭竹、金沙、小岩，又皆界连黔、蜀，径路杂出，奸顽无籍，贪利细民，往往潜伏其间，盗采铸钱，选踞高冈深林，预为走路。一遇地方兵役，踪[56]迹勾捕，则纷然骇散，莫可寻追。其在厂地采矿，又皆游惰穷民，苟图谋食，既无赀力深开远入，仅就山肤寻苗，而取矿经采之处，比之鸡窝，采获之矿，谓之"草皮草荒"，是虽名为采铜，实皆侥幸尝试已耳。矿路既断，又觅他引，一处不获，又易他处，往来纷籍，莫知定方。是故一厂之所，而采者动有数十区，地之相去，近者数里，远者一二十里或数十里，虽官吏之善察者，固有不能周尽矣。加以此曹不领官本，无所统一，其自为计也。本出无聊，既非恒业，何所顾惜，有则取之，无则去之，便则就之，不便则去之。如是而绳以官法，课以常科，则有散而走耳，何能縻乎？官厂者见其然也，故常莫可谁何，而惟一二客长、锅头是倚。厂民得矿，皆由客长平其多寡，而输之锅[57]头，炉房因其矿质，几锻几揭，而成铜焉。每以一炉之铜，纳官二三十斤，酬客长、炉[58]头几斤，余则听其怀携，远卖他方，核其实数，曾不及汤丹厂之百一。夫以滇之矿厂之多，诸路取求之广，而惟二三大厂是资。其余小厂，环布森列，以几十数，而合计几十厂之铜，比之二三大厂，不能半焉，则大厂安得不困？故曰：小厂之收买，涣散莫纪也。采办之难，此其四也。

若夫转运之难，又可略言矣。夫滇，僻壤也。著籍之户，才四十万，其畜马、牛者，十一二耳。此四十万户，分隶八十七郡邑，其在通途而转运所必由者，十二三耳。由此言之，滇之牛、马不过六七万，而运铜之牛马，不过二三万，盖其大较矣。滇既有岁运京铜六百三十万，又益诸路之采买与滇之鼓铸，岁运铜千二百万。计马、牛之所任，牛可载八十斤，马力倍之，一千余万之铜，盖非十万匹、头不办矣。然民间马、牛，只供田作，不能多畜以待应官，岁一受雇，可运铜三四百万。其余八九百万斤者，尚须马、牛七八万，而滇固已穷矣。

乾隆三年，部[59]议广西府局发运京钱，陆用牛一万四千头、马九千匹，水用船三千只，念其雇集不易，恐更扰民，辄许停铸。是年，云南奏言：滇铜运京，事在经始，江、安、闽、浙之二百万，未能一时发运。准户部议，运京许宽至明年，而江、浙诸路之铜，且需后命。凡以规时审势，不欲强以所必不能也。又前件议云：户部有现铜三百万，工部稍不足，可且借拨。又，乾隆三十五年，议云：户部[60]两局库，有现铜四百五十万，云南尚有两年运铜，计可衔接抵局者，仍八百余万。自后滇之发运，源源无绝，以供京局铸钱，有盈无缺，其截发挂欠铜三百五十余万，均可着缓补解，此其为滇之官民计者，持论何怨？而其为国用计者，又何详也？今则不然，户局有铜二百五十万，合工部之铜三四百万，滇铜之发运在道，岁内均可继至者，千有余万。其视往时，略无所减，而议者且切切，焉有不继之忧。于是云南岁又加运旧欠铜八十万斤，通前为七百一十余万，而滇益困矣。

且夫转运之法，着令固已甚详矣。初时，京铜改由滇运，起运之日，必咨经过地方，并令防卫、催稽、守风、守水、守冻，又令所在官司，核实报咨。其后以运官或有买货重载，淹留迟运，兼责沿途官弁，驱促巡行，徇隐有罚。其后有以纳铜不如本数，议请申用雍正二年采办洋铜之例，运不依限者褫职，戴罪管运，委解之上司，并夺三[61]官，领职如故。其有盗卖诸弊，本官按治如律，并责上官分赔。又改定运限，自永宁至通州，限以九月，其在汉口、仪征换篓、换船，限以六十日。自守冻而外，守风、阻水之限，不复计除。运铜入境，并由在所官弁，依限申报具奏。而滇、蜀亦复会商，以永宁、泸州搬铜打包，限五十五日。其由永宁抵合江，由重庆府抵江津，并听所在镇道稽查，委官催督。或有无故逗遛，地方官弁匿不实报者，并予纠劾。其后以铜船停泊，阻塞挽漕，又议缘江道路，委游击、都司押运，自仪征以下，并听巡漕御史催趱，运官虽欲饰诈迁延，固不得矣。又积疲之后，户部方日月考课。于是巡抚与布政使躬历诸厂，以求采运之宜。而责巡道周环按视，以课转运之勤怠，而察其停、寄、盗、匿。其自守丞以下，州县之长与簿尉巡检之官，往来相属，符檄交驰，弁役四出，所在官吏，日懔懔焉，救过之不暇，而厨传骚然矣。

尝考，乾隆二年，滇有余铜三百四十七万，故能筹洋铜之停买。十七年，有积铜一千八九百余万，故能给诸路之取求。二十四年以后，有大兴、大铜二厂，骤增铜四百余万，故能贴运京铜，岁无缺滞。此如水利，其积不厚，而日疏决之，则涸可立待，势固然矣。今司运之官，惧罹罪责，既皆增价雇募，然犹不免以人易畜，官司责之吏役，吏役责之乡保。里民每赢数日之粮，以应一日之役，中间科索、抑派，重为民扰，喜事之吏，驱率老幼，横施鞭打，瘁民生而亏政体，非小故也。[62]

具此五难，是以滇之铜政，有救荒无奇策之喻。虽然，荒固不可不救，而铜固不可不办，不可不运也。尝窃救[63]前人之论议，厝注得失之所由，其有已效于昔，而可试行于今者，曰：多筹息钱，以益铜价也；通计有无，以限买铜也；稍宽考成，以舒厂困也；实给工本，以广开采也；预借雇值，以集牛、马也。

云南之铜，供户、工二部，供浙、闽诸路，供本路、州、郡饩饷，其为用也大矣。故铜政之要，必宽给价，价足而后厂众集，厂众集而后开采广，广采则铜多，铜多则用裕。前巡抚爱必达疏云：汤丹、大水等厂，开采之初，办铜无多，迨后岁办铜六七百万及八九百万。今几三十年，课、耗、余息，不下数百万金，近年矿砂渐薄，窝路日远，近厂柴薪待尽，炭价倍增，聚集人多，油、米益贵。每年京外鼓铸，需铜一千万余斤，炉民工本不敷，岁出之铜，势必日减。洋铜既难采办，滇铜倘复缺少，京外鼓铸，何所取资？前巡抚刘藻以汤丹、大硐不敷工本，两经奏准[64]加价，厂民感奋。大铜厂[65]本年办铜六十万，大兴厂夏、秋雨集，尚有铜三百七八十万。各厂总计，共铜一千二百余万，历岁办铜之多，无逾于此。实蒙特允，初未见有不许也。今之去昔，近者十年，远者二十余年，所云磠硐日远、攻采日难者，又益甚矣。而顾云发棠之请，不可数尝者，何也？有铜本斯有铜息。有铸钱斯有铸息，故曰：有益下而不损上者，不可不讲也。

按：乾隆十八年，东川增设新局五十座，加铸钱二十二万余千，备给铜、铅工本之外，岁赢息银四万三千余两，九年之间，遂有积息四十余万。自是以后，云南始有公贮之钱，而铜本不足，亦稍稍知所取给矣。二十余年，[66]东川加半卯之铸，岁收息银三万七千余两，以补汤丹、大水四厂工本之不足。二十五年，以东川铸息不敷加价，又请于会城、临安两局，各加铸半卯。[67]二十八年，再请加给铜价，则又于东川新、旧局，冬季三月旬加半卯。三十年，又以铜厂采获加多，东川铸息尚少，则又请每年、每月各加铸半卯，并以加汤丹诸厂之铜价。而大理亦开局钱，岁获息八千余两，以资大兴、大铜、义都三厂之戽水采铜。先后十二年间，加铸增局，至五六而未已。滇之钱法与铜政相为表里，盖已久矣。以厂民之铜铸钱，即以铸钱之息与厂，费不他筹，泽无泛及，而此数十厂、百千万众，皆有以苏困穷而谋饱煖。积其欢呼翔踊之气，铜即不增，亦断无减，于以维持铜政，绵衍泉流，所谓"多铸息钱，以益铜本"者，此也。

　　取给之数，诚不可议减矣。诸路之所自有，与其缓急之实，不可不察也。往者江南、江西、浙江、福建、陕西、湖北、广东、广西、贵州九路之铜，皆买诸滇，沓至迭来，滇是以日不暇给。夫圣朝天下一家，其在诸路者，与在滇之备贮，因无异也。窃见去年陕西奏开宁羌矿硐，越两月余，已获现铜二千四百斤，仍有生砂，又可炼铜五六千斤。由此锤凿深入，真脉显露，久大可期。又湖北奏开咸丰、宣恩两县矿厂，先后炼铜已得一万五千余斤，将来获利必倍。盖见之邮报者如此。今秦、楚开采皆年余矣，其获铜也，少亦当有数万，而采买之滇铜如故，必核其自有之数，则此二邦者固可减买也。贵州本设二十炉，继而减铸二十三卯，采买滇铜亦减十万。顷岁又减五炉，议以铜四十四万七千斤，岁为常率。而滇铜仍实买三十九万六百六十斤，至于黔铜则减七万，将以易且安者自予，而劳且费者予滇，非平情之论也。是故，黔之采买亦可减也。又今年陕西奏言：局铜现有二十五万一千四百余斤，加以商运洋铜五万，当有三十余万。又[68]委官领买之滇铜六十二万六千二百斤，且当继至。以此计之，是陕西以有铜九十余万，而又有新开之矿厂，产铜方未可量，此一路之采，非惟可减，抑亦可停矣。

　　又闽、浙、湖北及江南、江西旧买洋铜，每百斤价皆十七两五钱，而滇铜价止十一两，较少六两五钱，其改买宜矣。然此诸路者，其运费、杂支，每铜百斤，例销之银亦且五六两，合之买价，当有十六七两，其视洋铜之价，未见大有多寡。加以各路运官贴费，自一二千至五六千，则已与洋铜等价矣。以此相权，滇铜实不如洋铜之便，则此数路者，并可停买也。

诚使核其实用，则岁可减拨百数十万，而滇铜必日裕矣。所谓"通计有无，以限买铜"者，此也。

厂欠之实，见之杨文定公始筹厂务之年，后乃日加无已。逮其积欠已多，始以例请放免，其放免者，又特逃亡物故之民。而身有厂欠，受现价、采现铜，而纳不及数者，不与焉，是故放免常少，而逋欠常多。乾隆十六年，议以官发铜本，依经征盐课例，以完欠分数考课。厂官堕征之法，止于夺俸，厂官尚得藉其实欠之数，以要一岁之收，于采固无害也。其后以厂欠积至十三万，而督理之官，自监司以下，并皆逮治追偿。寻以铜少不能给诸路之采买，遂以借拨京运之额铜二百六十几万者，计其虚值，而议以实罚，于诸厂之官，罚金至十有四万。寻又以需铜日给，严责厂官限数办铜，其限多而获少者，既予削夺。或乃惧罹纠劾，多报斤重，则又以虚出通关，按治如律，罪至于死。斯诚铜厂之厄会矣！

夫大小诸厂，炉户、砂丁之属，众至千万，所恃以调其甘苦，时其缓急者，惟厂官耳。顾且使之进退狼狈，莫所适从，至于如此，铜政尚可望乎？故曰：岁供之铜，犹累累千百万者，幸也。[69]且[70]由今计之，将欲慎核名实，规图久远，蕲以兴铜政、裨国计，则非宽厂官之考成不可。何也？近岁之法，既以岁终取其欠结状，而所辖之上司，又复月计而季汇之。厂官不敢复多发价，必按其纳铜之多寡，一如预给之数，而后给价继采，是诚可以杜厂欠矣。然而采铜之费，每百斤实少一两八九钱者，顾安出乎？给之不足，则民力不支，将散而罢采；欲足给之，而欠仍无已，必不见许于上官，是又一厄也。

然则今之岁有铜千百万者，可恃乎？预借之底本，与所谓接济之油、米，固所赖以赡厂民之匮乏，而通厂政之穷者也。谨按：乾隆二十三年，预借汤丹厂工本银五万两，以五年限完；又借大水、碌碌厂工本银七万五千两，以十年限完。皆于季发铜本之外，特又加借，使厂民气力宽舒，从容攻采，故能得铜以偿夙逋也。三十六年，又请借，特奉谕旨，以从前借多扣少，厂民宽裕，今借数既少，扣数转多，且分限三年，较前加迫，恐承领之户，畏难观望，日后藉口迁延，更所不免。仰见圣明如神，坐照万里。而当时犹以日久逋逃，新旧更易为虑，不敢宽期多发，仅借两月底本银七万数千两，而以四年限完。厂民本价之外，得此补助，虽其宽裕之气不及前借，而犹倚以支延且三四载，此预借底本之效也。又自三十四年、三十七年，先后陈请备贮油、米、炭薪以资厂民，厂民乃能尽以月受铜价雇募砂丁，而以官贷之油、米资其日用，故无惰采，斯又所谓接济者之效也。

今月扣之借本，消除且尽，独油、米之贷，当以铜价计偿，而迟久未能者，犹且仍岁加给，继此不已。万一上官不谅，而责以逋慢，坐以亏挪，则厂官何以逃罪？是又他日无穷之祸，而为今日之隐忧者也。

前岁云南新开七厂，条具四事。户部议曰："炉户、砂丁，类皆贫民，不能自措工本，赖有预领官银，资其攻采。硐矿赢绌不齐，不能绝无逃欠，若概令经放之员，依数完偿，恐预留余地，惮于给发，转妨铜政。"信哉斯言！可谓通达大计者矣。今诚宽厂官之考成[71]，俾得以时贷借油、米，而无他日亏缺之诛。又仿二十三年预借之法，多其数而宽以岁时，则厂官无迫惏畏阻之心，而厂民有日月舒展之适，上下相乐，以毕力于矿厂，而铜政不振起，采办不加多者，未之有也。所谓"宽考成而舒铜困"者，此也。

小厂之开，涣散莫纪矣。求所以统一之、整齐之者，不可不讲[72]也。窃见乾隆二十五年，前巡抚刘藻奏言：中外鼓铸，取给汤丹、大碌者十八九，至于诸小厂，奇零凑集，不过十之一二。然土中求矿，衰盛靡常，自须开采新磞，预为之计，庶几此缩彼盈，源源不匮。今各小厂旁近之地，非无引苗，惟以开挖大矿，类须经年累月。厂民十百为群，通力合作，借垫之费，极为繁钜，幸而获矿，炼铜输官，乃给价甚微，不惟无利可图，且不免于耗本，断难竭蹶从事。又奏言[73]：青龙等厂，乾隆二十四年连闰十有三月，共获铜四十八万。自二十五年二月，蒙准[74]加价，自[75]二十六年三月初旬，亦十有三月，共获铜一百余万。所获余息，加给铜价之外，实存银二万九千数百两，较二十四年，多息银一万有奇。而各厂民亦多得价银一万二千余两，感戴圣恩，洵为惠而不费。

又三十三年，前巡抚明德奏言：云南山高脉厚，到处出产矿砂，但能经理得宜，非惟裨益铜务，而数千万谋食穷民，亦得借以资生。由此观之，小厂非无利也。诚使加以人力，穿硖成堂，则初辟之矿，入不必深，而工不必费。又其地僻人少，林木蔚萃，采伐既便，炭亦易得，较大厂攻采之费，当有事半而功倍者，尤不可不亟图也。今厂民既皆徒手掠取，而一出于侥幸尝试之为。而为厂官者，徒欲坐守抽分之课外，此已无多求，是故诸小厂非无矿也，货弃于地，莫为惜也。又况盗卖、盗铸，其为漏卮，又不知几何哉。小厂之铜，岁不及汤丹、大水诸大厂之十一者，实由于此。

诚于厂之近邑，招徕土著之民，联以什伍之籍，又择其愿朴持重者为之长，于是假之以底本，益之以油、米、薪炭，则涣散之众，皆有所系属，久且倚为恒业，虽驱之犹不去也。然后示以约束，董以课程，作其方振之气，厚其已集之力，使皆穿石破峡，以求进山之矿，而无半途之费，虽有不成者，寡矣。若更开曲靖、广西之铸局，而以息钱加铜价，则宣威、沾益诸山之铜，不复走黔，路南、建水、蒙自诸山之铜，无复走粤，安见小厂不可转为大也？所谓"实给工本，以广开采"者，此也。

滇之牛、马诚少矣，滇铜之储备又虚矣。而部局犹以待铸为言，移牒趣运，急于星火，殆未权于缓急之实者也。铜运之在滇境者，后先踵接，依次抵泸，既以乙岁之铜，补甲岁之运；又将以乙岁之运，待丙岁之铜。而泸州之旋收旋兑者，亦略不停息，则又终无储备之日矣。夫惟宽以半岁之期会，然后泸州有三四百万之储，储之既多，则兑者方去，而运者既来，是常有余贮也。如是，而凡运官之至者，皆可以时兑发，次第启行，在泸既无坐守之劳，在途又有催督之令，运何为而迟哉？

又京局现停加卯，用铜悉如常额。自今年五、六月以后，云南癸巳、甲午[76]两岁八运之铜，皆当相继抵京，计供宝源、宝泉两局之鼓铸，可至四十二年之七月。今乙未[77]之铜，又开运矣，明年秋、冬，及其次年之春、夏，又当有六百三十余万之铜抵局，则由今至于四十三年之夏，京局固无缺铜也。诚使丙申头纲之铜，例以明年八月开运者，计宽至次年三月，而以十二月为八运告竣之期，不过丁酉之岁末月，而皆当依次运京，此似缓而实急之计也。[78]

若夫筹运之法，固非可以滇少马、牛自谢也。则尝窃取往籍而考之，始云南之铸钱运京也。由广西府陆运，以达广南之板蚌，舟行以达粤西之百色，而后逦迤入汉。而广西、广南之间，经由十九厅、州、县，各以地之远近大小，雇牛递运，少者数十头，多者三五百头至一千二百，并以先期给价雇募。每至夏、秋，触冒瘴雾，人、牛皆病，故常畏阻不前。既又官买牛、马，制车设传，以马五百八十八匹，分设七驿；又以牛三百七十八头，车三百七十八辆，分设九驿，递供转运。

会部议改运滇铜，乃停广西之铸，[79]而以江、安、浙、闽及湖北、湖南、广东之额铜并停买，归滇运京。于是，滇之正耗四百四十余万，悉由东川径运永宁。其后以寻甸、威宁，亦可达永宁也，乃分二百二十万，由寻甸转运。而东川之由昭通、镇雄以达永宁者，尚二百二十万。其后又以广西停铸之钱，合其正、耗、余铜通计一百八十九万一千四百四十斤，并令依数解京，是为加运之铜，亦由东川、寻甸分运。至乾隆七年，而昭通之盐井渡始通，则东川之运铜，半由水运以抵泸州，半由陆运以抵永宁。十年，威宁之罗星渡又通，则寻甸陆运之铜，既过威宁，又可舟行以抵泸州矣。十四年，金沙江以迄工告，而永善黄草坪以下之水，亦堪通运，于是东川达于昭通之铜，皆分出于盐井、黄草坪之二水，与寻甸之运铜，并得径抵泸州矣。

然昭通、东川之马、牛，亦非尽出所治，黔、蜀之马与旁近郡县之牛，盖尝居其大半。雇募之法，先由官验马、牛，烙以火印，借以买价，每以马一匹，借银七两；牛四头、车一辆，借以六两。比其载运，则半给官价，而扣存其半，以销前借。扣销既尽，则又借之，往来周旋，如环无端。故其受雇皆有熟户，领运皆有恒期，互保皆有常侣，经纪皆有定规。日月既久，官民相习，虽有空乏，而无逋逃，亦雇运之一策也。今宣威既蹈此而试行之矣。使寻甸及在威宁之司运者，皆行此法，以岁领之运价，申明上司，预借运户，多买马、牛，常使供运，滇产虽乏，庶有济乎。

然犹有难焉者，诸路之采买，雇运常迟也。顷岁定议滇铜，每以冬、夏之秒，计数分拨，大小之厂，各以地之远近、铜之多寡而拨之。采买委官远至，东驰西逐，废旷时日。是以今年始议，得胜、日见[80]、白羊诸远厂之铜，皆自本厂运至下关，由大理府转发，黔、粤之买铜者，鲜远涉矣。而义都、青龙诸近厂，与云南府以下之厂，犹须诸路委员[81]就往买铜，自雇自运，咸会白色，然后登舟。主客之势，呼应既难，又以农事，马、牛无暇，夏、秋瘴盛，更多间阻。是故部牒数下，而云南之报出境者，常虑迟也。往时临安、路南之铜，皆运弥勒县之竹园村，以待诸路委官之买运，其后以委官之守候历时，爰有赴厂领运之议。然其时，实以云南缺铜，不能以时给买，非运贮竹园村之失也。诚使减诸路之采买，而尽运迤西诸路之铜,贮之云南府,以知府综其发运。又运临安、路南之铜,尽贮之竹园村,以收发责之巡检。如是,则诸路委官,至辄买运去耳,岂复有奔走旷废之时哉?

若更依仿运钱之制,以诸路陆运之价,分发缘路郡县,各募运户,借以官本,多买马、牛,按站接运,比于置邮。夏、秋尽撤马、牛,归农停运,则人、马无瘴疠之忧,委官有安闲之乐。于其暇时,又分寻甸运铜之半,由广西、广南达于白色,并如运钱之旧,即运京之铜,亦且加速,一举而三善备焉矣。惟择其可而采纳焉。

王昶曰:"谨按:右[82]所撰论综核铜政上下数十年之原委,切中窾要。经济之实,晁、贾之文,[83]后之人拾其绪论,皆鸣为奇策。然时势不同,盖有可行于昔,而不可行于今者,非当日立言之过也。上年曾有条陈以铸息增铜价,又有请复省城铜店汇收各省采买铜者,皆不能行,因附记焉。[84]

注 释

[1] 王太岳:《清史列传》卷七十二《文苑传三》载:"王太岳,字基平,一字芥子,直隶定兴人,乾隆七年进士,改翰林院庶吉士,散馆授检讨。十九年,授侍讲,转侍读。二十年,补甘肃平庆道。二十三年,调西安督粮道。三十三年,晋湖南按察使。三十六年,调云南按察使。明年擢布政使。是年,以审拟逃兵宽纵落职。四十二年,命在《四库全书》馆为总纂官。四十三年,仍授检讨。四十七年,擢国子监司业,后三年卒,年六十有四。在云南,闵铜政之弊,于是旁搜博讯,指利害所由来,其言铜政之要,必宽给价,给价足,然后厂众集,厂众集,然后开采广,广采则铜多,铜多则用裕。又言云南山高脉厚,出产矿砂,诚使加以人力,穿峡成堂,则初辟之矿,入必不深,而工亦不费,兼地僻林萃,炭亦易得。论尤切中当时,补救厘剔,厥功甚伟,滇人祀之贤祠。著有《清虚山房集》《芥子先生集》,凡二十四卷。"王太岳所著《论铜政利病状》,乃其任滇省布政使时讨论铜政之弊而作。该文最早收录于贺长龄编纂的《皇朝经世文编·户政二十七·钱币上》中,篇名为《铜政议》,分为上、下篇,时道光

六年；后被吴其濬收录于本书中，篇名为《论铜政利病状》，时道光二十四年。前、后两书所收录的皆为王太岳论铜政之文，然由于王太岳并未为其文命名，故两书作者收录文章之时各命一名，正文中行文之文字亦有不少差别，笔者将本文与《皇朝经世文编》中收入的《铜政议》内容进行比对，其中与本文相异之处在注释中说明。

[2] "乾隆"至"曰"：《皇朝经世文编·户政二十七·钱币上》之《铜政议上》中无此句。

[3] 照：《皇朝经世文编》为"见"。

[4] 盖：《皇朝经世文编》中无盖字。

[5] 之：根据后文用"者"更妥。

[6] 曰：原文印为"日"，应为"曰"。

[7] 请：《皇朝经世文编》为"蒙"。

[8] 加四钱二分三厘六毫：《清实录·高宗纯皇帝实录》卷四百六十一"乾隆十九年四月辛丑"："谕：'户部议驳爱必达等"题请增给汤丹厂铜价一折"，自属按例。但该处铜厂开采日久，硐深矿薄，食物昂贵，该督抚题请增价，亦系目击情形，随宜筹办。著加恩照请增之数，给与一半，余厂不得援以为例。'"

[9] 郭一裕：《清史稿》卷三百三十九《郭一裕传》："郭一裕，湖北汉阳人。雍正初，入贽为知县，除江南清河知县。稍迁山西太原知府。乾隆中，累擢云南巡抚。恒文（乾隆二十一年擢云贵总督，二十二年三月疏劾贵州粮道沈迁婪索属吏，鞫实论斩。恒文与云南巡抚郭一裕议制金炉上贡，恒文令属吏市金，减其值，吏民怨咨。一裕乃疏劾恒文贪污败检，列款以上。）对簿，具言贡金炉议发自一裕，统勋等察知一裕亦令属吏市金，见恒文以减值敛怨，乃先发为掩覆计。事闻，上谓：'一裕本庸鄙，前为山东巡抚，尝请进万金上贡。在官惟以殖产营运为事，但尚不至如恒文之狼藉。'……一裕呈部请输金赎罪。"

[10] 吴达善：《清史稿》卷三百九《吴达善传》："吴达善，字雨民，瓜尔佳氏，满洲正红旗人，陕西驻防。乾隆元年进士，授户部主事。累擢至工部侍郎、镶红旗满洲副都统。二十年，授甘肃巡抚，赴巴里坤督理军需，以劳赐孔雀翎。……二十四年，代黄廷桂为陕甘总督，寻复以命杨应琚，改总

督衔，管巡抚事。……授云贵总督……寻兼署云南巡抚。……二十九年……调湖广总督，兼署湖北巡抚。……三十一年，调陕甘总督。……三十三年，复调湖广总督，兼署荆州将军。……三十五年，兼署湖南巡抚。……三十六年，复调陕甘总督，值土尔扈特部内附，上命分赉羊及皮衣。吴达善料理周妥，上嘉其能。以病乞解任，寻卒，赠太子太保，祀贤良祠，赐祭葬，谥勤毅。"

[11]　奉：《皇朝经世文编》为"奉特旨"。

[12]　"越六年"至"四钱"：《朱批奏折》载，乾隆二十七年六月十二日，"云贵总督吴达善、云南巡抚刘藻奏，为酌议调剂铜厂，仰祈睿鉴事。窃照滇省办铜以供京外各局鼓铸，岁需一千一二百万，取给于汤丹、大碌厂者，居其大半。该二厂……只因磻洞渐深，炭山渐远，而又坐落东川地方，油、米价贵，其工费较别厂为独重。向来每铜百斤，给价银五两一钱五分零，厂民工本不敷，出铜短缩。乾隆十九年，题请加价，经部议驳，仰蒙圣恩，俯念增价系目击情形，随时筹办，照所请之数，准给一半，每百斤加银四钱二分零。……又于二十一年，奏准以加卯鼓铸所获余息，添补铜价，每百斤续加银四钱二分零，通共给银六两，民力稍纾。……兹据管理铜务粮储道罗源浩会详，据厂官海梁、陈元震详称，汤丹、大碌二厂，自加价之后，又历六年，磻洞愈采愈深，至十余里及二十余里不等，而炭山亦远，在二三站之外，工费较增于前。兼之磻内地势日益洼下，山泉灌注，常须多募砂丁，拉干积水，方能采矿，尤费工力，核计所领铜价，实不敷用。厂民甚为竭蹶，吁请加给铜价，以资采办。经该司道酌议，每铜百斤，请加价银四钱"。

[13]　鄂宁：《清史列传》卷二十四《大臣画一传》："鄂宁，满洲镶蓝旗人，姓西林觉罗，大学士鄂尔泰第四子。乾隆十二年举人，三十二年二月调云南巡抚。三月至普洱办理军务，赏戴花翎。四月，奏言滇省产铜，凡可开矿厂，不限远近，俱准开采。三十一年，督臣杨应琚奏请止许距厂四十里内开挖，遵行在案。今旧厂年久矿稀，限地势有难行，请仍旧例，无论远近，均听开采。诏如所议行。是时，大兵剿缅甸，云南总督杨应琚奏报多不实，命回京，以明瑞补授云南总督，并谕鄂宁查明杨应琚欺饰错缪之处，具奏。……鄂宁既于筹画军务不能确有所见，所有云贵总督事务亦难忘其胜任。第念伊前在湖北等省，于地方内巡抚事务尚能黾敏办理，鄂宁著降补福建巡抚，革职之案带于新任，十年无过，方准开复。……三十四年四月，谕曰：

'鄂宁前在云贵总督任内,办理军务俱未妥协。……今据奏到,则上年二月因额勒登额退兵,绕道潜行,致贼尾随之,窜入户腊撒地方,抢掠滋事。经副将王振元禀报,鄂宁将此等情形,竟敢匿不奏闻……鄂宁著革职,赏给三等侍卫,往云南军营,自备资斧,效力赎罪。'……寻以云南巡抚任内失察呈贡县知县杨家驹科派累民,部议降二级留任。十二月,谕曰:'督抚、藩臬系统辖大员,与专司稽查者尚属有间,可稍从宽贷。所有前任巡抚鄂宁,著仍降三级,赏给二等侍卫职衔。'三十五年三月,降蓝翎侍卫,七月卒。"

[14] 复以陈请:《皇朝经世文编》为"遵旨陈请"。

[15] "又越六年"至"六钱":《清实录·高宗纯皇帝实录》卷八〇九,"乾隆三十三年四月十六日"条载:"云贵总督暂管巡抚鄂宁奏:'滇省旧铜厂,硐深矿薄,其新开子厂甚少,更兼办理军务之际,牛马不敷,油、米、炭等杂项,到厂价昂费倍,厂民竭蹙。请每铜百斤,增价银六钱……'得旨:'著照所请行'"。

[16] 刘藻:《清史列传》卷二十三《大臣画一传》:"刘藻,山东菏泽人,初名玉麟,由举人任观城教谕。乾隆元年,荐举博学鸿词,授检讨,改今名。二十二年三月,擢云南巡抚。……二十五年,又言:'省、临二局加卯鼓铸,请以余息补铜价,不致多费帑金,以钱文济厂民,复可早归鼓铸,公私两便。'均如所请行。二十六年,暂署云南总督。二十八年六月,署贵州巡抚。十月,加太子太保。十二月,又请停买川铜,照旧在滇采办,从之。……三十一年正月,调湖广总督。"是月,刘藻因前云南莽酋侵扰猛棒诸土司边境案,处理不当,"著降补巡抚,交部严加议处。寻议革职,留滇效力。三月,巡抚常钧奏:'刘藻自刎,气息仅存。'……谕曰:'刘藻前在云南总督任内,办理莽匪一案,张皇失措,种种错缪,继复畏葸自戕。是伊系已经革职,应行治罪之员,将来旅榇回籍,止可如常人归葬,不得听其家靦颜建立墓碑,书刻原任总督及历官事实,欺诳乡愚'"。

[17] 奏请:《皇朝经世文编》为"奏请奉谕旨"。

[18] 照:《皇朝经世文编》为"既照"。

[19] 低:《皇朝经世文编》为"劣"。

[20] 诚:《皇朝经世文编》为"尽"。

[21] 杨文定公名时抚滇:杨名时抚滇时间为康熙六十年正月至雍正八

年十月。杨时名，字宾实，一字凝斋，江苏江阴人。康熙三十年进士，主司李光地深器之，选庶吉士。三十三年，授检讨。四十一年，提督顺天学政，迁侍读。五十三年，充陕西乡试正考官。五十六年，授直隶巡道。五十八年，迁贵州布政司。五十九年，擢云南巡抚，其抚滇七载，恩信浃于蛮髳，民戴之如父。寻擢兵部尚书、云贵总督，仍管云南巡抚事。雍正四年转吏部尚书，仍以总督管巡抚事。五年，以奏豁盐课叙入，密谕解总督任，仍署理巡抚。时有人奏名时于臬司江苎通行欺蔽……命革职，勒限清厘。……部议，亦坐名时挟诈欺公，无人臣礼，拟斩监候。……狱词成，上特旨宽免，遂留滇七年。清苦绝尘，日或不能举火，士民争遗蔬粟，讲学不倦。乾隆元年，召还京，赐吏部尚书衔兼管国子监祭酒事，并赐第一区。是年九月卒，年七十有七。（其生平见《汉名臣传》《碑传集》《先正事略》《清史列传》）。

[22] 五两：《皇朝经世文编》中无"五两"二字。

[23] 旧定：《皇朝经世文编》为"皆由旧定"。

[24] 雍正初：《皇朝经世文编》为"至雍正之初"。

[25] 给：《皇朝经世文编》为"用"。

[26] 明德：《清史列传》卷二十三《大臣画一传》："明德，满洲正红旗人，姓辉和氏。雍正十二年，由笔贴式补太常寺博士。……乾隆三十三年二月，调补云南巡抚。……九月，又合疏言：'滇省铜厂三十余，向系粮道专管；金、银、铅厂二十九，系布政司专管。而本地道府无稽查责，耳目未周。请将各处厂务系州县管理者，责成本府专管，道员稽查；系厅员管理者，责成本道专管，统归布政使总理。粮道既不管铜厂，事务太简，将驿盐道所辖之云南、武定二府改归管理。'均如所请行。三十四年三月，擢云贵总督，奏请牧养战马，分派武职大员管理，其棚、槽、草料等，仍令地方官备支。上严饬其推诿卸责。……诏责明德漠视军务，漫不经心。下部议革职，从宽留任。……著即降补江苏巡抚。……七月，经略大学士傅恒等奏留明德协办军务，俟凯旋后再赴新任。寻命署云南巡抚，专管台站事。十月，谕曰：'明德办理军需粮马，是其专责，屡经饬谕，始终不能实心出力。今经略大学士傅恒奏十月初一日已抵新街，会兵克期深入，而后队继进之兵，尚未到齐。……著革去翎顶，加恩仍署云南巡抚，以观后效。'三十五年，卒。"

[27] 广南：《皇朝经世文编》为"广西"，"广南"并未设立鼓铸局，

当为"广西府或直隶州"。

[28] 各局：《皇朝经世文编》为"各局铸钱"。

[29] 势：《皇朝经世文编》为"气"。

[30] 斤：《皇朝经世文编》为"斤耳"。

[31] 钦奉：《皇朝经世文编》为"钦奉世宗宪皇帝"。

[32] 议：《皇朝经世文编》为"议于"。

[33] 尹文端公继善：《清史列传》卷十九《大臣画一传档正编十五》："尹继善，满州镶黄旗人，大学士尹泰子。雍正元年，进士，改庶吉士，散馆授编，修充日讲起居注官。五年三日，迁侍讲，寻迁户部郎中；九月，命往广东察审布政使官达、按察使方愿瑛受贿徇庇案，得实即署按察使。六年四月，授内阁侍读学士，协理江南河务；八月，署江苏巡抚。七年二月，实授寻署河道总督……九年，署两江总督。……十年正月，协理江宁将军兼理两淮盐政。……十一年正月，调云贵广西总督。时思茅土弁刁兴国等作乱，前督高其倬擒兴国，余党尚未解。……六月，继善奏：'元江、临安贼势猖獗，臣调鹤丽镇总兵杨国华领兵往元江，与临元镇总兵董芳协剿，贼溃匿，暗纵我军遣谋入贼寨举火，奋勇冲入，斩贼酋三，从贼百余，生擒六十九'。十一月，又奏：'元、临内地现平定，而攸乐、思茅余孽未靖，臣调兵剿捕，念地方辽阔，兵到势必奔窜出东西两路。……以善后所期恩威并重济，操纵得宜。……'十二年三月，奏'贵州新开苗疆八事'；七月，奏：'云南浚土黄河工竣，起工黄，经西隆、西林、土富州、土田州，过剥隘至百色，衰七百四十余里'。得旨嘉奖。"《先正事略》《耆献类征》道光《云南通志》载"乾隆元年，设贵州总督，以继善专督云南。二年，奏豁云南军丁银万二千二百两有奇，从之。在滇五年，性仁厚，政事精敏，创建五华书院廨百余间，筹膏火，置田，岁收米二百十四石。定普洱、思茅、元江、新嶍营制……开河渠，江水利，民至今赖之。寻入觐，以父老，乞留京，授刑部尚书，兼管兵部事。三年，丁父忧。五年，授川陕总督，三十年九月，召入阁，兼管兵部事。三十六年四月卒，年七十有七"。

[34] 准：《皇朝经世文编》为"敕"。

[35] 汉：《皇朝经世文编》为"滇"。

[36] 此：《皇朝经世文编》无"此"字。

[37] 取：《皇朝经世文编》为"皆由取"。

[38] 采：《皇朝经世文编》为"产"。

[39] 也：《皇朝经世文编》为"耳"。

[40] 犹：《皇朝经世文编》无"犹"字。

[41] 湖广：《皇朝经世文编》为"湖广开铸"。

[42] 收买：《皇朝经世文编》为"收买铸钱"。

[43] 接济：《皇朝经世文编》为"运京接济"。

[44] 足用：《皇朝经世文编》为"用"。

[45] 杨文定公：即杨名时。《碑传集》卷二十四《雍正朝部院大臣中》载："先生姓杨氏，名名时，字宾实，凝斋其号也。乾隆元年薨于位。遗疏上，上悯悼下制辞谓：'杨名时学问醇正，品行端方。呜呼！尽之矣。夫学问之醇正，由其师傅传得也；其品行之端方，由其践履实也'。《杨文定公家传》：'杨公名时，字宾实，常州江阴人也。……康熙三十年成进士，改庶吉士，主李文贞公理学为儒者，宗门下士数百人，独深契公，常以正学相期，公每从质问，所得日益，进散馆，授检讨，充《明史》纂修官。……（四十一年）命提督顺天等处学政。五十二年，召还入直南书房，时令陈说经义修校。逾年，命充陕西乡试正考官。……五十六年，圣祖特用为直隶巡道。……五十八年，迁贵州布政使。明年冬，擢云南巡抚。值西藏用兵，大帅取道云南道，留屯以待进止，乃建屋百数十间以处之，民用不扰。凡馈运皆计里给直师，还倍加优恤，马道死者，兵当偿，为奏免之。滇民输兵有远运之苦，奏请兵少米多处，折银征解，旧丁役久不均户，绝田去，有归而无借除减，故或以一人而兼数丁，名曰'子孙丁'，民不胜其累，多致逃亡。又民纳粮之外，加派甚多，名曰'公件银'，岁不下三四十万数，反倍于正额。公请均丁于田，而减公件，岁入银为十一万有奇，勤石晓谕，民困大苏。滇地多产银，官收其课，久之矿衰而课如故，司事者以缺额罢官，究追多视为畏途。公以矿有旺有衰，请以道员一人总理各厂，使盈绌得以相辅，若武定之狮子厂，楚雄之广运厂及临安新开之华祝箐厂，皆费多利少，请封闭。在任凡七年，利民之事次第举行，民苗罔不悦服。'"《清史列传》卷十四《大臣画一传档正编十一》："（雍正三年）九月，晋兵部尚书，仍管云南巡抚事。……四年七月，转吏部尚书，寻命名时仍以总督管理巡抚事。"

[46] 司：《皇朝经世文编》为"及司"。

[47] 两：《皇朝经世文编》为"斤"。

[48] 恩旨：《皇朝经世文编》为"皇恩"。

[49] 以：《皇朝经世文编》为"已"。

[50] 未：《皇朝经世文编》无"未"字。

[51] 且：《皇朝经世文编》为"我且"。

[52] 觊：《皇朝经世文编》为"不过觊"。

[53] 民：《皇朝经世文编》为"氓"。

[54] 九渡：九渡菁厂，王昶《云南铜政全书》："九渡菁铜厂，坐落安宁州地方。乾隆三十七年开采，岁办铜数万及数十万斤不等。四十一年封闭。"

[55] 并处僻远：《皇朝经世文编》为"并处僻远，矿硐深窅"。

[56] 踪：《皇朝经世文编》为"纵"。

[57] 锅：《皇朝经世文编》为"锡"。

[58] 炉：《皇朝经世文编》为"锡"。

[59] 部：《皇朝经世文编》为"廷"。

[60] 部：《皇朝经世文编》为"工"。

[61] 三：《皇朝经世文编》为"其"。

[62] 非小故也：《皇朝经世文编》"非小故也"后有"故曰：转运之难，此其五也"一句。以上为《皇朝经世文编》收录之王太岳《铜政议上》的内容，而以下则为《铜政议下》的内容。

[63] 尝窃救：《皇朝经世文编》"窃尝求"。

[64] 准：《皇朝经世文编》为"允"。

[65] 大铜厂：即大铜山厂，据《钦定大清会典事例·户部九十三·杂赋》载："乾隆二十二年，奏准：云南宜良大铜山厂新开礶硐，应作大碌子厂收交铜斤，工本、价值等项，附入大碌厂报销。"另据王昶《云南铜政全书》载："大铜山厂，坐落宜良县地方。乾隆二十一年开采，岁办铜数十万至百数十万斤不等。三十一年封闭。"

[66] 二十余年：即二十一年。《乾隆东川府志·鼓铸》载："二十一年八月十四日，为再筹铜厂工本不敷，新局加铸半卯事宜，奉监临抚部院

郭宪牌，准部咨前任抚部院爱请，滇省各铜厂每年办铜八九百万至一千余万，以供鼓铸，获铜息银二十五六万至三十余万，以资一切公用，为滇省第一要务，两迤地方诸厂出产零星，惟东川府之汤丹、大碌两厂办铜较多，尤为紧要。……请于例给铜本内酌借，铸本即于东局原支五十炉内再行加铸一半，一体搭放。……计铸出钱文，归还铸本之外，每年可获息银三万七八千两，以之加给炉民工本。"

[67] "二十五年"至"半卯"：《清实录·高宗纯皇帝实录》卷六百一十一"乾隆二十五年四月庚子二十六日"条载："云贵总督爱必达等奏：'滇省汤丹、大碌等铜厂，采办工本不敷。'前经奏准，将东川钱局每炉每旬加铸半卯，以所获息银，为该厂加价之用。今计老厂及各子厂，年办铜斤不下一千一百余万，东局加铸之息，尚不敷添价之用，可否将省城、临安二局，亦照东局每炉每旬加铸半卯，其铸本即于铜本项下借支。"

[68] 又：《皇朝经世文编》无"又"字。

[69] "故曰"至"幸也"：《皇朝经世文编》无此句。

[70] 且：《皇朝经世文编》无"且"字。

[71] 考成：即对各级厂官办铜的绩效考核。据《钦定户部则例》卷三十六《钱法三·办铜考成》载："滇省每年应办额铜，按月分股计数勒交。如缺少铜斤之厂，一两月不能补足量，予记过。倘至三月以后，将本员撤回，入于《铜政考成案》内声明议处，另行委员管理。若能于月额之外多获铜斤，小则记功，大则议叙，入于《考成案》内办理。云南各铜厂情形时异，有获铜丰旺多于旧额者，均令据实报增，仍于《考成案》内计其多办，声请议叙。倘因额铜已敷，将余铜走私盗卖，该督抚即行严参治罪。其获铜缺额者，如实系矿砂衰薄，亦准厂员据实具报，委道府勘查属实，或应减额，或应封闭，于《考成案》内题报。如系厂员调剂失宜，以致短额，仍计其少办分数，声请议处。滇省承办铜斤运员，自厂运泸，如逾例限，革职，发往新疆效力。厂员缺额七分以上者，革职，仍令在厂协同催办，如一年后，仍不足额，即照例发往新疆效力。"据戴瑞徵《云南通志·办铜考成》载："自四十四年起，各厂年办额铜，即照奏定统限一年之例，划分十股，核计多办、少办分数，分别议叙、议处。"其详细考成方案为："厂员少办，不及一分者，罚俸六个月；少

办一分以上者，罚俸一年；欠二分、三分者，降一级留任；欠四分、五分，降一级调用；欠六分以上者，降二级调用；欠七分者，降三级调用；七分以上未及八分、及八分以上未及九分者，俱革职。专管道府督催，欠不及一分者，停其升转；一分以上者，降俸一级；二分、三分者，降职一级；欠四分、五分者，降职三级；欠六分、七分者，降职四级，俱令戴罪督催，停其升转，完日开复；欠八分以上者，革职。藩司总理各厂，如少办不及一分者，停其升转，如已升任，于现任内罚俸一年；少办一分以上者，藩司降俸一级；二分、三分，降职一级；少办四分、五分者，降职三级；少办六分、七分者，降职四级，俱令戴罪督催，停其升转，完日开复；少办八分以上者，革职。又巡抚统辖各厂，少办不及一分，免议；少办一分者，罚俸三个月；少办二分者，罚俸六个月；少办三分者，罚俸九个月；四分者，罚俸一年；五分者，降俸一级；六分者，降俸二级；七分者，降职一级；八分，降职二级，俱停其升转，戴罪督催，完日开复。如于月额之外，多获铜斤，至一分以上者，纪录一次；二分以上者，纪录二次；三分以上者，纪录三次；四分以上者，加一级；五分以上者，加二级，遇有数多者，以次递加，加至七级为止。经管厂员及该管道府，均照此一律议叙，但不准抵别案降罚。又短铜降罚之案，如有钱粮、运功加级，方准抵销。又总理藩司及统辖巡抚，系按通省各厂额数核计。多办不及一分，例不议叙；一分以上者，纪录一次；二分以上者，纪录二次；三分以上者，纪录三次。"

[72] 讲：《皇朝经世文编》无"讲"字。

[73] 奏言：《朱批奏折》载，乾隆二十六年四月初七日："云贵总督爱必达、云南巡抚刘藻奏：'为奏闻事省。窃照滇青龙等小厂二十余处，每铜百斤实给价银四两，并有不及四两者，工本不敷，办铜甚少。……查明酌量封闭，现留一十六厂。查各该厂乾隆二十四年连闰十三个月，共办铜四十八万零。今自乾隆二十五年二月初九奉旨加价之日起，至二十六年三月初旬，亦系三十个月，共办铜一百余万。所获余息，除加给铜价之外，实存银二万九千数百两，较二十四年尚多银一万两零，一并入册充公。而各该厂民，亦多得价银一万二千余两。'"

[74] 蒙准：《皇朝经世文编》为"奉旨"。

[75]　自："自"应为"至"。

[76]　癸巳、甲午：即乾隆三十八年（1773）、三十九年（1774）。

[77]　乙未：乾隆四十年（1775）。

[78]　"又京局"至"计也"：《皇朝经世文编》无此段内容。

[79]　停广西之铸：《皇朝文献通考》卷十六《钱币考四》载："乾隆三年，户部议言：'从前停止湖北、湖南、广东办铜，令云南铸钱运京，原因滇省就近矿厂，鼓铸便易，其起运钱文有四川之永宁县，即可从水路直达汉口，附搭漕船解京，沿途水脚又多节省，是以定议举行。嗣因滇省附近四川地方无可建局，遂定于广西府开炉，即由广西府城陆运至府属板蚌地方，下船抵粤西之百色。中间山川修阻，水陆艰难，牛马舟船需用既多，穷乡僻壤雇觅不易，较之自永宁直达汉口已属迥别。且因漕船不便搭解，复令楚省拨站船及令募民船应用，一切水脚费繁，不如将铜斤直解京局供铸，更为便益。请以乾隆四年三月为始，停止广西局鼓铸，即令云南督抚照依原定一百六十六万三千二百斤，按年运解至京'，上从之。"

[80]　日见：即日见汛厂。

[81]　员：《皇朝经世文编》为"官"。

[82]　右：即上文王太岳所论铜政之利弊。

[83]　晁贾之文：晁，即西汉时期政治家价晁错，著有《论贵粟疏》《守边劝农疏》等。贾，即西汉时期思想家贾谊，著有《论积贮疏》等。

[84]　因附记焉：此段落内容为吴其濬添加，《皇朝经世文编》《铜政议》中无此内容。

参考文献

[1] 班固. 汉书[M]. 北京：中华书局，1962.

[2] 范晔. 后汉书[M]. 北京：中华书局，2010.

[3] 司马迁. 史记[M]. 北京：中华书局，1965.

[4] 陈寿. 三国志[M]. 北京：中华书局，2011.

[5] 常璩. 华阳国志[M]. 北京：中华书局，1985.

[6] 房玄龄. 晋书[M]. 北京：中华书局，1974.

[7] 宋濂等. 元史[M]. 北京：中华书局，1976.

[8] 张廷玉等. 明史[M]. 北京：中华书局，1974.

[9] 赵尔巽等. 清史稿[M]. 北京：中华书局，1977.

[10] 清实录[M]. 北京：中华书局，1986.

[11] 钦定大清会典[M] //永瑢，纪昀，等. 文渊阁四库全书. 上海：上海古籍出版社，1987.

[12] 钦定大清会典事例[M] //《续修四库全书》编委会. 续修四库全书. 上海：上海古籍出版社，1995.

[13] 钦定户部则例[M]. 稿本，1873（同治十二年）.

[14] 贺长龄. 皇朝经世文编[M]. 刻本，1836（道光七年）.

[15] 皇朝文献通考[M]. 上海：上海图书集成局，1901.

[16] 清史列传[M]. 上海：中华书局，1928.

[17] 宋应星. 天工开物[M]. 刻本，1637（崇祯十年）.

[18] 康熙云南通志[M]. 北京：北京图书馆出版社，1998.

[19] 雍正云南通志[M]. 刻本，1736（乾隆元年）.

[20] 道光云南通志[M]. 刻本，1835（道光十五年）.

[21] 乾隆东川府志[M]. 刻本，1761（乾隆二十六年）.

[22] 道光昆明县志[M]. 刻本，1901（光绪二十七年）.

[23] 乾隆蒙自县志[M]. 刻本，1791（乾隆五十六年）.

[24] 乾隆碍嘉志书草本[M]. 稿本，1746（乾隆十一年）.

[25] 民国续修马龙县志[M]. 铅印本，1917（民国六年）.

[26] 道光寻甸州志[M]. 刻本，1828（道光八年）.

[27] 乾隆镇雄州志[M]. 刻本，1784（乾隆四十九年）.

[28] 光绪永昌府志[M]. 清刻本，1885（光绪十一年）.

[29] 吴大勋. 滇南闻见录[M]. 上海市文物保管委员会藏清乾隆刻本.

[30] 檀萃. 滇海虞衡志[M]. 刻本，1804（嘉庆九年）.

[31] 佚名. 铜政遍览[M]. 云南省图书馆藏清道光刻本.

[32] 伯麟. 滇省舆地图说[M]//揣振宇. 滇省夷人图说·滇省舆地图说. 北京：中国社会科学出版社，2009.

[33] 戴瑞徵. 云南铜志[M]. 云南省图书馆藏抄本.

[34] 吴芗厈. 客窗闲话[M]. 扬州：江苏广陵古籍刻印社，1995.

[35] 钱仪吉. 碑传集[M]. 北京：中华书局，1993.

[36] （日）增田纲在. 鼓铜图录[M]//三枝博音. 日本科学古典全书：第九卷. 东京：朝日新闻社，1942.

[37] （日）山口义胜. 调查东川各矿山报告书[J]. 云南实业杂志，1914（2）.

[38] 方国瑜. 中国西南历史地理考[M]. 北京：中华书局，1987.

[39] 李仲均. 吴其浚与《滇南矿厂图略》[J]. 有色金属，1989（4）：85-90.